mCRM - Customer Relationship Management im mobilen Internet

von

Claas Morlang

Tectum Verlag
Marburg 2005

Diese Arbeit wurde von der wirtschaftswissenschaftlichen Fakultät der Universität Eichstätt als Dissertation angenommen.

Morlang, Claas:
mCRM - Customer Relationship Management im mobilen Internet
/ von Claas Morlang
- Marburg : Tectum Verlag, 2005
Zugl.: Eichstätt, Kath. Univ. Diss. 2004
ISBN 978-3-8288-8790-9

Tectum Verlag
Marburg 2005

Vorwort

"Never trust a computer you cannot lift." [1]

Die vorliegende Arbeit setzt sich mit der Bewegung von Menschen und deren Kommunikation auseinander. Menschen haben sich schon immer bewegt und haben schon immer über größere Distanzen miteinander kommuniziert. Moderne Kommunikationstechnologien des mobilen Internets ermöglichen nun aber erstmals, dass diese beiden Dinge gleichzeitig ablaufen können.

Diese Möglichkeit wird auch für Unternehmen eine größere Rolle einnehmen - in der Kundenkommunikation und dem Kundenbeziehungsmanagement, dem Customer Relationship Management (CRM). Letztlich wird es zu einer grundlegenden Veränderung der Art und der Bewertung von Beziehungen zwischen Unternehmen und Kunden führen.

Bevor ich in der Arbeit jedoch auf die Veränderungen der Kundenbeziehungen mithilfe modernster Technologien eingehe, möchte ich ganz althergebracht ein paar besondere zwischenmenschliche Beziehungen hervorheben, die diese Arbeit erst möglich gemacht haben. Mein Dank gilt in diesem Sinne Bernhard Schenkel, Peter Kramper, Lasse Wolfarth, Alexander Morlang, Matthias Wulff, Melanie Merzenich und besonders Tim Isert für die hilfreichen Anregungen und die Unterstützung in der zurückliegenden Zeit.

Dass es ein Leben während der Promotion gibt und wie ich die letzte Schreibphase bewältigen sollte, wurde mir hervorragend von Dr. Michèle Morner, Dr. Markus Boullion, Dr. Jens Peter Steffen und Dr. Stefanie Hettich vorgelebt. Vielen Dank auch dafür!

Für die Betreuung und Unterstützung schon lange vor Diplom- und Doktorarbeit möchte ich Waltraud Fischermeier, Dr. Hajo Hippner, Prof. Dr. Ulrich Küsters und Prof. Dr. Bernd Stauss sehr herzlich danken.

---

1 Systemmeldung eines Apple Macintosh, der von Steve Jobs am 24. Januar 1984 der Presse vorgestellt wurde. Entnommen: Young 1988, S. 342.

Herrn Prof. Dr. Klaus Wilde, meinem Doktorvater, gilt dabei mein größter Dank - verbunden mit höchster Wertschätzung. Seine Art der Betreuung, seine Hilfestellungen und die Flexibilität seines Lehrstuhls hat mir die Tätigkeit auf drei Kontinenten neben der Promotion ermöglicht, ohne dass die Betreuung der Arbeit dadurch in Mitleidenschaft gezogen wurde.

Besonderer Dank ohne spezielle thematische Zuordnung, also ganz generell, geht an Monica Djupvik, Helmut Buss, Arne Thaysen, Toni Feltes, Dirk von Meer und natürlich an meine Familie.

Genf, November 2004 Claas Morlang

Inhaltsverzeichnis

Abbildungsverzeichnis

Tabellenverzeichnis

Abkürzungsverzeichnis

ACM	Association for Computing Machinery
ARPU	Average Revenue per User
B2B	Business to Business
B2E	Business to Employee
B2C	Business to Customer
BDSG	Bundesdatenschutzgesetz
C2C	Customer to Customer
CAS	Computer Aided Selling
CEPT	Conference Européenne des Postes et des Télécommunications
c-HTML	Compact - Hypertext Markup Language
CLV	Customer Lifetime Value
CPO	Chief Privacy Officer
CRM	Customer Relationship Management
CRMA	Customer Relationship Management Association
DECT	Digital Enhanced Cordless Telecommunications
DSL	Digital Subscriber Line
eCommerce	Electronic Commerce
eCRM	Electronic Customer Relationship Management
EDGE	Enhanced Data Rates over GSM Evolution
EIR	Equipment Identity Register (Geräteidentifikationsregister)
ETSI	European Telecommunications Standards Institute
G3	Übertragungsnetze der dritten Generation
GAA	GPRS Applications Alliance
GPRS	General Packet Radio Service
GPS	Global Positioning System
GSM	Global System for Mobile Communication
GSM MoU	GSM Memorandum of Understanding
HDML	Handheld Device Markup Language
HLR	Home Location Register
HIPERLAN/2	High Performance Radio Local Area Network, Version 2
HSCSD	High Speed Circuit Switched Data
HTML	Hypertext Markup Language
IEEE	Institute of Electrical and Electronics Engineers
IM	Instant Messaging
IMAP4	Internet Message Access Protocol Version 4
IPv4/IPv6	Internet Protocol Version vier/sechs
IT	Information Technology
ITU	International Telecommunication Union
IZT	Institut für Zukunftsstudien und Technologiebewertung
JPEG	Joint Photographic Experts Group
LBS	Location Based Services
LEP	Light-Emitting Polymer
M2C	Mobilfunkanbieter to Customer
M2M	Mobilfunkanbieter to Customer

M2P	Mobilfunkanbieter to Customer
Mbit/s	Megabits pro Sekunde
mBusiness	Mobile Business
mCommerce	Mobile Commerce
mCRM	Mobile Customer Relationship Management
Micropayment	Zahlung von Kleinstbeträgen
MIM	Mobile Instant Messaging
MIP	Mobile Internet Provider
MMS	Multimedia Message Service
MNO	Mobile Network Operators
MP3	Motion Pictures (Expert Group 2.5 Audio Layer) III
MVNO	Mobile Virtual Network Operator
OLAP	Online Analytical Processing
P2C	Portal to Customer
P2P	Portal to Portal
PDA	Personal Digital Assistent
PKI	Public Key Infrastructure
POP3	Post Office Protocol Version 3
POP3-Accounts	Post Office Protocol Version 3-Account (Postfach)
SAA	Sales Automation Association
SFA	Sales-Force-Automation
SIM	Subscriber Identity Module
SMS	Short Message Service
SSL	Secure Socket Layer
TDDSG	Teledienstdatenschutzgesetz
TDSV	Telekommunitationsdatenschutzverordnung
TETRA	Terrestrial Trunked Radio
TKG	Telekommunikationsgesetz
UM	Unified Messaging
UMTS	Universal Mobile Telecommunication System
VLR	Visiting Location Register
W3C	World Wide Web Consortium
WAP	Wireless Application Protocol
WIM	Wireless Identification Module
WISP	Wireless Internet Service Providers
WLAN	Wireless Local Area Networks
WML	Wireless Markup Language
WTLS	Wireless Transport Layer Security
XML	Extensive Markup Language

1 Einleitung

Innerhalb der Wissenschaft gibt es zur Zeit keine umfassenden Betrachtungen, die darlegen, wie für das Customer Relationship Management (CRM) in Verbindung mit dem mobilen Internet ein mobile Customer Relationship Management (mCRM) entwickelt werden soll. Die vorliegende Arbeit möchte diese Lücke schließen.

In diesem Abschnitt wird deswegen zuerst an das Thema herangeführt (Abschnitt 1.1). Anschließend wird das Ziel der Arbeit vorgestellt (Abschnitt 1.2). Eine kurze Einordnung der Arbeit in die Wissenschaften wird im folgenden Abschnitt vorgenommen (Abschnitt 1.3).

1.1 Problemstellung

In den letzten Jahren hat die westliche Welt in der Informations- und Kommunikationstechnologie zwei bedeutsame Umwälzungen erlebt: Seit Anfang der neunziger Jahre kam es zu einer rasanten Entwicklung des Internets. Zusätzlich kam es seit Mitte desselben Jahrzehnts mit der starken Zunahme der Mobiltelefonnutzung zu einer zweiten, nahezu revolutionären und unerwarteten Verbreitung einer neuen mobilen Technologie - so gibt es in westlichen Ländern meist mehr Handys als Festnetz-Telefone. In einem nächsten Schritt werden die beiden Technologien zum mobilen Internet zusammenwachsen und in wenigen Jahren für einen großen Teil der Bevölkerung zu einem festen Bestandteil des täglichen Lebens werden.[2]

Innerhalb der Gesellschaft sind durch die hohe Akzeptanz von mobilen Telefonen bereits jetzt Veränderungen der Gewohnheiten erkennbar.[3] Die Weiterentwicklung der technischen Möglichkeiten von mobilen Endgeräten und Übertragungsnetzen, sowie der weitere Preisverfall der Gerätekosten und der Verbindungsentgelte unterstützen eine weitere Verbreitung der mobilen Kommunikation.[4] Durch die Konvergenz verschiedener Medienformate, die ebenfalls zu einer Veränderung der Einsatzbereiche und der Nutzungsgewohnheiten führen wird, werden Kunden mobile Technologien auch zunehmend auf unterschiedliche Art und Weise für die Interaktion mit Unternehmen nutzen. So werden sie

2 Vgl. Nicolai, Petersmann 2001, S. 3; Link, Schmidt 2002a, S. 132-133.

3 Vgl. Schmitzer, Butterwegge 2000, S. 355.

4 Vgl. Welfens, Jungmittag 2002, S. 33-34.

beispielsweise auch von unterwegs Informationen über Leistungen von Unternehmen abfragen. Gleichzeitig mit dem Wachstum des mobilen Internets steigen die Erwartungen der Kunden an Service und Qualität eines jeden Angebotes.[5] Durch neue Funktionalitäten und Merkmale kommt es so nicht nur zu veränderten Wertschöpfungsketten, sondern auch zu einer veränderten Interaktion und Beziehung zwischen Kunden und Unternehmen.[6]

Unternehmen haben bis jetzt nicht die Möglichkeiten besessen, bzw. bereits vorhandene Möglichkeiten nicht ausgenutzt, die das mobile Internet zum Kundenbeziehungsmanagement bietet.[7] Vorhandene Systeme können zunehmend mobil interagierende Kunden nicht gemäß ihren Anforderungen bedienen. Zwar haben Unternehmen bereits angefangen, sich mit dem Thema auseinander zu setzen und mobile Anwendungen zu entwickeln.[8] Dennoch beschäftigen sich diese meistens mit innerbetrieblichen Optimierungen oder einzelnen Anwendungen für Kunden. Bisher wurde von Unternehmen aber keine Verzahnung des mobilen Internets mit vorhandenen Systemen, speziell denen des Customer Relationship Management (CRM), vorgenommen.

1.2 Ziel der Arbeit

Ziel der Arbeit ist es, ein umfassendes mobile Customer Relationship Management (mCRM) zu entwickeln, das die Mobilität der Kunden und die Möglichkeiten der mobilen Kommunikation fest in die operative Tätigkeit am Endkunden in Unternehmen einbindet. Die vorliegende Arbeit soll das Verständnis innerhalb von Unternehmen für die mobile Nutzung von Kommunikationstechnologien von Kunden erhöhen. Für diese Zielsetzung wird das CRM von Unternehmen um die Besonderheiten erweitert, die sich aus der zunehmend mobilen Kommunikation ergeben. Für den Aufbau eines mCRM-Systems bleiben vorhandene CRM-Methoden erhalten, werden jedoch an die veränderten Anforderungen angepasst, wie es schon bei der CRM-Erweiterung für das Internet (electronic CRM) der Fall war.[9]

5 Vgl. Urban 2000, S. 53.

6 Vgl. Reichwald, Meier 2002, S. 215; Silberer et al. 2002, S. 310.

7 Vgl. Richardson 2001, S. 2 und 5.

8 Vgl. MSDW 2000, S. 9.

9 Vgl. Frielitz et al. 2002a, S. 540.

Der Betrachtungsgegenstand der Arbeit ist die Nutzung des mobilen Internets für die Interaktion von Unternehmen mit Kunden. Das zu entwickelnde mCRM-Verständnis kann für alle Unternehmen mit Endkundenkontakt relevant werden. Die hier vorgestellten Ideen werden damit nicht speziell für Mobilfunkanbieter oder andere ausschließlich im mobilen Internet aktive Unternehmen entwickelt, sondern sind mit der zunehmenden Verbreitung mobiler Technologien für fast alle Unternehmen von Interesse. Dies ist so, da es sich beim mobilen Internet um mehr als einen reinen Absatz- oder Kommunikationskanal handelt. Schon das stationäre Internet wurde als „enabling Technology“ bezeichnet, die in fast jeder Unternehmensstrategie eine Rolle spielt.[10] Unter „enabling Technology“ werden die neuen technischen Möglichkeiten verstanden, die das stationäre Internet zur Optimierung unterschiedlichster Unternehmensprozesse geschaffen hat. Genau so wird auch das mobile Internet in allen Unternehmensfunktionen zum Einsatz kommen.

Die entwickelten Ansätze sollen im Rahmen eines mCRM ein Unternehmen in der Zukunft bei der Zielerreichung, wie beispielweise dem Aufbau langfristig profitabler Kundenbeziehungen, unterstützen und durch die Integration von Daten und Interaktionskanälen eine individuell gestaltete Kundenbeziehung ermöglichen.[11] Dienste im mobilen Internet sind dabei besonders geeignet, Kundenbeziehungen über den gesamten Ablauf der Beziehung zu optimieren.[12]

Technische Besonderheiten werden in dieser Arbeit nur dann behandelt, wenn sie für die Kunden und die Ausgestaltung des mCRM wichtig sind.

1.3 Wissenschaftliche Einordnung der Arbeit

Mehr als die Hälfte der Unternehmen sehen Kundenberatung und Kundeninformation als aussichtsreichste Anwendung für das mBusiness und damit für mobile Anwendungen an.[13] Ein integrierter Einsatz mobiler Technologien im CRM ist jedoch bisher nicht erfolgt. Auch in der Wis-

---

10 Porter 2001, S. 64.

11 Die Ziele (Profitabilität, Integration, Individualität und Langfristigkeit), die im Rahmen eines CRM-Systems verfolgt werden können, werden in Abschnitt 2.2 Strategische Ziele des Customer Relationship Management, S. 33 besprochen.

12 Vgl. Reichwald, Meier 2002, S. 224.

13 Vgl. KPMG Germany 2001, S. 6.

senschaft ist mCRM noch nicht eingehend betrachtet worden. In der Literatur, die sich mit dem entstehenden mobilen Internet und mobile Commerce auseinandersetzt, fehlt die eingehende Betrachtung der Aspekte, die für ein mCRM bedeutsam sind. Umgekehrt setzt sich die Literatur des Kundenbeziehungsmanagements bisher nur unzureichend und unsystematisch mit der Mobilität von Kunden und deren mobiler Kommunikation auseinander.

Die Grundlage dieser Arbeit bildet das Konzept des Customer Relationship Managements und dabei im Besonderen jene umfassende Konzepte, die an der Katholischen Universität Eichstätt-Ingolstadt entwickelt wurden. Noch wurde nicht begonnen darüber nach zu denken, wie CRM in einer mobilen Umwelt mit mobilen Konsumenten gestaltet werden sollte.[14] Noch fehlt den vorhandenen CRM-Systemen eine mobile Komponente, die mobile Kunden bedient.[15] Konzepte und Überlegungen zu CRM-Systemen sparen bisher eine umfassende Betrachtung der Möglichkeiten, die sich aus der Mobilität ergeben, aus. Im Vergleich zu vorhandenen empirischen Studien aus dem stationären Internet sind die Auswirkungen des mobilen Internets auf die Kundenbindung, einen Teilbereich des mCRM, noch fast unbekannt.[16]

Literatur, die sich ausgiebig mit der Mobilität auseinandersetzt, untersucht das mobile Internet, mobile Commerce und mobile Business im Allgemeinen. In den Betrachtungen wird auf technische Besonderheiten der mobilen Kommunikation eingegangen und die Entwicklung des mobilen Internets prinzipiell besprochen. Eine Auseinandersetzung mit Bereichen des CRM erfolgt nicht systematisch. Vielmehr werden Kundenvorteile und gelegentlich Nachteile der mobilen Kommunikation immer nur in Einzelfällen besprochen, jedoch nicht in ein Gesamtkonzept eines mCRM integriert.

Die Lücke, die diese Arbeit schließen möchte, entsteht so durch das Fehlen einer systematischen Integration des mobilen Internets in der CRM-Literatur und in der mangelhaften CRM-Betrachtung innerhalb der Literatur über das mobile Internet, mobile Commerce und mobile Business.

---

14 Vgl. Richardson 2001, S. 5.

15 Vgl. Richardson 2001, S. 2.

16 Vgl. Reichwald, Schaller 2002, S. 270.

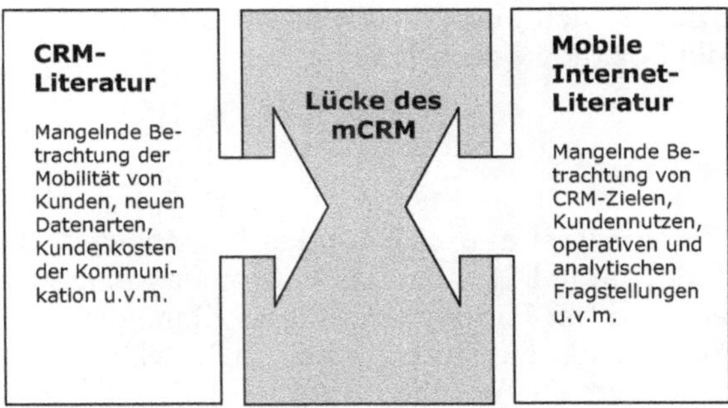

Abbildung 1: Wissenschaftliche Einordnung der Arbeit[17]

In die in Abbildung 1 symbolisierte Lücke zielen erste Veröffentlichungen einzelner Autoren.[18] Die Beiträge sind aber wenig strukturiert, nicht umfassend und behandeln das Thema recht oberflächlich. Forschungsgebiete, die beide Bereiche betreffen, wie z.B. Location Based Services, werden lediglich angerissen und die Daten im Einsatz nicht strukturiert beschrieben. Außerdem wird nicht auf Einzelbereiche des kommunikativen, operativen und analytischen CRM eingegangen.

Das Konzept des mobile Customer Relationship Management (CRM) wird in dieser Arbeit vor dem Hintergrund technischer und kommunikativer Veränderungen in der Gesellschaft besprochen. Diese Arbeit greift dabei auf unterschiedliche Forschungsrichtungen, u.a. Spatial-Temporal Database Entwicklungen, Ubiquitous Computing, Context-aware Computing und Überlegungen zu Geoinformationssystemen (GIS) zurück. Da das CRM zunehmend zu einem dynamischen System

17 Quelle: Eigene Darstellung.

18 Verschiedene Artikel, die das Thema des mCRM streifen u.a. sind: Albers, Becker (2001): „Individualmarketing im M-Commerce"; Bliemel, Fassott (2002): „Kundenfokus im Mobile Commerce: Anforderungen der Kunden und Anforderungen an die Kunden"; Güc (2001): „Völlig losgelöst - drahtlose Kundenpflege - Mobiles CRM"; Jackson (2001): „Capitalizing on mCRM Today"; Silberer et al. (2002): „Kundenzufriedenheit und Kundenbindung im Mobile Commerce"; Müller et al. (2002): „Der Einfluss von „Mobile" auf das Management von Kundenbeziehungen und Personalisierung von Produkten und Dienstleistungen"; Reichwald, Schaller (2002): „M-Loyalty - Kundenbindung durch personalisierte mobile Dienste".

rück. Da das CRM zunehmend zu einem dynamischen System wird, an dem permanent Anpassungen vorgenommen werden müssen, kommen vereinzelte Ansätze auch aus der Informatik und der Geographie und begrenzt aus der Soziologie zum Tragen.

1.4 Gang der Arbeit

Die vorliegende Arbeit ist in drei Hauptkapitel eingeteilt. Im ersten dieser Hauptkapitel (Kapitel 2) wird das Customer Relationship Management vorgestellt und der Hintergrund dieses Management-Ansatzes besprochen. Dabei werden die strategischen Ziele erläutert, die ein CRM-System innerhalb der Unternehmen erfüllen soll.[19] Diese Ziele bleiben auch im mobilen Internet für mCRM-Systeme als Maßstab für Aktivitäten im operativen CRM erhalten. Den Kern des CRM bilden die drei Bausteine des kommunikativen, operativen und analytischen CRM.

Im sich anschließenden Hauptkapitel (Kapitel 3) wird das sich im Entstehen befindende mobile Internet diskutiert. Dabei steht der Kunde im Mittelpunkt der Betrachtung. Um Unternehmen bei der Erreichung der strategischen CRM-Ziele auch in der mobilen Zukunft zu unterstützen, wird in diesem Kapitel das Verständnis für das mobile Internet geschaffen. Dafür werden neben der Struktur und den zugrunde liegenden Trends auch die Einsatzbereiche, die beteiligten Unternehmen sowie die Besonderheiten des Zugangs und des Kundennutzens besprochen.

Im letzten Hauptkapitel (Kapitel 4) wird eine Synthese beider Teile vorgenommen. In diesem Kapitel wird der Schwerpunkt auf die neuen Chancen und Entwicklungsmöglichkeiten des Kundenbeziehungsmanagements aus Unternehmenssicht gelegt. Auf diesem Verständnis des mobilen Internets aufbauend kann ein Unternehmen die Anpassungen der eigenen Leistungen an die Standards des mCRM überprüfen. Eine entscheidende Rolle bei der Leistungserstellung von Unternehmen werden hierbei neuartige Kundendaten, wie etwa die Aufenthaltskoordinaten, spielen. Dafür müssen „intelligente Datenmanagement-Konzepte entwickelt werden, die technisch und methodisch die Umsetzung dieser Services ermöglichen."[20] In dieser Arbeit werden deswegen die Mobilitätsdatenklassen eingeführt. Diese Daten werden im kommunikativen und operativen mCRM zum Einsatz kommen.

---

19 Die strategischen Ziele eines CRM-Systems werden in Abschnitt 2.2 Strategische Ziele des Customer Relationship Management dargestellt.

20 Wiedmann, Buxel, Buckler 2000, S. 688.

Im kommunikativen CRM werden die Auswirkungen des mobilen Internets auf die theoretische Ausgestaltung von Kommunikation von Unternehmen besprochen. Im sich anschließenden Teil werden die Auswirkungen in Bezug auf drei Bereiche der operativen Geschäftstätigkeit, nämlich Marketing, Vertrieb und Service, diskutiert. Danach werden die neuen Aufgabenstellungen des analytischen CRM besprochen. Abschließend soll kurz ein Ausblick auf zukünftige Entwicklungen des mobilen Internets und des mCRM gegeben werden. Dabei werden Gefahren für Unternehmen im Einsatz des mCRM aufgezeigt.

2 Customer Relationship Management

Die vorliegende Arbeit beleuchtet die Einsatzmöglichkeiten des Customer Relationship Managements (CRM) im entstehenden mobilen Internet. Sie betrachtet die Veränderungen, die sich aus einer zunehmenden mobilen Interaktion zwischen Kunden und Unternehmen für die Zielereichung im CRM ergeben. Aus diesem Grunde werden in diesem Kapitel der Arbeit zunächst die Grundlagen des Customer Relationship Management vorgestellt (Abschnitt 2.1). Zur Hinleitung zum Kapitel über die Grundlagen des mobilen Internets werden die neueren Entwicklungen des CRM aufgezeigt und die Öffnung des CRM-Denkens auf neuere Medien eingeleitet.

In dieser Einführung werden anschießend die strategischen Zielsetzungen von Unternehmen im CRM im Detail (Abschnitt 2.2) besprochen. Darauf aufbauend werden Komponenten diskutiert, aus denen ein CRM-System innerhalb eines Unternehmens besteht (Abschnitt 2.3). In diesem Abschnitt wird gezeigt, dass CRM konkrete Handlungsanweisungen innerhalb von Unternehmen geben kann und damit mehr als nur eine theoretische Ausrichtung von strategischen Entscheidungen ist.

2.1 Grundlagen des Customer Relationship Management

Seit den neunziger Jahren gibt es immer häufiger Anwenderberichte über den Nutzen und die Erfolge eines Kundenbeziehungsmanagements. So wird von regelrechten Umsatzsprüngen innerhalb kurzer Zeit berichtet.[21] Zusammen mit Mass Customization können den Kunden maßgeschneiderte Produkte und Dienstleistungen angeboten werden.[22] Diese umfassende Ausrichtung hin zum Kunden ist „zentraler Gegenstand des Customer Relationship Managements".[23] In dieser Arbeit wird das CRM-Verständnis vorgestellt, wie es an der Katholischen Universität Eichstätt-Ingolstadt entwickelt wurde. Dieses CRM-Verständnis ist so gefasst, dass es auch im mobilen Internet jedem Unternehmen bei der Zielerreichung als unterstützendes Konzept dienen kann. Neben diesem Konzept

21 Siehe dazu auch Bötzow, Brommundt 2000, S. 68-69; Bonato 2000, S. 45-46; Steimer 2000, S. 124.

22 Das CRM legt durch eine einheitliche Kundendatenbank die Basis für Mass Customerization. Vgl. Stauss, Seidel 2002, S. 11. Zu Mass Customerization siehe auch Piller (2000).

23 Hippner, Wilde 2001a, S. 6.

hat die Wissenschaft weitere Ansätze entwickelt, die aber in dieser Arbeit weitgehend ausgeklammert bleiben.

2.1.1 Definition des Customer Relationship Management

Für die weitere Betrachtung innerhalb dieser Arbeit ist eine in sich geschlossene Definition des Customer Relationship Management nötig. Auf dieser Basis können alle folgenden Abschnitte aufbauen.

Abhängig vom Hintergrund der Autoren werden in der Literatur verschiedene Definitionen und Konzepte des CRM diskutiert, die zum Teil sogar im Widerspruch zueinander stehen.[24] Dabei gibt es eine Reihe von Autoren, die CRM als eine Weiterentwicklung des Marketings und/oder des Kundenzufriedenheitsmanagements sehen. Eine andere Gruppe von Autoren, speziell aus der Softwareentwicklung, stellt ihre eigene Beraterleistung oder eine Softwarelösung in den Mittelpunkt der Betrachtung.[25] Diese Gruppe sieht die Umsetzung eines CRM-Konzepts primär als eine Aufgabe für Softwareprogrammierer. Schwerpunkt dabei ist die technologiegetriebene Kontaktoptimierung.[26] Eine solch technologiegetriebene Ausrichtung des CRM scheitert aber häufig an der Umsetzung in der Praxis.[27]

Das verbindende Element aller CRM-Ansätze ist, dass Kunden und ihre Bedürfnisse verstärkt in das Zentrum unternehmerischer Überlegungen gerückt werden. CRM beschreibt die Beziehung eines Unternehmens zu dem Kunden, nicht umgekehrt.[28] Manche Autoren sehen den Erfolg in der Verbindung zwischen der Software und der Durchsetzung einer CRM-Philosophie.[29] Eine Definition, die die verschiedenen Ansätze beinhaltet und zusätzlich die Betrachtung deutlich über eine reine Marketingperspektive hinaus ausdehnt, wurde an der Katholischen Universität Eichstätt-Ingolstadt entwickelt. Daher stellt sie in dieser Arbeit auch die Grundlagen für die Überlegungen zum mCRM dar.

> „CRM ist eine kundenorientierte Unternehmensphilosophie, die mit Hilfe moderner Informations- und Kommunikationstechnologien versucht, auf lange Sicht profitable Kundenbeziehungen

24 Vgl. Stauss 2002, S. 26.

25 Vgl. Rombel 2001, S. 37; Winer 2001, S. 89-90.

26 Vgl. Stauss 2002, S. 27.

27 Vgl. Rapp, Decker 2000, S. 73.

28 Vgl. Seybold 2001, S. 2.

29 Vgl. Scherenberg 2000, S. 18-19.

> durch ganzheitliche und differenzierte Marketing-, Vertriebs- und Servicekonzepte aufzubauen und zu festigen."[30]

Diese Definition setzt sich aus den zwei zentralen Bereichen, einer veränderten Unternehmensphilosophie und dem Einsatz moderner Technologien, zusammen. Innerhalb dieser Unternehmensphilosophie oder Unternehmensstrategie wird der Kunde in den Mittelpunkt gestellt. Das bedeutet, dass Ziele der Organisation, Geschäftsprozesse und Verantwortlichkeiten am Kunden direkt ausgerichtet werden müssen. Den Kern dafür bildet eine Kundendatenbank.[31] Durch diese Sichtweise werden Unternehmensbereiche ausgegrenzt, die nicht direkt mit dem Kundenkontakt im Zusammenhang stehen.[32] Zu den ausgeschlossen Bereichen gehören z.B. die Bereiche der Produktion, die an ein CRM-System über Schnittstellen zwar angeschlossen sein sollten, aber nur über die Verbindung der Marketing- oder Vertriebsabteilungen mit dem Kunden arbeiten.[33]

Für diese neu ausgerichteten Prozesse rund um den Kunden und die sich anschließende Geschäftstätigkeit bedarf es eines integrierten Informationssystems. Dieser zweite zentrale Bereich der Definition ermöglicht durch die computergestützte Zusammenführung aller Kundeninformationen eine Anpassung des Kundenkontakts im Sinne des CRM-Konzepts.[34] Bei CRM-Umsetzungen handelt sich also nicht allein um ein Information Technology (IT) - Projekt, sondern um eine durch moderne Technologie ermöglichte neue Ausrichtung von Geschäftsprozessen. Diese Technologien bilden im CRM die Basis für eine Anpassung der Unternehmensleistung an das individuelle Niveau von Kunden, sowie auch zur Schaffung von immateriellen Werten, wie ein Produktimage oder Vertrauen zu Unternehmen, die zukünftig einen größeren Anteil des Wertes von Produkten ausmachen werden. Ein Unternehmen muss die immateriellen Werte von Produkten erkennen und fördern.[35] Möglich wird eine kostengünstige Schaffung dieser Werte häufig erst durch moderne Informations- und Kommunikationstechnologien und die Basis einer zentralen Kundendatenbank, aus der die Wünsche ausgelesen werden können. Dieser Trend der individuellen Leistungserstellung hat im electronic Customer Relationship Management (eCRM) eine besondere

30 Hippner, Wilde 2001a, S. 6.

31 Vgl. Winer 2001, S. 91-92.

32 Vgl. Schulze 2000, S. 71.

33 Vgl. Hippner et al. 2002a, S. 5.

34 Vgl. Hippner, Wilde 2001a, S. 6.

35 Vgl. Zobel 2001, S. 180.

Bedeutung gewonnen und wird auch im mCRM verstärkt im Mittelpunkt stehen.[36]

Neben dem Schaffen von Werten und Nutzen auf Kundenseite sind zusätzlich auch auf Seiten des Unternehmens durch moderne Informationstechnologie im CRM neue Möglichkeiten, z.B. in der Kundenbewertung, geschaffen worden. So war für den Einsatz von z.B. Data Mining nicht nur die zentrale Kundendatenbank und eine Verbesserung der Bedienbarkeit von Data Mining-Software nötig, sondern auch die verbreitete Verfügbarkeit hoher Rechnerkapazitäten. Moderne Informationstechnologie ist so ein fester Bestandteil des CRM-Konzepts, wobei anzumerken ist, dass eine Ausrichtung von Unternehmen an Kunden grundsätzlich auch ohne eine Softwarekomponente möglich ist.[37] Diese Technologie legte zwar häufig die Basis, die Ausrichtung zum Kunden kann aber theoretisch auch ohne IT erfolgen. Die technologische Komponente des CRM wird aber, wie es auch im stationären- oder beim eCRM der Fall war, für die Zielreichung im mCRM eine wichtige Rolle spielen.

2.1.2 Ursprünge des Customer Relationship Management

Zum besseren Verständnis des Customer Relationship Managements und dessen unterschiedlicher Ausrichtungen ist es hilfreich, die Entwicklungen zu betrachten, die zum aktuellen Verständnis des Kundenbeziehungsmanagements geführt haben. Da sich die Entwicklungen fortsetzen können, werden sie auch Einfluss auf die Weiterentwicklung des CRM und damit auch auf die Ausgestaltung des mCRM haben. Die Kenntnis der Entwicklung hilft außerdem, die verschiedenen Begriffe, die von der Wissenschaft zur Beschreibung von CRM-Konzepten im mCRM und dem mobilen Internet genannt werden, gegeneinander abzugrenzen.

Die Ursprünge fußen auf den beiden zuvor genannten Bereichen der CRM-Definition. Zum einen kam es zu einer Weiterentwicklung von Ideen durch die Forschung, wie z.B. des Kundenzufriedenheitsmanagements. Ein anderer Ursprung war eher technologie- und softwaregetrieben durch die Wirtschaft. Beide haben zur Entwicklung der CRM-Ideen

---

36 Die Definitionen sind in 2.1.3 Neuere Entwicklungen im Customer Relationship Management, S. 30 vermerkt.

37 Der CRM Best Practise Award, der von u.a. der Fachzeitschrift acquisa ausgeschrieben wird, wurde 2002 an Heidelberger Druckmaschinen verliehen, die eine CRM-Strategie erfolgreich umsetzten, ohne eine spezielle CRM-Software zu installieren. Vgl. Roth 2003, S. 16.

in der Wirtschaft und Wissenschaft beigetragen und diese vorangetrieben.

Bevor der Kunde in den Mittelpunkt des unternehmerischen Denkens rückte, stand die Erhöhung des Qualitätsniveaus und die Behebung von Pannen und Beschwerden im Zentrum der unternehmerischen Überlegungen.[38] Innerhalb von Unternehmen wurden Prozesse z.B. mit Total Quality Management optimiert.[39] Kunden sollten durch die Qualität der Produkten überzeugt und so an das Unternehmen gebunden werden. Diese Überlegungen prägten auch das Marketing. Es wurde davon ausgegangen, dass Kunden nur über ein neues Produkt und dessen Qualitäten informiert werden mussten, um sie von der Notwendigkeit eines Kaufs zu überzeugen. Verschiedene Unternehmensbereiche, wie Produktion und Marketing, agierten relativ unabhängig voneinander. Maßnahmen im Service waren in den seltensten Fällen mit den Aktivitäten im Marketing verzahnt, wodurch vielfältige Abstimmungsprobleme entstanden.[40] Wichtige strategische Themen, wie z.B. die Beobachtung der langfristige Entwicklung von Kundenbedürfnissen, wurden so vom klassischen oder Transaktionsmarketing nicht mehr angegangen oder gelöst.[41] Trotzdem setzte sich erst langsam die Erkenntnis durch, dass die Gewinnung neuer Kunden, etwa durch die höhere Beratungsintensität, weniger kostendeckend sein könnte, als alte Kunden zu halten.[42] Absatzbemühungen von Unternehmen waren, wenn diese alleine produktorientiert erfolgten, beim zunehmenden Konkurrenzdruck nicht mehr ausreichend.[43] Das führte langsam zu dem Verlust der Geschäftsgrundlage.

Damit begann in der zweiten Hälfte der achtziger und Anfang der neunziger Jahre die Kundenzufriedenheit in den Mittelpunkt geschäftlicher Aktivitäten und deren wissenschaftlicher Betrachtung zu rücken.[44] Es wurde langsam eine Abkehr des Marketings von einer Produktorientierung zu einer Kundenorientierung vollzogen. Die zeitliche Abfolge der Entwicklung ist in Abbildung 2 aufgezeigt.

---

38 Vgl. Lasogga 2000, S. 372.

39 Vgl. Stauss, Seidel 2002, S. 10.

40 Vgl. Rapp 2000, S. 24.

41 Vgl. Rapp 2000, S. 23. Speziell unpersonalisierte Massenwerbung, als ein Instrument des Transaktionsmarketings, ist zunehmend nicht mehr wirksam. Vgl. Bauer, Grether 2002, S. 6.

42 Die dazu auch Abschnitt 2.2.4 Langfristigkeit, S. 41.

43 Vgl. Hippner, Wilde 2001a, S. 5.

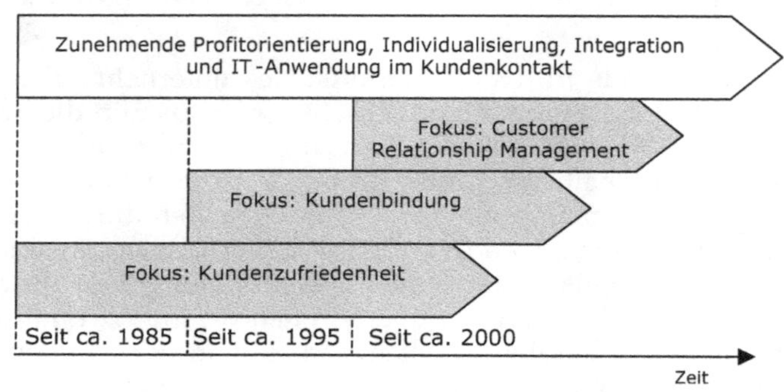

Abbildung 2: Entwicklung zum Customer Relationship Management.[45]

Ab Mitte der neunziger Jahre wurde jedoch deutlich, dass die Zufriedenheit allein noch nicht automatisch zu einer Bindung der Kunden führt.[46] Der Kunde hatte sich weiter gewandelt und war anspruchsvoller geworden.[47] Kunden wechselten den Anbieter, obwohl sie mit ihrem alten Unternehmen zufrieden waren. Untersuchungen hatten gezeigt, dass nur vollkommen zufriedene Kunden verhältnismäßig sicher auch loyale Kunden waren.[48] Wenn jedoch niedrige oder mittlere Werte für Zufriedenheit vorlagen, erhöhte sich die Kundenbindung bei einer leichten Zunahme der Zufriedenheit kaum.[49] Eine längere Bindung war aber nötig, da die Profitabilität einer Kundenbeziehung mit zunehmender Dauer steigt.[50] Aus diesem Grund wurde das Kundenbindungsmanagement entwickelt.[51] Grundsätzlich wurden im Kundenbindungsmanagement die Mechanismen einer Kundenbindung untersucht. Unternehmen ver-

44 Vgl. Homburg, Sieben 2000, S. 6.

45 Quelle: Eigene Darstellung in Anlehnung an Homburg, Sieben 2000, S. 7.

46 Vgl. Curry, Curry 2000, S. 24 und siehe dazu Curasi, Kennedy 2002, S 322 und die dort angegebenen Quellen.

47 Vgl. Rapp 2000, S. 34.

48 Vgl. Horstmann 1998, S. 90.

49 Vgl. Herrmann, Johnson 1999, S. 595.

50 Vgl. Stauss 2000a, S. 451 und weitere Ausführungen dazu in Abschnitt 2.2.4 Langfristigkeit, S. 41.

51 Vgl. Reichheld, Sasser 1990, S. 106; Diller 1991, S. 161; Homburg, Sieben 2000, S. 6.

suchten, den Kunden durch personalisierte Zusatzleistungen zu halten.[52] Die Fokussierung auf einen theoretischen Durchschnittskunden war aber trotzdem nicht mehr ausreichend und führte häufig zu einem Verlust von Kunden. Um diesem Problem zu begegnen, setzte das neue Kundenbeziehungsmanagement das freiwillige Binden von Kunden an Unternehmen durch. Wissenschaft und Unternehmen entwickelten den Partnerschaftsgedanken zwischen Unternehmen und Kunde und damit das CRM.[53]

In Bezug auf die oben beschriebenen Veränderungen wird auch von einem Paradigmenwechsel vom Transaktionsmarketing hin zum Beziehungsmarketing gesprochen, der von Autoren in der Wissenschaft viel zitiert, aber auch in Frage gestellt wurde.[54] Den Unternehmen war immer schon bewusst, dass sich Kundennähe positiv auf Kundenbeziehungen auswirken kann. Aber erst durch technische Entwicklungen konnte eine solche Kundennähe in einem Massenmarkt ökonomisch sinnvoll erreicht werden. Hierzu bedurfte es der beschriebenen Digitalisierung von Leistungsteilen, verfügbarer Software und preiswerter Hardware.

Auch auf Software- und Enterprise-Application-Herstellerseite kann langsam eine Veränderung in der Ausgestaltung von Kundenbeziehungsmanagement-Software ausgemacht werden. Bis vor kurzem wurden Unternehmen bei der Nutzung größerer Kundendatenbanken vor fast unlösbare Probleme gestellt, da die Computersysteme eine effiziente Nutzung der Daten für ein CRM verhinderten.[55] Die Software- und Enterprise-Application-Herstellerseite bietet erst jetzt unterschiedliche Aktivitäten für ein Kundenbeziehungsmanagement an, die dazu eingesetzt werden können, die Geschäftsbeziehung mit dem Kunden zu vertiefen.[56] Diese Aktivitäten, wie z.B. Kontaktmanagement, unterstützen unterschiedliche Unternehmensbereiche. Dazu gehörten u.a. auch die Vertriebsautomatisierung durch Computer Aided Selling (CAS), Sales-Force-Automation (SFA) und ein Call Center Management hin zu einem Customer Interaction Center. Aus diesen Unternehmensbereichen entwickelten Softwareunternehmen erste CRM-Systeme, die den technologi-

---

52 Vgl. Hippner, Wilde 2001a, S. 5.

53 Vgl. Lasogga 2000, S. 374.

54 Siehe dazu z.B. auch Henning 1996, S. 142; Dichtl, Schneider 1994, S. 6; Bliemel, Eggert 1998, S. 1.

55 Vgl. Hippner, Wilde 2001a, S. 6.

56 Vgl. Diller 1996, S. 83.

schen Ursprung darstellen.[57] Die IT-Dominanz führte aber wie beschrieben zu einem falschen CRM-Verständnis, da CRM-Systeme eher als Softwaresysteme angesehen wurden.[58]

Die Bereiche, die als Ursprünge des CRM besprochen wurden, müssen auch bei der Ergänzung des CRM für das mobile Internet Beachtung finden. Eine zu starke Fokussierung auf das Produkt und dessen Leistungen allein wird Kunden nicht dauerhaft an Unternehmen binden können. Mit der Entwicklung an Kundenbedürfnissen vorbei, wie es im Internet zu beobachten war, wird sich keine dauerhafte Kundenbeziehung aufbauen lassen. Dennoch spielt die Technologie eine besondere Rolle in der Leistungserstellung im mobilen Internet. Neue Entwicklungen im mobilen Internet bei der Leistungserstellung und dem CRM werden dabei zu beachten sein.

2.1.3 Neuere Entwicklungen im Customer Relationship Management

In diesem Abschnitt wird gezeigt, dass das ursprüngliche CRM nicht statisch ist und speziell durch technische Entwicklungen permanent angepasst wird. Durch technologische Entwicklungen, gerade im Kommunikationsbereich, kommt es zu Veränderungen der Interaktion zwischen Kunden und Unternehmen. Bei der Verbreitung des stationären Internets wurden beispielsweise die Anpassungen mithilfe des eCRM vorgenommen. Electronic CRM (eCRM) wird dabei als Erweiterung des klassischen CRM aufgefasst:

> „Unter einem Electronic Customer Relationship Management (eCRM) wird die Anwendung von CRM im E-Commerce verstanden (...)."[59]

Ideen und Möglichkeiten sowie das Kundenverständnis aus dem Internet konnten wiederum in vorhandene CRM-Systeme integriert werden und werden integraler Bestandteil des ursprünglichen CRM.[60] Dadurch kommt es zu einem Ausbau des bestehenden CRM um neue Möglichkeiten einer umfassenderen Erschließung und Ausschöpfung von Kun-

---

57 Vgl. Wilde et al. 2004, S. 79. Beispielsweise wurde analog auch die Sales Automation Association (SAA) der USA in Customer Relationship Management Association (CRMA) unbenannt. Vgl. Petersen 1998, S. 158.

58 Vgl. Stauss, Seidel 2002, S. 11.

59 Frielitz et al. 2002a, S. 540.

60 Vgl. Frielitz et al. 2002a, S. 540.

denpotenzialen.[61] Speziell das normale oder auch als „stationäres" bekannte Internet hat es dank eCRM geschafft, bei den Kunden eine stärkere Nachfrage für personalisierte Services und Produkte aufzubauen, sowie permanent zugängliche Informationen bereitzuhalten.[62] Durch eCRM-Systeme können Unternehmen aus jeder Interaktion mit dem Kunden lernen und adaptieren, wie der Kunden mit dem Unternehmen interagieren möchte. Gleiches wird zunehmend auch auf anderen Kanälen, wie dem mobilen Internet, erwartet. Neue Kanäle machen so eine Erweiterung des CRM nötig, wobei bisher die wenigsten Unternehmen ein Multi-Channel-System einsetzen, mit dem sie dauerhaft Kontakt zu Kunden aufbauen und halten können.[63] Es darf keine Rolle spielen, auf welche Art und Weise der letzte Kontakt zu der Firma hergestellt wurde.[64] Wie im folgenden Abschnitt beschrieben wird, stellt es für Unternehmen eine besondere Herausforderung dar, diese verschiedenen Kundenkontakte in ein einziges CRM-System zu integrieren.

Das ursprüngliche CRM wird sich mit den neuen Entwicklungen des entstehenden mobilen Internets auseinandersetzen müssen. Durch die vielfältigen Einsatzmöglichkeiten kann ein CRM-System durch mobile Komponenten ergänzt werden. Entwicklungen und Ideen im mCRM werden auf diese Art die Entwicklungen aller CRM-Bereiche beeinflussen. Beispielsweise können Verfahren der zeitlichen und räumlichen Bewertung von Kommunikationsmaßnahmen auch in anderen Medien eingesetzt werden. Weitere Beispiele wären die Integration eines „Opt-in" und der Formatwahl bei allen Kommunikationsmaßnahmen durch den Kunden. Auch bei Maßnahmen, die ohne neue Medien verbreitet werden, können Kunden durch Fragebögen ihr Interesse bekunden und Inhalte bestimmen.

---

61 Vgl. Schögel, Schmidt 2002, S. 42.

62 Vgl. Thurston 2001, S. 62.

63 Vgl. Schögel, Sauer 2002, S. 26.

64 Vgl. Olson, Ellen 2001, S. 23.

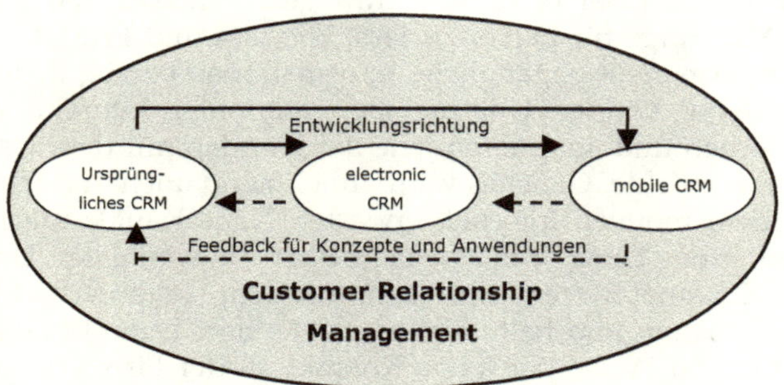

Abbildung 3: CRM-Entwicklungen als Feedback-Cycle[65]

Eine Sprachnavigation ermöglicht ähnlich einer Menüführung im stationären Internet auch Kunden ohne Internetzugang Informationen abzurufen. Entwicklungen, die in einem Kanal entwickelt wurden und nun auch in anderen Kanälen Anwendung finden, sind in der Abbildung 3 mit den gestrichelten Pfeilen dargestellt.

Der Trend, der in dieser Arbeit mit der Konvergenz der CRM-Systeme beschrieben wird, wird sich weiter fortsetzen. Dieses wird auch dadurch unterstützt, dass Kunden vermehrt über eine gute technische Ausstattung der Haushalte, wie Fax, Mobiltelefon oder Internet, verfügen. Besonders die Veränderungen durch die Verbreitung der mobilen Kommunikation wird wieder eine Ergänzung des CRM-Konzepts nötig. Deswegen wird das folgende mCRM-Verständnis den weiteren Überlegungen zu Grunde gelegt:

> Unter mCRM werden alle Maßnahmen des CRM unter Zuhilfenahme von Technologien des mobilen Internets verstanden, was zu einem um den mobilen Kanal erweitertes CRM-Gesamtkonzept führen kann.[66]

Bei den verschiedenen Phasen der Interaktion mit Unternehmen kann der Kunde heutzutage den Kanal auswählen, der ihm am besten geeinget scheint.[67] Das bedeutet auch, dass sich die Auswahl der Kommunikationskanäle den Unternehmen entzieht. Kunden variieren

---

65 Quelle: Eigene Darstellung.

66 Siehe auch 4.1.1 Integration des mobile CRM in die CRM-Definition, S. 148.

67 Vgl. Ritter 2001, S. 202-203.

Kanäle entsprechend ihrer eigenen Situation.[68] Funktionen, die dem Kunden in einem der Kanäle angeboten wurden, werden von ihm aber auch in allen anderen Kanälen erwartet. Diese Auswahl sollte von Unternehmen nicht nur ermöglicht werden, sondern sogar erwünscht sein. Untersuchungen haben gezeigt, dass Kunden, die über mehrere Kanäle auf ein Unternehmen zugreifen, im Vergleich zu "Einkanalkunden" mehr Umsatz und mehr Gewinnbeitrag leisten.[69] Vorteile einer solchen Multi-Channel-Strategie als neue Entwicklung im CRM für Kunden sind „greater convenience" und „more targeted and actionable information".[70] Services und Leistungen aus neueren CRM-Entwicklungen müssen deswegen nach und nach auch in älteren CRM-Konzepten integriert werden.

2.2 Strategische Ziele des Customer Relationship Management

Ziel der Umsetzung von CRM-Konzepten in Unternehmen ist die Erreichung spezieller Unternehmensziele im Rahmen des Kundenmanagements. Im CRM werden die Einzelziele unterteilt in Profitabilität einer Kundenbeziehung, Integration von Kontaktkanälen, Individualisierung von Leistungen und Langfristigkeit der Kundenbindung.[71] Wie in Abbildung 4 symbolisiert, nimmt das Ziel der Profitabilität eine Schlüsselstellung ein, steht aber in einem engen Verhältnis zu den anderen Zielen.

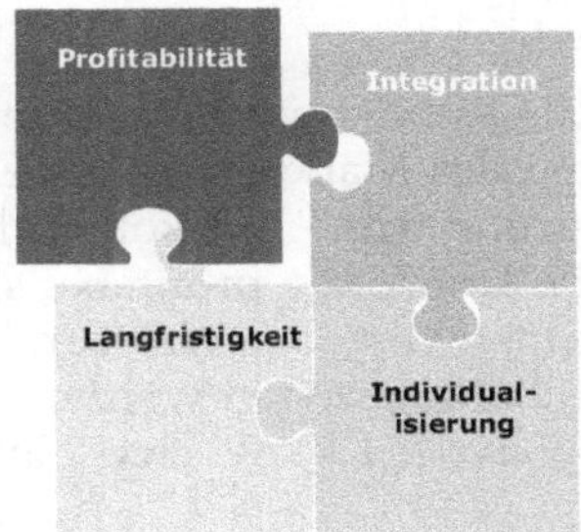

Abbildung 4: Strategische Ziele des CRM[72]

68 Vgl. Schögel, Sauer 2002, S. 27.

69 Vgl. Yulinsky 2000, S. 3.

70 Yulinsky 2000, S. 3.

71 Vgl. Hippner, Wilde 2001a, S. 6ff.

72 Quelle: Eigene Darstellung.

Die strategischen Zielsetzungen eines CRM-Konzepts gehen über die einfachen genannten Marketingziele Akquisition, Retention und Extention hinaus.[73] Die Zielerreichung und die Entwicklung der Methoden kann zum Teil auch als ein Aufgreifen der Ursprünge des CRM verstanden werden. So ist das Ziel der Langfristigkeit von Kundenbeziehungen mit den Überlegungen zur Verbesserung der Kundenbindung verbunden, während Kundenzufriedenheit u.a. durch Individualität und Integration erreicht werden kann. Die verschiedenen strategischen Ziele bedingen sich daneben gegenseitig und schaffen die Grundlage einer profitablen Gestaltung von Kundenbeziehungen, die wiederum die Basis für eine profitable Geschäftstätigkeit insgesamt bilden. An der Zielerreichung muss sich auch im mobilen Internet mit einem mCRM-System der Erfolg des unternehmerischen Handelns messen lassen. An diesen Zielen orientieren sich deswegen alle Maßnahmen des mCRM, die in Kapitel vier vorgestellt werden.

2.2.1 Profitabilität

Durch die Umsetzung von CRM-Konzepten sollte und kann für Unternehmen Sicherheit, Wachstum und Rentabilität geschaffen werden.[74] Dieses wird durch die Verfolgung des wichtigsten strategischen Ziels unternehmerischen Handelns erreicht, dem Ziel der langfristigen Profitabilität von Kundenbeziehungen zur Sicherung der Überlebensfähigkeit des Unternehmens.[75] Kundenferne Unternehmensbereiche, die ebenfalls für die Gewinnerreichung bedeutsam sind, bleiben in dieser CRM-Betrachtung ausgeklammert.[76]

Im CRM-Konzept stehen die Kunden im Mittelpunkt, wodurch eine früher praktizierte Betrachtung des Marktanteils als Zielgröße, speziell des Marketings, in den Hintergrund tritt.[77] Der Fokus aller Handlungen wird auf jene Kunden gelegt, die langfristig profitabel sind.[78] Zur Bewertung der Kunden sollte der Kundenwert, den ein Kunde über seine gesamte Geschäftbeziehung schafft, herangezogen werden, der als *Share of Lifetime* oder *Customer Lifetime Value (CLV)* als eine Zielgröße im Kundenbe-

---

73 Vgl. Chaffey 2002, S. 331.

74 Vgl. Diller 1996, S. 81.

75 Vgl. Homburg, Krohner 2003, S. 2-3.

76 Andere Bereiche zur Erhöhung der Profitabilität sind z.B. die Produktion, Forschung und Entwicklung oder Personalmanagement. Mehr dazu auch in Hippner et al. 2002b, S. 21-24.

77 Vgl. Hippner, Wilde 2001a, S. 7.

78 Vgl. Hippner, Wilde 2001a, S. 6.

ziehungsmanagement eingesetzt wird.[79] Kurzfristig hohe Anteile an anderen Zielgrößen, wie z.B. dem *Share of Wallet*, können nur durch hohe Marketing- und Akquisitionsaufwendungen relativiert werden und sind deswegen weniger geeignet, um unprofitable Kunden zu ermitteln.[80] Grundsätzlich besteht das Problem der richtigen „Kundenerkennung". Dabei besteht immer die Gefahr von negativen Auswirkungen, die z.B. durch eine Fehleinschätzung und eine rufschädigende Kommunikation ausgeklammerter Kundengruppen entstehen können. Bei der Ermittlung von profitablen Kundengruppen ist zu beachten, dass ein Kunde ein hohes Potenzial in der Zukunft besitzen kann, auf das ein Unternehmen nicht verzichten sollte, obwohl er aktuell keinen Gewinnbeitrag liefert.[81] Das Auffinden und Bewerten von aktuellen und potenziellen langfristig profitablen Kunden und Kundensegmenten sind Aufgaben eines analytischen CRM.

Grundsätzlich ist beobachtet worden, dass mit wenigen Kunden ein bedeutender Teil des Gewinns erzielt wird.[82] Ein Großteil der anderen Kunden trägt hingegen wenig oder gar nicht zum Ergebnis des Unternehmens bei. Eine dritte Gruppe von Kunden erwirtschaftet einen negativen Deckungsbeitrag.[83] Das führt dazu, dass die profitablen Kunden über 100% des Gewinns generieren können, der dann zum Teil durch eine kleine Gruppe klar unprofitabler Kunden aufgebraucht wird.[84] Die Bewertung der einzelnen Kundengruppen in ihrem Umfang und ihren Umsätzen variiert aber.[85]

---

79 Vgl. Brown, Pritchard, Szczech 2000, S. 3. Mehr dazu siehe Abschnitt 2.2.4 Langfristigkeit, S. 41.

80 Vgl. Hippner, Wilde 2001a, S. 7.

81 Vgl. Hippner, Wilde 2001a, S. 8.

82 Vgl. Baker 2002, S. 312.

83 Vgl. Hippner, Wilde 2001a, S. 8.

84 Vgl. Curry, Curry 2000, S. 18; Hippner, Wilde 2001a, S. 7.

85 Bei der Betrachtung der Profitabilität der einzelnen Kundengruppen schwanken die Angaben. Siehe auch Pepels 2001, S. 66; Ritter 2001, S. 204.

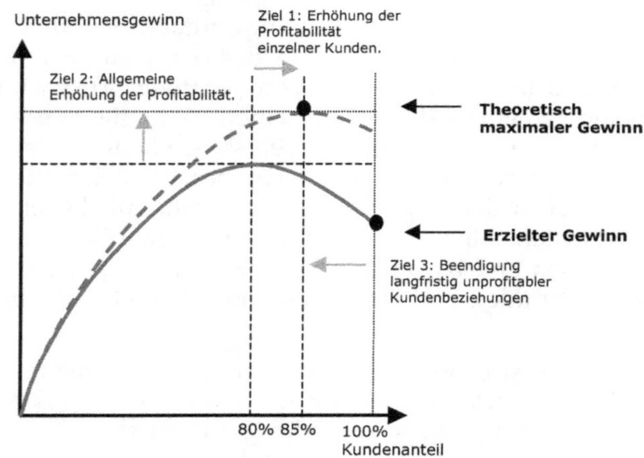

Abbildung 5: Profitabilität einzelner Kundenanteile[86]

Aufgrund dieses Faktums gibt es drei getrennt zu diskutierende Methoden, wie mit den nicht profitablen Kunden verfahren werden sollte. Zum einen gibt es die Aufgabe, einzelne, nicht profitable Kunden in profitable Kunden umzuwandeln. Der CLV-Wert einzelner Kunden kann durch Cross- und Upselling verbessert werden.[87] Die Aufgabe, gezielt einzelne Kundenbeziehungen profitabler zu gestalten, ist in der Abbildung 5 als Ziel 1 eingetragen.

Zusätzlich kann eine allgemeine Reduktion der Kosten z.B. im Service durch CRM-Systeme auf Unternehmensseite dazu führen, dass mehrere Kunden im Grenzbereich doch noch profitabel sind. Dieses ist als Ziel 2 mit einer Kostensenkung über alle Kunden in Abbildung 5 verdeutlicht. Eine Neudefinition der Kundenbeziehung mit den beiden vorgestellten Methoden ist aber nicht immer möglich oder erfolgreich. In solchen Fällen sollte man auch eine Beendigung der Kundenbeziehung in Erwägung ziehen.[88] Dieses ist als Ziel 3 in Abbildung 5 theoretisch dargestellt.

---

86 Quelle: Eigene Darstellung in Anlehnung an Hippner, Wilde 2001a, S. 8.

87 Vgl. Hippner, Wilde 2001b, S. 225.

88 Vgl. Hippner et al. 2002a, S. 3.

2.2.2 Integration[89]

Unter dem CRM-Ziel wird das Zusammenführen aller Arten von Kundeninformationen verstanden.[90] In modernen Unternehmen ist die Arbeitsteilung die vorherrschende Art der Leistungserstellung. Je differenzierter dieser Prozess ist, desto schwieriger kann es sein, alle Unternehmensteile gleichermaßen und ausreichend, z.B. an Kundenkontaktpunkten, mit aktuellen Kundeninformationen zu versorgen. Unter Kundenkontaktpunkten werden Methoden, Orte oder Verfahren verstanden, über die ein Kunde und ein Unternehmen im Kontakt stehen können, wie beispielsweise das stationäre Internet oder Verkaufsstätten. In letzter Zeit wird davon gesprochen, dass eine Explosion der Anzahl von Kundenkontaktpunkten, sogenannter Consumer Touch Points, stattfand. Eine Ursache für die Entwicklung wird in neuen Informations- und Kommunikationstechnologien gesehen.[91] Der Trend in der Wirtschaft, im Vertrieb und im Service Allianzen zu schließen, führt zu einer weiteren Vermehrung von möglichen Kundenkontaktpunkten.[92] Während die erhöhte Auswahlmöglichkeit vom Kunden als Vorteil wahrgenommen werden kann, entstehen dadurch aber eine Reihe von Problemen im Kundenbeziehungsmanagement, denen durch die Integration im CRM begegnet werden muss.[93]

Zur Zeit stehen viele Unternehmen vor der Situation, dass Kundenkontaktpunkte und Kanäle zum Kunden schlecht oder gar nicht synchronisiert sind.[94] Dies macht die Integration der historisch gewachsenen informationstechnologischen Insellösungen für den Kundenkontakt nötig.[95] Aufgabe und strategisches Ziel von CRM ist die Schaffung einer

---

89 Unter „Integration" wird in diesem Zusammenhang nicht die Einbeziehung des Kunden in den Leistungserstellungsprozess verstanden, wie das bei u.a. Diller (2001) der Fall ist. Vgl. Diller 2001, S. 81ff.

90 Vgl. Hippner et al. 2002a, S. 4.

91 Vgl. Schögel, Schmidt 2002, S. 39; Court et al. 2000, S. 1.

92 Vgl. Court et al. 2000, S. 2.

93 Als ein Beispiel könnte das Buchen eines Mietwagens bereits im Flugzeug durch das Flugbeleitpersonal sein. Eine Zunahme der Kontaktpunkte kann so zu Problemen führen, da ein Kontaktpunkt nicht mehr weiß, was an dem anderen passiert ist. Ein solches Problem könnte entstehen, wenn das Flugbegleitpersonal Autos vermietet, die zeitversetzt bereits durch das Mietwagenfirmenpersonal im Flughafengebäude vergeben worden sind.

94 Vgl. Rotz 2002, S. 478.

95 Vgl. Hippner, Wilde 2003, S. 456 ; Bauer, Grether 2002, S. 6.

einheitlichen Systemlandschaft.[96] Daneben ist die Anbindung bestehender betriebswirtschaftlicher Software zur Leistungserstellung durch Schnittstellen an eine CRM-Lösung nötig.[97] Diese Anbindung kann durch eine vorangestellte Integration von Kundendaten effizienter erfolgen.

Um einheitlich auftretende Unternehmen für Kunden erreichbar zu machen, müssen an allen Kundenkontaktpunkten im Marketing, Vertrieb und Service die gleichen Informationen aus einer zentralen Kundendatenbank vorliegen.[98] Für diese Zusammenführung gibt es aus CRM-Sicht zwei wesentliche Gründe. Zum einen hat ein Kunde ein einheitlich auftretendes und handelndes Unternehmen als Partner vor sich, unabhängig, wie die Interaktion erfolgt und ob der Gesprächspartner aus dem Marketing, Vertrieb oder Service kommt. In diesem Zusammenhang wird auch von dem Konzept der integrierten Kommunikation gesprochen.[99] So wird erreicht, dass der Kunde das Unternehmen als Einheit wahrnehmen kann, was auch als „One Face to the Customer" bezeichnet wird.[100] Dieses soll als Prozess von der Analyse bis hin zur Kontrolle alle internen und externen Kommunikationsmaßnahmen einheitlich darstellen und „ein für die Zielgruppen der Unternehmenskommunikation konsistentes Erscheinungsbild über das Unternehmen [...] vermitteln."[101] Die Ausgestaltung von Kundenkontaktpunkten ist darüber hinaus auch zur Markenbildung von Bedeutung, da die Markenwahrnehmung nicht mehr allein über die Produkteigenschaften erreicht wird, sondern auch entscheidend über alle Kontakte mit Unternehmen geprägt wird.[102]

Ein zweiter Vorteil der Integration der Daten aus allen Kundenkontaktpunkten ist, dass nicht nur der Kunde ein einheitliches Bild vom Unternehmen hat, sondern auch das Unternehmen einen einheitlichen Eindruck vom Kunden („One Face of the Customer") erhält.[103] Dadurch werden z.B. kurze Antwortzeiten im Service ermöglicht, da u.a. auf die Adressen von Kunden und deren genauen Ausstattung mit Produkten des Unternehmens aus dem Vertrieb zurückgegriffen werden kann. Außerdem kann beispielsweise der Vertrieb die „Bearbeitung eines Kun-

---

96 Vgl. Hippner et al. 2002a, S. 3-4.

97 Vgl. Hippner, Wilde 2001a, S. 12-13.

98 Vgl. Hippner, Wilde 2001b, S. 214.

99 Vgl. Hippner et al. 2002a, S. 4.

100 Vgl. Hippner, Wilde 2001a, S. 12.

101 Bruhn 1999, S. 267-268.

102 Vgl. Court, Forsyth et al. 1999, S. 15.

103 Vgl. Wilde 2002, S. 9.

den" vorübergehend einstellen, wenn aus der Buchhaltung signalisiert wird, dass der Kunde Zahlungsschwierigkeiten hat. Ein weiteres Beispiel wäre der Zugriff der Service-Abteilung auf die genauen, aktuellen Kaufdetails, nachdem ein Kunde zu einem neuen Produkt gewechselt hat. Wartungshinweise für die alte Version würden ohne den Zugriff auf die zentrale Kundendatenbank ins Leere laufen.

Die Integration hat neben den beiden genannten noch weitere Vorteile. Die Daten von jedem der verschiedenen Kontaktpunkte können die Grundlage für mehr Verständnis über den Kunden und seinen Bedürfnisse bilden.[104] Durch die Integration kann so eine Analyse aller zusammengeführten Daten erfolgen.[105] Durch die zunehmende Verknüpfung der verschiedenen Funktionen des Marketings, des Vertriebs und des Services wird in der Zukunft das CRM-Ziel der Integration im mCRM weiter an Bedeutung gewinnen.

2.2.3 Individualität

Mit der strategischen Aufgabe der Individualität ist die Ausrichtung des Unternehmens auf einzelne Kunden oder Kundensegmente gemeint.[106] In diesem Zusammenhang wird auch von dem CRM-Ziel der Differenzierung gesprochen.[107] Da im mobilen Internet mit Hilfe des mCRM nicht nur nach Kundensegmenten differenziert werden soll, sondern das Individuum als Maßstab herangezogen werden sollte, wird in dieser Arbeit der Begriff der Individualisierung gewählt.

Grundsätzlich können dabei vier Ebenen der Individualisierung der Kundenbeziehung unterschieden werden. Es wird die Individualisierung auf der Philosophieebene (d.h. des Verständnisses und der Ausrichtung beispielsweise des Marketings), der Analyseebene, der Leistungsebene und Dialogebene unterschieden.[108] Ansatzpunkte im CRM, die vom Unternehmen genutzt werden können, sind die Individualisierung des Dialogs oder der Kommunikation und Mass Customization auf der Leistungsebene.[109] Ein CRM-System mit der oben beschriebenen Integration legt sowohl dafür, als auch für die anschließende Analyse die Basis. Die Individualisierung aller Leistungen durch das CRM spielt bei

---

104 Vgl. Ceyp 2002, S. 108.

105 Vgl. Hippner, Wilde 2001a, S. 13.

106 Vgl. Homburg, Sieben 2000, S. 8.

107 Siehe dazu auch Hippner et al. 2002b, S. 14; Frielitz et al. 2002a, S. 539.

108 Vgl. Link, Schmidt 2002b, S. 357-358.

109 Vgl. Wilde 2002, S. 7.

der Schaffung von Mehrwerten und Erhalt von Zahlungsbereitschaft des Kunden eine große Rolle. Aber eine Individualisierung für Kunden und Differenzierung von Wettbewerbern ausschließlich über die Produkt- und Service-Kernnutzen wird durch die Angleichung von Unternehmensleistungen immer schwieriger.[110] So wird jede Individualisierung der Leistung auch durch das technisch Machbare und das CRM-Ziel der Profitabilität abgegrenzt, da Abweichungen von der Norm in der Produktion Geld kosten können. Gleiches gilt auch auf der Kommunikationsebene, auf der früher auch nur Key Accounts durch einzelne Vertriebsmitarbeiter individuell betreut werden konnten. Einzelne Maßnahmen der Individualisierung sind deswegen der zu erwartenden Rendite oder des CLV einer Kundenbeziehung anzupassen. Voraussetzung einer passgenauen Individualisierung sind genaue Kundendaten, die von einem Kunden eher über einen längeren Zeitraum bereitgestellt werden, bzw. von einem Unternehmen ermittelt werden können.

Das CRM-Ziel der Individualisierung hat für Unternehmen aufgrund von langfristiger, mittelfristiger und kurzfristiger Veränderungen von Kundenbedürfnissen eine hohe strategische Relevanz. Zum einem wandeln sich die Kundenbedürfnisse, die individuell erfüllt werden wollen und sollten, im Laufe der Zeit. Solche Bedürfnisse sind z.B. die Ansprüche, die an den Wohnraum gestellt werden. Während ein Student mit einem Zimmer in einer Wohngemeinschaft auskommen könnte, sind bei der Gründung einer Familie andere Ansprüche zu erwarten und auch vorhersagbar.[111] Bei der Bedarfsermittlung kann die jeweilige Kundensituation bei der Ansprache und Leistungserstellung beachtet werden.[112] Dabei sind die Bedürfnisse keineswegs festgelegt, sondern können sich auch an verschiedenen Punkten ändern und ausgesprochen differenziert seien.

Ein zweiter Wandel ist im Vergleich schneller, erfolgt mittelfristig und ist weniger voraussagbar. Kunden können ihre Bedürfnisse durch rasante technologische Veränderungen, Trends oder auf Grund des Wunsches nach Abwechslung verändern.[113] Ein technologisch bedingter Wandel wird in dieser Arbeit im Zusammenhang mit der Verbreitung des mobilen Internets besprochen. Kunden in westlichen Märkten entwickeln einen hohen, sich verändernden Anspruch. Der Kunde möchte, dass seine sich wandelnden Bedürfnisse erkannt und entsprechend be-

---

110 Vgl. Schögel, Schmidt 2002, S. 30; Hippner et al. 2002a, S. 1-2.

111 Vgl. Hippner, Wilde 2001b, S. 227.

112 Vgl. Hippner, Wilde 2001a, S. 9.

113 Im Englischen wird dafür der Begriff „Variety-Seeking“ verwendet. Vgl. Bauer, Grether 2002, S. 6.

dient werden. Eine Vorhersage des Kaufverhaltens ist jedoch schwierig, da dieses über kürzere Zeiträume dynamisch ist.[114]

Ein dritter Wandel der Bedürfnisse erfolgt bei Kunden sehr kurzfristig, meist im Laufe einer Woche oder im Tagesablauf. Ein Unternehmen sollte in der Lage sein, individuell auf die sich über Tag wandelnden Bedürfnisse zu reagieren. Dafür werden im Kapitel vier die Daten als Basis der Individualisierung, die Inhalte von Maßnahmen im operativen mCRM und die Ermittlung der Bedürfnisse im analytischen mCRM eingeführt.

Unternehmen müssen auf die kurzfristigen, mittelfristigen und langfristigen Veränderungen der Kundenbedürfnisse reagieren, damit ihre Problemlösungskompetenz von Kunden im Vergleich zu den Wettbewerbern als besser wahrgenommen wird. Dafür ist die Individualisierung auf Leistungs- sowie Kommunikationsebene nötig.[115]

2.2.4 Langfristigkeit

Das Ziel von CRM, Kundenbeziehungen möglichst langfristig zu erhalten, wurde bereits in dem Abschnitt über die Ursprünge des CRM besprochen. Als Grund für die Wahl dieses Ziels wird in der Literatur die über eine längere Bindung steigende Profitabilität von Kunden genannt.[116] Die Ursachen hierfür sind vielschichtig, denn die Profitabilität steigt nicht automatisch mit der Dauer einer Kundenbeziehung.[117]

Kunden, die schon länger einem Unternehmen treu sind, haben eher die Tendenz, mehr von einem Unternehmen zu kaufen.[118] Treue Kunden sind überdies auch weniger preissensibel.[119] Das ist besonders in den neuen Medien von Bedeutung, in denen die Wechselbarrieren niedriger sind und der Preis eine dominante Größe im Kaufprozess sein kann. Unternehmen können diese Kunden auch durch die über den Zeitraum gewonnenen Kundendaten einfacher aktiv mit Cross Selling und Up Selling in höhere Umsatzregionen bewegen.[120] Stammkunden weisen zusätzlich eine höhere Toleranz gegenüber Fehlleistungen von Unterneh-

114 Vgl. Coursey, Mason 1987, S. 561.

115 Vgl. Hippner, Wilde 2001a, S. 9.

116 Vgl. Stauss 2000a, S. 451; Hippner, Wilde 2001a, S. 6; Herrmann et al. 2000, S. 52.

117 Vgl. Krafft 1999, S. 523 und 526; Homburg, Fassnacht 1997, S. 418.

118 Vgl. Reichheld, Schefter 2000, S. 106.

119 Vgl. Stengl et al. 2001, S. 203.

120 Vgl. Rosemann et al. 1999, S. 109ff; Hippner et al. 2002b, S. 12.

men auf.[121] Bei Stammkunden ist außerdem ein geringer Zeitaufwand für die Kundenpflege zu verzeichnen, da sie mit den Möglichkeiten der Online- und Offline-Kommunikation bereits besser vertraut sind.[122] So ist bei Wiederkäufern eine Abnahme des Beratungserfordernisses festzustellen.[123]

Interessant ist die langfristige Bindung von Kunden auch, weil diese Kunden die Unternehmensleistung eher Personen weiterempfehlen.[124] Durch ihre Erfahrungen mit den Leistungen können diese Kunden dann zusätzlich noch kostenlos Unternehmensaufgaben des Services übernehmen.[125] Außerdem werden auf Unternehmensseite Kosten im Marketing eingespart. Die Fokussierung der Marketingmaßnahmen bewegt sich dabei weg vom einzelnen Produkt oder Service hin zum Kunden, um eine längerfristige Bindung zu ermöglichen.[126] Während früher der Verlust eines Kunden noch relativ einfach ausgelichen werden konnte, sind bei stagnierenden Märkten größere Anstrengungen, sprich: Kosten, nötig.[127] Löwenthal et al. zufolge ist das Verhältnis zwischen Mitteleinsatz zur Neukundengewinnung und dem Erhalt eines Stammkunden ca. 5:1.[128] Ein gutes Kundenbeziehungsmanagement kann einem Abwandern der Kunden zu einem anderen Anbieter entgegenwirken. Eine entsprechende Kundenbindung kann so zu einer verbesserten Amortisation von Akquisitionskosten führen.[129]

Grundsätzlich ist die Gefahr eines Kundenverlusts über den Zeitraum einer Bindung unterschiedlich, so dass Gefährdungszonen eines noch gebundenen Kunden identifiziert werden können.[130] Ein CRM-Konzept geht unterschiedlich auf die verschiedenen Punkte im Lebenszyklus eines Kunden ein. Es ist aber nicht davon auszugehen, dass ein einzelnes Instrument oder eine operative Maßnahme zu einem bestimmten Zeit-

---

121 Vgl. Herrmann et al. 2000, S. 51 - 52.

122 Vgl. Stengl et al. 2001, S. 203.

123 Vgl. Krafft 1999, S. 523.

124 Vgl. Diller 1996, S. 82; Stengl et al. 2001, S. 203.

125 Bei Ebay wenden sich Kunden, die auf Grund von Empfehlungen kommen, bei Problemen häufig an den Alt-Kunden und entlasten so Service-Funktionen von Ebay. Vgl. Reichheld, Schefter 2000, S. 107.

126 Vgl. Diller 2001, S. 68.

127 Vgl. Pepels 2001, S. 52.

128 Vgl. Löwenthal, Mertiens 2000, S. 105. Anderen Autoren nach, schwankt dieser Wert zwischen 5 und 10. Vgl. Bange, Veth 2001a, S. 13.

129 Vgl. Diller 1996, S. 82.

130 Vgl. Hippner, Wilde 2001b, S. 226.

punkt eine ausreichend hohe Kundenbindung erreichen kann. Der Einsatz des Instruments ist auch deswegen schwierig, da die Dauer der Phasen im Kundenbedarflebenszyklus nicht genau festlegbar ist.[131] Vielmehr ist eine sinnvolle Kombination von verschiedenen Instrumenten nötig.[132] Diese müssen passend eingesetzt werden. So liegt inzwischen auch ein Schwerpunkt des CRM auf der Nachkaufphase.[133]

Eine langfristige Bindung von Kunden hat noch weitere Vorteile. Von enttäuschten ehemaligen, nicht gebundenen Kunden geht eine größere Gefahr für zukünftige Geschäftentwicklungen aus. Bei enttäuschten Kunden ist die Gefahr groß, dass sie ihre subjektiv negativen Enttäuschungen mit anderen Personen teilen.[134] Ziel ist es deshalb, einen ausgewählten, langfristig profitablen Kunden über seinen gesamten Lebenszyklus zu halten und zufrieden zu stellen, um Enttäuschungen zu vermeiden. Dabei hat die Betrachtung eines solchen Kundenbedarflebenszyklus eine gegenwärtige und zukunftsorientierte Steuerungsfunktion für alle Marketing- und CRM-Aktivitäten.[135]

2.3 Komponenten einer CRM-Lösung

Bei der Betrachtung von CRM-Systemen werden an der Katholischen Universität Eichstätt-Ingolstadt drei Komponenten unterschieden. Diese werden als kommunikatives, operatives und analytisches CRM bezeichnet.[136] Diese Komponenten sind in Abbildung 6 systematisch mit den Austauschbeziehungen aufgezeigt. Diese Bereiche werden in diesem Kapitel nur kurz vorgestellt. Eine detaillierte Betrachtung der drei Funktionen erfolgt im vierten Kapitel vor den Hintergrund des mobilen Internets.

---

131 Vgl. Bruhn 2001, S. 52.

132 Vgl. Homburg, Fassnacht 1997, S. 422.

133 Vgl. Pepels 2001, S. 51.

134 Vgl. Stauss 2000b, S. 242.

135 Vgl. Bruhn 2001, S. 45.

136 Vgl. Hippner, Wilde 2001b, S. 213.

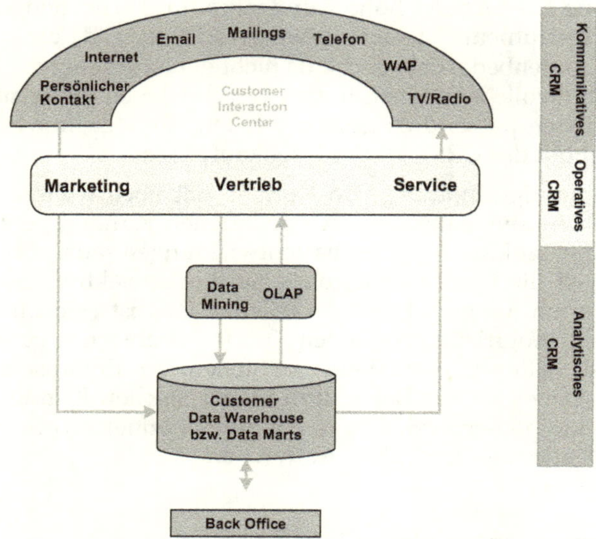

Abbildung 6: Komponenten einer CRM-Lösung[137]

Da die dargestellte Aufteilung für die Untersuchung des Einsatzes des mobilen Internets eine gute Trennung einzeln zu betrachtender Unternehmensteile schafft, wird in der vorliegenden Arbeit an dieser Segmentierung festgehalten. Obwohl zum Teil in neueren Publikationen auf eine getrennte Betrachtung des Teilbereichs des kommunikativen CRM verzichtet wird, ist der Erkenntnisgewinn einer getrennten Diskussion für die Zielerreichung im mCRM durch die später beschriebene Vielschichtigkeit des Kommunikationsmediums weiterhin von Interesse.[138]

Innerhalb jedes dieser Teilbereiche hängt der Erfolg von einer technologischen Komponente und von einer nicht-technologischen Komponente, sprich dem Menschen, ab.[139] Speziell Service-Leistungen müssen als fester Leistungsbestandteil in den Köpfen aller Mitarbeiter verankert wer-

137 Quelle: Eigene Darstellung in enger Anlehnung an Hippner, Wilde 2001b, S. 213.

138 Siehe zu der Trennung in analytisches und operatives CRM Hippner, Wilde 2003, S. 456-457.

139 Vgl. Knackstedt 1999, S. 7.

den.[140] Bei der Trennung zwischen den beiden Komponenten handelt es sich um eine andere Art der Klassifizierung von CRM-Aktivitäten, die aber hier nicht angewandt wird.

2.3.1 Kommunikatives Customer Relationship Management

Aufgabe des kommunikativen CRM ist die Ausgestaltung der unterschiedlichen Kontaktmöglichkeiten, die Kunden zur Verfügung gestellt werden. Durch die Kontaktkanäle werden die Inhalte des operativen CRM transportiert. Fragestellungen, mit denen sich das kommunikative CRM auseinandersetzt, sind u.a. die Integration der Kontaktkanäle, die Festlegung der Kommunikationsformate und der Sendezeitpunkte. Das Verständnis dieser Bereiche ist für den Einsatz neuer Medien wie dem mobilen Internet bedeutsam, da innerhalb kürzester Zeit neue Kommunikationsmedien und Kommunikationsformate zum Einsatz kommen werden.

Je komplizierter und zahlreicher die möglichen Kontaktpunkte zwischen Unternehmen und Kunden sind, desto wichtiger kann eine Ausgestaltung der Kommunikation werden, da die Ausgestaltung im Bezug auf das CRM-Ziel der Integration Teil der Leistungswahrnehmung von Kunden ist. Das Ziel der Individualisierung der Kommunikation durch Unternehmen kann mit Hilfe eines kommunikativen CRM durch zielgenaue Auslieferung von Informationen an eine kleine Gruppe von Empfängern verfolgt werden.[141] Durch das mobile Internet und die so zunehmenden Möglichkeiten der unterschiedlichen Ausgestaltung der Kommunikation zum und vom Kunden, bekommt das kommunikative CRM wieder eine gesteigerte Bedeutung und wird in dieser Arbeit auch deswegen getrennt vom operativen mCRM diskutiert. Die Optimierung der Ausgestaltung wird dann anschließend im analytischen mCRM untersucht.

2.3.2 Operatives Customer Relationship Management

Während sich das kommunikative CRM mit der Ausgestaltung und dem Management von Kommunikationskanälen auseinandersetzt, wird im operativen CRM der Inhalt einzelner Maßnahmen thematisiert.
Im operativen Geschäft werden die Prozesse an den Kunden ausgerichtet. Dabei werden mit Hilfe von CRM-Konzepten verschiedene Geschäftsprozesse mit anderen Funktionen verknüpft und so die Anbin-

140 Vgl. Homburg, Schenkel 2003, S. 13.

141 Vgl. McKim 2001, S. 42-43.

dung geschaffen. Im operativen CRM werden dabei die Bereiche Marketing, Vertrieb und Service unterschieden.[142] Diese Einteilung, obwohl sie ein eingeschränktes Marketingverständnis zu Grunde legt, ist eine in der Praxis vorherrschende Trennung.[143] Jeder der Bereiche ist von Interesse und muss in eine CRM-Vision und einen vollständigen Kundenkaufvorgang eingebunden werden.[144]

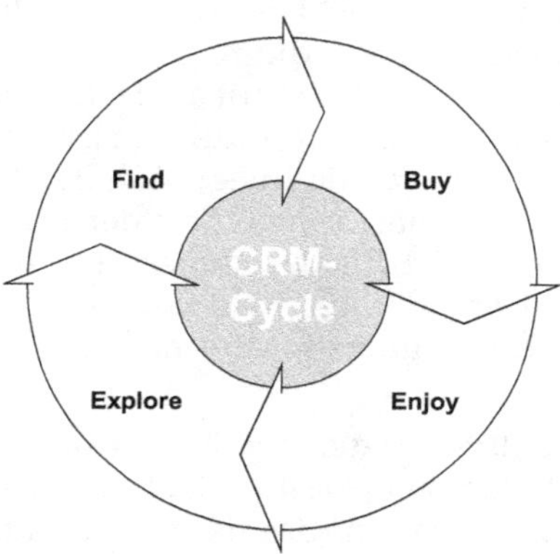

Abbildung 7: CRM-Cycle[145]

Abbildung 7 zeigt, wie aus Kundensicht einzelne Phasen bei einem Kauf ineinander greifen. Analog zu dieser Verknüpfung müssen auch auf Unternehmensseite Marketing, Vertrieb und Service ineinander greifen. Eine enge Verknüpfung führt zu einem Überlagern vom Marketing und Vertrieb, so dass eine eindeutige Trennung dieser beiden Unternehmensfunktionen langsam aufgehoben wird.[146] Eine langfristige Gestaltung von Kundenbeziehungen über guten Service ist auch als Marketing für einen Wiederkauf in der Zukunft zu verstehen.

Erfolge in Marketing, Vertrieb und Service im Bezug auf die genannten Ziele hängen von Inhalten ab. Durch die Verknüpfung des operativen mit dem analytischen, sowie dem möglichen Feedback innerhalb des operativen CRM zwischen den drei Teilbereichen, ist die Möglichkeit einer permanenten Optimierung von Inhalten und Maßnahmen gegeben.

142 Vgl. Schomaker 2001, S. 147; Wittmann 2002, S. 153; Hippner et al. 2002a, S. 5; Bauer, Grether 2002, S. 7.

143 Vgl. Stauss, Seidel 2002, S. 11-12.

144 Vgl. Curry, Curry 2000, S. 25-26; Muther 2002, S. 12-13.

145 Quelle: Eigene Darstellung in Anlehnung an Brockelmann 2000, S. 42.

146 Vgl. Stengl et al. 2001, S. 125.

Da eine effiziente Unterstützung über die in der CRM-Definition genannten modernen Informations- und Kommunikationstechnologien erfolgt, werden die drei Bereiche auch Marketing, Sales und Service Automation genannt.[147] Je umfassender die CRM-Philosophie jedoch im operativen Geschäft verankert ist, desto mehr geht das operative CRM aber über eine reine Automatisierung von Prozessen hinaus. Dieses wird auch verstärkt im mobilen Internet der Fall sein, weswegen der Begriff „Automatisierung" hier nicht verwendet wird.

2.3.2.1 Marketing im Customer Relationship Management

Alle Marketingmaßnahmen eines Unternehmens sollten der Verwirklichung von CRM-Zielen dienen. Dazu gehört die Personalisierung von Maßnahmen zur geforderten Individualisierung. CRM-Systeme unterstützen dabei das Marketing, wie es u.a. aus dem Database Marketing bekannt ist.

Den Mittelpunkt der CRM-Marketingaktivitäten bildet das Kampagnenmanagement, bei dem entschieden wird, welchem Kunden wann welche Informationen auf welche Art übermittelt werden sollten.[148] Dabei kann zwischen einem aktionsorientierten und einem kundenorientierten Ansatz unterschieden werden.[149] Bei dem aktionsorientierten Ansatz ist beispielsweise der Zeitpunkt optimal gewählt. Bei dem anderen Ansatz wird nach dem Kunden, und nicht der Aktion entschieden. Bei der Gestaltung von Maßnahmen von Kunden ist zu bedenken, dass bisher ein Großteil des Marketing-Budgets für Nicht-Kunden ausgegeben wird. Im Bezug auf das CRM-Ziel der Langfristigkeit ist es aber oft sinnvoller, den Fokus auf existierende Kunden zu legen.[150]

Der beschriebene Rückgang der Bedeutung des klassischen Marketings ist aber nicht vollständig. Auch innerhalb einer zielstrebig verfolgten CRM-Umsetzung kann das klassische, transaktionsorientierte Marketing weiterhin eine wichtige Rolle in der Schaffung und Bearbeitung von Absatzmärkten spielen. Beispielsweise kann Kundenunsicherheit bei Kaufentscheidungen durch das Image von Marken beeinflusst werden.

---

147 Vgl. Stauss, Seidel 2002, S. 11.

148 Vgl. Hippner, Wilde 2001a, S. 20.

149 Vgl. Meyer, Hippner 1998, S. 178; Hippner, Wilde 2001a, S. 20.

150 Vgl. Curry, Curry 2000, S. 20-21.

2.3.2.2 Vertrieb im Customer Relationship Management

Bei der Betrachtung des Vertriebs bilden im CRM die technologisch gute Ausgestaltung von Kaufprozessen und Bestellvorgängen über verschiedene Medien einen Schwerpunkt. Neue Medien, wie das stationäre Internet, werden zu einer weiteren Veränderung des Vertriebs führen, wobei kaum Kanäle substituiert werden. Vielmehr werden diese Möglichkeiten von Kunden parallel benutzt. Durch die unterschiedlichen Kosten der Vertriebskanäle für Unternehmen ist eine Steuerung des Nutzungsverhaltens von Interesse. Die Kosten von einem Internet-Visit bis hin zum persönlichen Besuch eines Vertriebsmitarbeiters variieren nach Schätzungen um den Faktor 100.[151] Es ist Aufgabe des Vertriebs, alle Kanäle für alle Kunden offen zu lassen und in einen Gesamteindruck zu integrieren, Kunden aber entsprechend ihrer Profitabilität auf die passenden Service-Levels zu setzen.[152] Dafür nötige Anpassungen, Personalisierungen und Leistungen fußen auch im Vertrieb auf den Informationen über Kunden aus Datenbanken.

Diese Informationen werden bei der Ausgestaltung des Vertriebs weiter eingesetzt werden. Dadurch dass der Kunde dem Unternehmen bekannt ist, erwartet er, in Zukunft besser behandelt zu werden.[153] Für Unternehmen entsteht deswegen die Notwendigkeit, diesen Erwartungen gerecht zu werden und Angebote zu individualisieren. Dieses kann mit modernen Technologien erreicht werden. Durch diese Hilfestellungen und Personalisierungen wird für den vorhandenen Kunden die Kaufentscheidung wesentlich erleichtert.[154] Zu solchen Erleichterungen gehört, dass Kunden zum Teil Zugriff auf ihre eigenen Daten im Vertrieb haben, so dass sie ihr eigenes Profil aktualisieren können. Außerdem sollten sie in der Lage sein, ihre historischen Vertriebsdaten einzusehen.[155] Diese Möglichkeiten binden Kunden weiter an einen bestimmten Anbieter, da so für Kunden Beschaffungskosten und Beschaffungszeit reduziert werden können.[156]

151 Vgl. Rotz 2002, S. 487.

152 Vgl. Yanker et al. 2000, S. 3.

153 Vgl. Bliemel, Eggert 1998, S. 5.

154 Vgl. Rensmann 2000, S. 15.

155 Vgl. Seybold 2001, S. 2.

156 Vgl. Bliemel, Eggert 1998, S. 5.

2.3.2.3 Service im Customer Relationship Management

Unter dem Service werden in dieser Arbeit die Unternehmensaktivitäten verstanden, die in die Nachkaufphase fallen.[157] Ein CRM-System unterstützt diese nötige Interaktion, die sich dem Vertrieb anschließt. Als Teil der Leistungswahrnehmung von Kunden zu einer Erhöhung der Wiederkaufswahrscheinlichkeit kann ein guter Service entscheidend beitragen.

Loyalitätsprogramme können im Rahmen eines systematischen Kundenbindungsmanagements zu einer guten Plattform werden, um die Bedürfnisse des Kunden zu erkennen und ihn über seinen gesamten Lebenszyklus zu betreuen.[158] So wird das CRM-Ziel der Langfristigkeit unterstützt. Solche Programme können auch helfen, die Datenbasis eines Kunden auf dem neuesten Stand zu halten und mit weiteren Daten anzureichern.[159] Das wird zu einer besseren Individualisierung von Leistungen beitragen können. Durch neue Medien sind solche Kundenbindungsprogramme preiswerter zu realisieren, als es offline möglich ist. So kann CRM im Service auch zur Kostenkontrolle eingesetzt werden und zur Verbesserung der Profitabilität von Kundenbeziehungen beitragen. Durch neue Internet- oder Call Center-Lösungen werden einfache und preiswerte Methoden angeboten, um Kunden zu bedienen. Bei Bedarf kann ein Kunde auf diese Weise Informationen zu einer Unternehmensleistung selbstständig abrufen. Damit wird die Kundenunsicherheit reduziert, bevor Probleme entstehen können. Zusätzlich werden Kunden so in die Lage versetzt, sich selbst zu helfen, was wiederum Kosten des Unternehmens senkt.[160] Viele Kunden ziehen es sogar vor, Lösungen bei Problemen unabhängig von Unternehmen selbst zu finden.[161]

2.3.3 Analytisches Customer Relationship Management

Unter analytischem CRM wird die Informationsermittlung mit Hilfe von verschiedenen Verfahren, wie etwa dem Data Mining oder Online Analytical Processing (OLAP), verstanden.[162] Dazu gehören die Erhebung,

---

157 Dabei erfolgt die Eingrenzung nicht den üblichen Service-Verständnis in der Wissenschaft, sondern der Trennung von Verantwortlichkeiten und Funktionen eines Unternehmens. Vgl. dazu Buck-Emden, Saddei 2003, S. 488-489.

158 Vgl. Schmitt 2001, S. 87.

159 Vgl. Schmitt 2001, S. 88.

160 Vgl. Puchtler et al. 1998, S. 2.

161 Vgl. Puchtler et al. 1998, S. 3.

162 Vgl. Hippner, Wilde 2001b, S. 214-216; Hippner et al. 2002a, S. 27.

Anreicherung und Aufbereitung von Daten, sowie deren anschließende Analyse und Speicherung. Alle Kundenkontakte und Kundenreaktionen müssen vom analytischen CRM in der zentralen Kundendatenbank (Customer Data Warehouse) aufgezeichnet werden. Dabei müssen Daten aus verschiedenen Quellen und aus unterschiedlichen Formaten eingelesen und zur Analyse bereitgestellt werden. Typische Daten wären Stammdaten, Kaufhistorien, Aktionsdaten und Reaktionsdaten.[163] Diese Daten werden eingesetzt, um Kundenbeziehungen systematisch zu optimieren. Dieses Prinzip eines lernenden Systems (Closed Loop Architecture) bedeutet, dass Kundeninformationen permanent zur Verbesserung von operativen Maßnahmen eingesetzt werden.[164] Es wird auch von einer lernenden Beziehung gesprochen, die durch immer mehr Wissen immer vorteilhafter für beide Seiten wird.[165]

Aufgabe des analytischen CRM ist es, ein Unternehmen bei der Erreichung seiner strategischen Ziele zu unterstützen. Dies kann durch eine Verbesserung des kommunikativen und operativen CRM erreicht werden. Dabei werden Ergebnisse von Analysen und Untersuchungen der Kundenbasis auf die Ausgestaltung des Marketings, Vertriebs und Services angewandt. Zu den Aufgaben des analytischen CRM gehört auch die Verdeutlichung der Möglichkeiten von Analysen und ihre Einsetzbarkeit innerhalb operativer Teilen des Unternehmens. Diese Unternehmensteile können unterstützt werden, Problembereiche zu erkennen und Fragestellungen an eine Datenbasis und das analytische CRM heranzutragen. In dem Einsatz von analytischen Methoden ist eine Zweiteilung der Einsatzfelder denkbar. So können Daten und deren Analyse zu einer Verbesserung von bestehenden Verfahren im operativen Geschäft, wie z.B. der Adressenauswahl bei einer Direktmailing-Aktion, zur Unterstützung des Marketings eingesetzt werden. Zusätzlich können die Verfahren auch bei der Schaffung oder Weiterentwicklung von Unternehmensbereichen und Unternehmensleistungen gemäß der Kundenanforderungen helfen.[166]

Das analytische CRM wird sich im mobilen Internet zuerst mit neuen Fragestellungen beschäftigen müssen, die sich aus dem neuartigen Zugang und den Besonderheiten des neues Mediums ergeben. Durch Beantwortung der Fragestellungen kann anschließend die Verbesserung

163 In Anlehnung an Bensberg 2002a, S. 203; Wilde 1998, S. 487; Meyer, Hippner 1998, S. 181; Hippner, Wilde 2001b, S. 217-218; Hippner, Wilde 2001a, S. 15.

164 Vgl. Hippner, Wilde 2001a, S. 15; Hippner et al. 2002a, S. 6. Siehe auch Abbildung 30: Closed Loop Architecture, S. 235.

165 Vgl. Pine II 2000, S. 103-104.

166 Vgl. Hippner et al. 2002a, S. 6.

der Leistungserstellung im mobilen Internet erreicht werden. Aus diesem Grunde wird im folgenden Kapitel das mobile Internet im Detail vorgestellt.

3 Das mobile Internet

Um in der Zukunft profitable und dauerhafte Kundenbeziehungen erhalten zu können, muss ein Unternehmen die technischen und gesellschaftlichen Veränderungen, die die Entwicklung neuer Medien im Allgemeinen und Nutzung des mobilen Internets im Speziellen mit sich bringt, erkennen und die Chancen nutzen. Nur so lassen sich die Ziele des CRM auch in einem zunehmend mobilen Umfeld erreichen. Ein mobile Customer Relationship Management bezieht dafür die physische Mobilität und die Möglichkeit der Kommunikation von Kunden über das mobile Internet in die Überlegungen mit ein.

Mobilität und Kommunikation können auf vielfältige Weise vom Kunden realisiert und kombiniert werden, aber Veränderungen werden am deutlichsten und am steuerbarsten im mobilen Internet auftreten, weswegen der Schwerpunkt der Betrachtung dieser Arbeit auf das entstehende mobile Internet gelegt wird. In diesem Kapitel soll daher das mobile Internet vorgestellt werden. Den Ursprung des mobilen Internets bilden dabei die Anpassungen des stationären Internets und des Mobilfunks. Die Entstehung und Gestaltung des mobilen Internets wird auch vom Einsatz des mCRM abhängen, da die Ausgestaltung von Leistungen die Wahrnehmung des mobilen Internets von Kunden entscheidend mitprägen wird. Dieses und das nachfolgende Kapitel vier sind deswegen eng miteinander verbunden.

In diesem Kapitel werden neben den Grundlagen auch die Ursprünge und unterstützenden Grundtendenzen des mobilen Internets dargestellt (Abschnitt 3.1). Anschließend werden die Einsatzbereiche und Einsatzfelder erläutert (Abschnitt 3.2). Die Teilnehmer, die das Internet beeinflussen, werden im Folgenden vorgestellt. Dabei wird betrachtet, welche Arten der Interaktion stattfinden können und zwischen welchen Teilnehmern (Abschnitt 3.3). Das Kapitel schließt mit den Besonderheiten des mobilen Internets, soweit sie für das Kundenbeziehungsmanagement von Bedeutung sind. Schwerpunkte hierbei sind die Betrachtung des veränderten Zugangs für Kunden und die sich für sie daraus ergebenden Nutzenveränderungen. Es werden aber auch die Nachteile, die sich aus einer Nutzung ergeben können, diskutiert, sowie ein kurzer Abriss über die rechtliche Situation im Datenschutz gegeben (Abschnitt 3.4).

3.1 Grundlagen des mobilen Internets

In dieser Arbeit wird ein mobiles und stationäres Internet unterschieden.[167] Unter dem stationären Internet wird das bekannte Internet verstanden, in dem u.a. die Übertragung von Emails und Webseiten erfolgt. Das zugrunde gelegte Verständnis des mobilen Internets wird in der anschließenden Definition vorgestellt. Das mobile Internet befindet sich zurzeit in der Entstehungsphase und wird nicht durch einzelne Entwicklungen von Produktgruppen geschaffen, wie der Markteinführung der dritten Mobilfunkgeneration, sondern sich langsam aus verschiedenen Ursprüngen durch die Verschiebung von Kommunikation auf mobile Kanäle entwickeln. Dies wird auch durch die zunehmende Konvergenz der Medienformate gefördert. Für Unternehmen sind die Ursprünge von Interesse, da diese die Struktur des heutigen und zukünftigen Übertragungsnetzes erklären.

3.1.1 Definition des mobilen Internets

Moderne mobile Technologie schafft mehr Kontaktpunkte zwischen dem Alltagsgeschehen und den digitalen Netzen.[168] Eine bedeutende Technologie dieser neuen Art ist das mobile Internet. Für die in dieser Arbeit angestellten Betrachtungen ist eine weit gefasste Definition des mobilen Internets als Grundlage ausgewählt worden. Diese ist nötig, um alle Formen der mobilen Datenübertragung einzubeziehen, die ähnliche Anforderungen für das Kundenbeziehungsmanagement schaffen. In diese Betrachtung sind auch Medienformate eingeschlossen, die nicht direkt mit dem stationären oder mobilen Internet in Verbindung gebracht werden, wie etwa ein Telefonat. Unter dem mobilen Internet wird deswegen mehr als das Übermitteln von Wireless Application Protocol (WAP)-Seiten verstanden. Die Abgrenzungen erfolgt über Endgeräte und mobile Übertragungstechnologien. Diese weite Fassung ermöglicht, solch zukünftige Entwicklungen unter dieser pragmatischen Definition einzubeziehen.[169]

> „Unter dem mobilen Internet wird die Verbindung und Konvergenz vom Internet-Protokoll (IP) sowie anderen Übertragungs-

---

167 Vgl. Meier 2001, S. 4.

168 Vgl. The Economist Technology Quarterly 2003a, S. 17.

169 Andere Definitionen in der Wissenschaft beschränken sich auf das mobile Business und den mobile Commerce und sind deswegen in dieser weitgefassten Betrachtung nicht weiterführend.

standards zur mobilen Datenübertragung über mobile Endgeräte verstanden."[170]

Unter dem Begriff Internet-Protokoll wird der vom World Wide Web Consortium (W3C) festgelegte Standard Internet Protocol Version (IPv4) verstanden, der dem Datenaustausch im stationären Internet zu Grunde liegt.[171] Zukünftig wird auch das Internet-Protokoll IPv6 zum Einsatz kommen, das auch mobile IP-Standards unterstützt.[172] Bei den anderen Übertragungsstandards, die in der Definition angesprochen werden, handelt es sich beispielsweise um die Kommunikation über SMS oder Fax. Diese Formate können entweder parallel nebeneinander existieren oder es wird mit dem neuen IP-Standard jede gewünschte Form der Übermittlung ermöglicht.[173]

Als mobile Endgeräte innerhalb der Definition werden solche Geräte bezeichnet, die erstens an Mobilfunknetze angeschlossen sind und zweitens als Gerät zur Kommunikation von den Nutzern begleitend mitgeführt werden können. Dabei ist es denkbar, dass Endgeräte temporär in Fahrzeugen o.ä. integriert werden. Entscheidend ist, dass es sich um Geräte handelt, die speziell für die Kommunikation entwickelt oder eingesetzt werden. Neben den klassischen Mobiltelefonen gibt es beispielsweise mobile Geräte wie das Blackberry-Handheld, das mobil Emails empfangen und versenden kann.[174] Ausgeklammert bleiben hingegen Geräte wie z.B. ein tragbarer Computer (Laptop), mit dem auch mobil kommuniziert werden könnte, der aber für eine ständige Erreichbarkeit wegen seiner Größe und seines Gewichts nicht in Frage kommt.

Unter der mobilen Datenübertragung wird die kabellose Übertragung zwischen einer Funkstation und einem tragbaren Endgerät zum Senden

---

170 In Anlehnung an 7.24 Solutions 2001, S. 2.

171 Mehr dazu siehe auch http://www.w3c.org.

172 Vgl. Sadeh 2002, S. 99. Der neue Standard kann die Qualität von Verbindungen erhöhen und generell mehr Geräten eine eigene IP-Adresse zuweisen. So wird es 3,4 x 10^{38} statt bisher 4,3 x 10^{9} mögliche Adressen geben. Vgl. Michelsen, Schaale 2002, S. 69-70.

173 Neuere Versionen des IP-Protokolls werden u.a. in Dornan (2001) besprochen. Siehe Dornan 2001, S. 193-194.

174 Ein solches Gerät ist Blackberry (http://www.blackberry.net). Vgl. Elliott 2002, S. 64-65. Dieses Geräte ist aber speziell auf Geschäftanwendungen zugeschnitten und zielt nicht auf den Endverbrauchermarkt. Vgl. O_2 2002, S. 4.

und Empfangen verstanden.[175] Ein Schwerpunkt wird in dieser Arbeit auf den öffentlichen Mobilfunknetzen liegen, über die zurzeit und in naher Zukunft ein Großteil der mobilen Kommunikation abgewickelt wird.[176] Unter diesen „öffentlichen zellularen Mobilfunksystemen werden Funknetze verstanden, die den Fernsprechdienst leitungsgebundener Netze flächendeckend auf mobile Teilnehmer ausdehnten."[177] Diese Netze haben somit eine so große Benutzerbasis, dass sich Unternehmen mit der Thematik der mobilen Kommunikation und dem mobilen Internet auseinandersetzen müssen. Netze, über die bisher oder zukünftig eine solche Kommunikation und/oder Datenübertragung vollzogen wird, sind das Global System for Mobile Communication (GSM), Universal Mobile Telecommunication System (UMTS), Satellitensysteme und bis vor kurzem das C-Netz.[178]

Es sollte beachtet werden, dass ein Kunde ähnliche Bedürfnisse eines Nutzers des mobilen Internets haben kann, auch wenn er nicht das über mobile Internet mit einem Unternehmen interagiert, sondern von unterwegs z.B. über eine Telefonzelle den Kontakt zu einem Unternehmen aufnimmt.[179] Zwar fällt eine solche Situation nicht in den Bezugsrahmen des mobilen Internets, aber in seinen Bedürfnissen ist auch eine solche Person so geprägt, dass Überlegungen des mCRM für Unternehmen bei der Bedienung dieser Kundengruppe von Interesse sind.

3.1.2 Abgrenzung des mobilen Internets

Die weit gefasste Definition in Abschnitt 3.1.1 macht eine pragmatische Abgrenzung gegenüber anderen Bereichen, speziell des stationären Internets, nötig. Die Abgrenzung kann nach den zugrunde liegenden Übertragungsstandards, Übertragungsformaten, Inhalten oder Endgeräten erfolgen. In diesem Abschnitt erfolgt die Abgrenzung zu dieser technischen Seite der Definition. Wegen der fortschreitenden technischen Ent-

---

175 In dieser Arbeit ausgeklammert bleiben sogenannte „selbst-organisierende Netze", bei denen alle Teilnehmer mit allen mobilen Teilnehmern ein Netz aufbauen, ohne dass stationäre Funkstationen dringend benötigt werden. Ein solcher Standard ist der TETRA (Terrestrial Trunked Radio) der von Sicherheitsorganen benutzt wird. Vgl. Michelsen, Schaale 2002, S. 39.

176 Eine Übersicht über die Evolution der verschiedenen Mobilfunksysteme ist bei Walke (2001) abgedruckt. Siehe Walke 2001, S. 4. Ein historischer Abriss über den die Entwicklung steht im gleichen Band S. 23-28.

177 Walke 2001, S. 3.

178 Das C-Netz wurde zum 31.12.2000 abgeschaltet.

179 Vgl. Richardson 2001, S. 1.

wicklungen kann aber keine Abgrenzung 100%-ig trennscharf sein, da durch Neuerungen bei den Geräten oder der Anwendungen Grenzen immer wieder verschoben werden. Auf diese Entwicklungen wird deswegen noch im Abschnitt über die Konvergenz der Medien und Technologien gesondert eingegangen.[180]

3.1.2.1 Abgrenzung des mobilen Internets zum stationären Internet

Um die Besonderheiten des mobilen Internets für ein mCRM herausarbeiten und eine Unterscheidung zum eCRM vornehmen zu können, ist zur Zeit eine Trennung dieser beiden Medien vorzunehmen. Der entscheidende abgrenzende Faktor zum stationären Internet ist, dass im mobilen Internet, wie in der Definition beschrieben, mobile Endgeräte zur Nutzung innerhalb der Interaktion zum Einsatz kommen.[181] Diese Definition bedeutet, dass ein Benutzer über ein mobiles Endgerät auf Leistungen und Funktionen mit einer gewissen, technisch bedingten Unabhängigkeit von seinem aktuellen Aufenthaltsort zugreifen kann.[182] Ausschlaggebend ist die theoretische Mitführbarkeit, nicht der Ort der Nutzung. Nutzung räumlich außerhalb eines Hauses ist damit kein Kriterium für eine Abgrenzung des mobilen Internets. Einer Umfrage zu Folge werden mobile Endgeräte tatsächlich am häufigsten zu Hause und im Büro benutzt.[183] Dabei handelt es sich um Aufenthaltsorte, die wegen einer ausreichenden Festnetzabdeckung eine mobile Kommunikationstechnologie und mobile Kommunikationslösungen eigentlich nicht brauchen. Zur Verdeutlichung der Abgrenzung können drei Bereiche hervorgehoben werden, die die Natur des mobilen Internets verdeutlichen sollen:

> *1. Das mobile Internet ist überall, wo Netzabdeckung herrscht, also auch Zuhause oder im Büro. Das mobile Internet ist über die Netzverfügbarkeit und die Endgerätenutzung determiniert und nicht vom aktuellen Aufenthaltsort.*

---

180 Siehe dazu auch Abschnitt 3.1.4.3 Konvergenz der Medienformate, S. 66.

181 In dieser Arbeit wird die Mobilität der Endgeräte mit der Mobilität der Besitzer gleichgesetzt. Es wird nicht angenommen, dass mobile Endgeräte ohne ihren Besitzer bewegen, umgekehrt jedoch schon.

182 Der Aufenthaltsort kann eine Rolle spielen, wenn die Netzabdeckung und die Übertragungsleistung des Netzes nicht gleichmäßig vorhanden ist.

183 So gaben in einer EMNID-Studie im Auftrag von AOL Deutschland 82% der Befragten an, mobile Endgeräte von Zuhause, 62% im Büro, 48% im Urlaub und 43% in öffentlichen Verkehrsmitteln zu benutzen. Vgl. o. V. (AOL) 2001, o.S.

2. Das mobile Internet ist unabhängig vom Darstellungsformat oder Übertragungsstandard. Bisher werden eine Reihe von verschiedenen Standards nebeneinander benutzt, wie z.B. SMS, WAP, HTTP, Sprache. Das bedeutet auch, dass unterschiedliche Endgeräte für den Zugriff auf das mobile Internet genutzt werden können.

3. Das mobile Internet ist unabhängig vom Übertragungsnetz, solange eine Form der Mobilität der Benutzer des Netzes oder einer Netzkombination ermöglicht wird. Auch bei der Verwendung von GSM-Netzen kann vom mobilen Internet gesprochen werden. Die Entstehung des mobilen Internets ist nicht abhängig von einer Einführung des dritten Mobilfunkstandards (wie z.B. UMTS).

Das stationäre und das mobile Internet haben zwar technische Gemeinsamkeiten, so wird z.B. auch in der Zukunft die Datenübermittlung auf Grundlage des IP-Standards stattfinden. Trotzdem kommt es speziell durch den mobilen Zugang im mobilen Internet zu gravierenden Unterschieden, die die Entwicklung eigener Strategien zur Zielerreichung im mCRM nötig machen. Die Trennung zwischen dem stationären und dem mobilen Internet wird trotz Konvergenz der Medien noch eine ganze Weile aufrechterhalten bleiben. Der Unterschied zwischen dem stationären und dem mobilen Internet macht die spezielle Ausgestaltung von operativen Maßnahmen im mCRM gemäß den Anforderungen mobiler Endgeräte und mobiler Kommunikation nötig. Erst langfristig wird es zur Konvergenz aller Geräte kommen, was eine Unterscheidung zwischen stationärem und mobilem Internet und somit zwischen mCRM, eCRM und CRM unnötig machen wird.[184]

3.1.2.2 Abgrenzung des mobilen Internets zum wireless Internet

Von der Definition des mobilen Internets nicht eingeschlossen sind sogenannte wireless oder kabellose Lösungen, die zwar auch theoretisch im begrenzten Rahmen mobil sind, aber deren Mobilität immer durch die Reichweite einer einzelnen Basisstation eingeschränkt ist.[185] Realisiert werden kann ein solches Netz durch einfache Funkstationen oder englisch „Access Points", die in ihrer Reichweite ein freies Bewegen von z.B.

---

184 Siehe dazu auch Abschnitt 3.1.4.3 Konvergenz der Medienformate, S. 66.

185 Wireless Internet wird mit dem mobilen Internet gleichgesetzt. Vgl. Müller-Veerse 1999, S. 36. Dem ist zu widersprechen. Wireless Internet ist einer kabellosen Lösung näher, während unter dem mobilen Internet mehr das durch die Mobilität geprägte Netz verstanden wird. Das Mobile ist Grundlage der Betrachtung hier. Ein Beispiel für wireless oder kabellose Technologien sind digitale schnurlose Telefone, die nach dem ETSI/DECT Standard bis 300 m Reichweite haben. Vgl. Walke 2001, S. 10.

Mitarbeitern im Büro mit ihren Laptops oder Telefonen erlauben. Ähnliche Funktechnik, Wireless Local Area Networks (WLAN), wird auch bei dem Bereitstellen von sogenannten Hotspots verwendet. Unter Hotspots wird die Verwendung von solchen lokalen Funknetzen verstanden, die Benutzern ohne Kabel das einfache Verbinden über eine „Funkkarte im Laptop" ermöglichen. Orte, an denen eine solche Technologie zum Einsatz kommt oder kommen soll, sind z.B. Flughäfen, Cafés oder Hotels.[186] Dabei steht die kabellose oder wireless Verbindung zum stationären Internet im Vordergrund. Wenn ein Laptop verwendet wird, kommen eine Tastatur und der eingebaute Laptop-Bildschirm zum Einsatz, die sich kaum von denen im stationären Einsatz unterscheiden. Eine freie Bewegung ist nicht möglich und eine Anpassung von Unternehmensleistungen sind nur begrenzt nötig. Dieses WLAN ist am besten für Laptops geeignet, da der hohe Stromverbrauch von WLAN eine Nutzung in mobilen End- oder Handgeräten und mobilen Telefonen unmöglich macht.[187] Mobile Endgeräte stellen auch durch ihre technische Ausgestaltung andere Anforderungen an die Leistungsgestaltung von Unternehmen. Dieser Unterschied wird zu einem Nebeneinander der Technologien führen und nicht zu einer Verdrängung von einer durch die andere.

Um einen Grenzfall in der Definition des mobilen Internet handelt es sich, wenn ein Kunde über ein mobiles Endgerät, wie z.B. Laptop, in Verbindung mit einem Mobiltelefon sich in das stationäre Internet einwählt.[188] In diesem Fall handelt es sich tendenziell eher um einen kabellosen Zugang zum stationären Internet als um einen Zugang zum mobilen Internet und dies ist damit nicht Betrachtungsgegenstand des mCRM und dieser Arbeit.

3.1.3 Ursprünge des mobilen Internets

Zum Verständnis des mobilen Internets und dessen zukünftiger Entwicklungen werden in diesem Abschnitt die Ursprünge des mobilen Internets diskutiert, die in zwei Hauptursprünge gegliedert werden können. Zum einen schuf die Verbreitung der Mobiltelefone innerhalb der Bevölkerung eine entscheidende Grundvoraussetzung. Seit der Liberalisierung des europäischen Telekommunikationsmarkts Mitte der neunziger Jahre hat sich die Verbreitung der mobilen Telefone beschleunigt,

---

186 Siehe dazu beispielsweise Swisscom mobile (http://www.swisscom-mobile.ch/business).

187 Vgl. The Economist Technology Quarterly 2003a, S. 20.

188 Mit der Bedeutung der mobilen Kommunikation für Mitarbeiter und dem Sprachformat setzt sich z.B. Monnoyer-Longé (1999) auseinander.

auch gegenüber den USA.[189] Schon jetzt gibt es mehr mobile Endgeräte, mit denen man Zugang zum mobilen Internet haben könnte, als stationäre Computer, die für einen Zugang zum stationären Internet nötig sind.[190] Es wird zum Teil angenommen, dass mobile Telefone bereits jetzt eine höhere Verbreitung innerhalb der westeuropäischen Bevölkerung haben, als sie von stationären Computern jemals erreicht werden wird.[191] Die am weitesten entwickelten Endgeräte werden Smartphones oder Communicators genannt.[192] Diese sind mit stationären Computern in ihrer Funktionalität durchaus vergleichbar. Die Verbreitung und Benutzung mobiler Endgeräte stellt den wichtigsten Ursprung des mobilen Internets dar.

Einen weiteren Ursprung des mobilen Internets stellt die zunehmende Akzeptanz des stationären Internets und dessen Nutzung im Beruf sowie privat dar. Einem Nutzer des stationären Internets werden die Vorzüge und Techniken eines mobilen Internets schneller und einfacher einleuchten und nutzenstiftender erscheinen, als einem Kunden, der sich noch gar nicht mit digitalen Medien beschäftigt hat. Diese Nutzer werden anfangen, Leistungen, Kommunikationsformate und andere Vorzüge des stationären Internets auch im Mobilen nachzufragen, was eine schnelle Verbreitung mobiler Technologien begünstigen kann. Das stationäre Internet und der Mobilfunk als Ursprünge des mobilen Internet sind mit denen ihnen ursprünglich zugeordneten Medienformaten in Abbildung 8 aufgezeigt.

Abbildung 8 zeigt, wie die Formate miteinander zusammenhängen und im Mobilfunk zunehmend Formate aus dem Internet benutzt werden, was als Entstehungskern des mobilen Internets gesehen werden kann. Die Anzahl der Formate, die durch neue mobile Endgeräte unterstützt werden, steigt langsam an. Durch diese schrittweise Integration von Formaten und Erweiterung der Möglichkeiten mobiler Endgeräte wird ersichtlich, dass es keinen klaren Starttermin für das mobile Internet geben wird. Bei weiten Teilen des Angebots des stationären Internets wird langsam eine Anpassung für mobile Internetnutzer vorgenommen werden können. Durch die Technologieentwicklung werden Programme in die Lage versetzt, die Anpassungen vorzunehmen.[193] Einfache Überset-

---

189 Vgl. Salmelin 2000, S. 4.

190 Vgl. Hartmann 2002, S. V.

191 Vgl. Büllingen, Wörter 2000, S. 1.

192 Vgl. Hess, Rawolle 2001, S. 649; Smiljanic 2002a, S. 24.

193 Es gibt Programme, die jede Website für das Mobilfunkformat WAP übersetzen können. Vgl. Konish 2002, S. 9.

zungen von Webseiten aus Hypertext Markup Language (HTML) in Wireless Markup Language (WML) schlugen aber fehl und führten zu Kundenfrustration.[194] Solche Übersetzungen ließ die speziellen mobilen Anforderungen des mobilen Benutzers außer Acht.

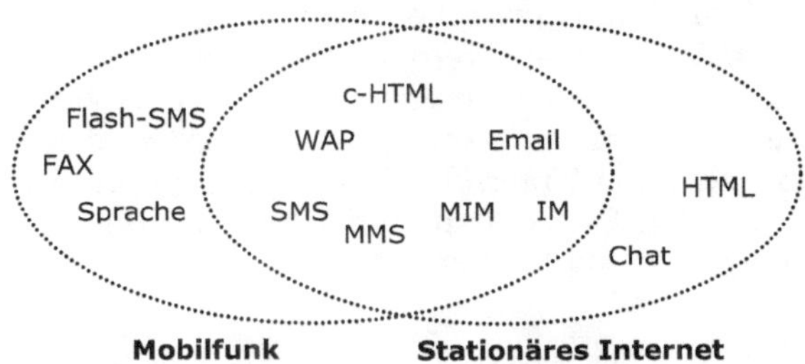

Abbildung 8: Ursprünge und Medienformate des mobilen Internets[195]

Erfolgreiche mobile Anwendungen des stationären Internets sind sinnvolle Anbindungen oder Ergänzungen bestehender klassischer Angebote auf Basis vertrauter Kommunikationstechnologien und Kommunikationsformaten, wie z.B. die Benachrichtigung bei Auktionen per SMS.[196] Durch die Möglichkeiten, mit immer mehr Endgeräten über mobile Netze sicher und schnell Daten zu übertragen, entwickeln sich aus Bereichen des Mobilfunks komplexe Anwendungen, die dem mobilen Internet zugeordnet werden können. Bereits eine SMS kann als eine erste Form der Nutzung des mobilen Internets verstanden werden. Eine SMS ist dabei in ihrer Nutzung einer Email aus dem stationären Internet nicht unähnlich. Eine Übertragung erfolgt mobil, wobei die Nutzungsmöglichkeiten des SMS-Standards sehr begrenzt sind. Neuere Übertragungsstandards und Anwendungen aus dem Mobilfunk, wie Multimedia Messaging System (MMS) oder Mobile Instant Messaging (MIM) heben die Grenzen zwischen dem stationären Internet und dem Mobilfunk weiter auf und schaffen so Anwendungen des mobilen Internets. Neue, schnellere Ü-

194 Vgl. Zobel 2001, S. 117.

195 Quelle: Eigene Darstellung. Die Abkürzungen werden im Abschnitt 3.2.2 Kommunikationsdienste, S. 73, erläutert.

196 Ein Beispiel bietet das online Auktionshaus Ebay (http://www.ebay.de), das einen Kunden, wenn gewünscht, per SMS auf das Auslaufen von interessanten Auktionen hinweist. Außerdem kann über WAP mitgesteigert werden. Vgl. Petersmann, Nicolai 2001, S. 19.

bertragungsstandards wie General Packet Radio Service (GPRS) sollten dazu beitragen, das Internet schnell mobil verfügbar zumachen.[197] Solche Erwartungen haben sich aber als verfrüht herausgestellt. Technologie legt nur die Basis des mobilen Internets, die zu dessen Ausgestaltung mit Inhalten und Angeboten nötig ist.[198] Das mobile Internet wird dann anschließend durch sinnvolle Anwendungen verbreitet werden.[199] Dennoch wird die Grundlage durch die Netze und die neueren Geräte gelegt werden können. Diese Geräte werden schwerpunktmäßig eher dem Mobilfunk zugeordnet werden, während andere Geräte, wie das Blackberry-Handheld, dem stationären Internet zugeordnet werden könnten. Dennoch werden sich diese Unterschiede in der Zukunft mit neuen Browsern auf den mobilen Endgeräten angleichen und der Unterschied zum stationären Internet wird reduziert.[200]

3.1.4 Unterstützende Grundtendenzen der Entwicklung

Nachdem die direkten, technologischen Ursprünge des mobilen Internets in Abschnitt 3.1.3 angesprochen wurden, sollen in diesem Abschnitt die grundlegenden Ursachen und Trends erläutert werden, die die schnelle Verbreitung mobiler Technologien ermöglicht haben. Diese Bereiche umfassen hauptsächlich Veränderungen innerhalb der Gesellschaft, technologische Erfindungen und Entwicklungen, wirtschaftliche Zwänge von Anbieterseite und die Digitalisierung und Konvergenz der Medienformate insgesamt. Diese Entwicklungen bzw. deren Auswirkungen haben die vorhandene, mobile Kommunikation und damit das mobile Internet auf unterschiedliche Weise ermöglicht und beeinflusst und sind deswegen eng mit den direkten Ursprüngen des mobilen Internet verbunden. Da die beschriebenen Einflüsse auch in der Zukunft fortbestehen werden, ist das Verständnis derer Wirkungsweisen auch für die zukünftige Entwicklung und die konkrete Ausgestaltung von mCRM-Ideen von Bedeutung.

3.1.4.1 Gesellschaftliche Entwicklung

Entwicklungen innerhalb der Gesellschaft und die zunehmende Akzeptanz mobiler Technologien legen die Basis für komplizierte Anwendungen im mobilen Internet und damit auch im mCRM. Unter gesellschaftli-

---

197 Vgl. Witt 2000, S. 7.

198 Vgl. Ritter 2001, S. 197.

199 Vgl. Wolf 2002, S. 234-235.

200 Vgl. The Economist Technology Quarterly 2002, S. 16-17.

chen Entwicklungen werden in dieser Arbeit Veränderungen von Normen, Verhalten und Verständnis von Menschen verstanden. In diesem Rahmen sind Bereiche der gesellschaftlichen Entwicklung von Interesse, die im Zusammenhang mit der Mobilität von Kunden und damit auch mit einem mobilen Internet und dessen mobilen Customer Relationship Management stehen.

Seit Mitte der fünfziger Jahre kommt es zu einer ständigen Verbesserung der Lebensqualität in weiten Bereichen der europäischen Bevölkerung. Mit der Zunahme des Wohlstandes steigt seitdem stetig die Nachfrage nach Kommunikation innerhalb der Bevölkerung. Neben der Festnetztelefonie, die in jeden Haushalt einzog, und neben dem stationären Internet, hat es auch das mobile Telefon geschafft, fester Bestandteil des täglichen Lebens und ein Ausdruck von Lebensqualität zu werden.[201] Diese hohe Verbreitung der mobilen Kommunikation verändert auch das Verhalten innerhalb der Gesellschaft und dem Privatleben dahingehend, dass z.B. Verabredungen kurzfristiger getroffen werden.[202] Innerhalb der Bevölkerung wird eine neue Art der Kurzfristigkeit gelebt, die auch auf der mobilen Kommunikation beruht. Diese Kurzfristigkeit kann einen verstärkten Druck auf die nicht mobil kommunizierende Bevölkerung ausüben, ebenfalls mobil erreichbar zu werden. Die zunehmende Verbreitung mag zusätzlich zu einer sich verstärkenden Technikakzeptanz beitragen.[203] Die wiederum trägt zu einer verstärkten Nutzung des mobilen Internets bei.

Andere Entwicklungen in der Gesellschaft unterstützen ebenfalls einen steigenden Bedarf an mobiler Kommunikation. Zu diesen Trends zählen unter anderem Veränderungen in der Arbeitswelt und der physischen Mobilität der Bevölkerung.[204] Arbeitnehmer und Geschäftsleute verbringen immer mehr Zeit außerhalb der eigenen vier Wände und fernab ihres Arbeitsplatzes. Die internationale Geschäftstätigkeit erfordert immer mehr Geschäftsreisen, was zu einer Zunahme der flexiblen Arbeitswelt beiträgt.[205] Die Veränderungen werden durch einen Wegfall von Han-

---

201 Das Bedürfnis zur Kommunikation mit anderen Mitmenschen wäre in der Maslow´schen Bedürfnispyramide weit oben anzusiedeln. Das mobile Telefon und dessen Nutzung könnte in einer einfachen Betrachtung als Ausdruck dieser Wertehierarchie gesehen werden. Vgl. Büllingen, Wörter 2000, S. 9-10.

202 Vgl. Meier 2001, S. 1.

203 Vgl. Büllingen, Wörter 2000, S. 10.

204 Neben der physischen Mobilität gibt es eine Reihe anderer Mobilitäten, wie die geistige, berufliche oder soziale Mobilität. Diese Arten der Mobilität sind aber hier nicht von Interesse. Vgl. Horx 2001, S. 112.

205 Vgl. Schallaböck, Petersen 1999, S. 49.

delshemmnissen, unterschiedlichen Währungen und Sprachproblemen verstärkt.[206] Die westliche Bevölkerung reist auch privat absolut und relativ mehr und nimmt längere Anfahrtswege zum Arbeitsplatz in Kauf, was insgesamt zu einer weiteren Zunahme der physischen Mobilität führt.[207] Diese gesteigerte physische Mobilität weiter Teile der Bevölkerung legt die Basis für ein gesteigertes Kommunikationsbedürfnis von unterwegs.[208] Ein Kommunikationsbedürfnis unterwegs entsteht zum einen aus der Notwendigkeit, Details und Informationen, die die Reise betreffen, mitzuteilen, zum anderen aus der sich immer mehr häufenden „Zwischenzeit", die z.B. durch Verkehrstaus, Verspätungen und Dauer des Transportes entsteht. Diese Zwischenzeit wird auch „beschäftigungsorientierte Stillstandszeit" genannt, wenn es beim berufsbedingten Reisen zu Pausen kommt.[209] Das kommunikative mCRM sollte Angebote dazu passend gestalten und solche Pausen nutzbar machen. Ebenso ist das operative mCRM gefordert, die entsprechenden Inhalte für mobile Kunden bereitzustellen.

3.1.4.2 Technologische Entwicklung

Technologische Entwicklungen haben die Entstehung des stationären Internets und des Mobilfunks, der beiden wichtigsten Ursprünge des mobilen Internets, ermöglicht.

In der Entwicklung des mobilen Internets werden einheitliche Standards zwischen Systemen einen Schlüsselfaktor bilden.[210] So wie im Internet einheitliche Standards die Grundlage für die Verbreitung legten, sind europäische Firmenzusammenschlüsse an der Entwicklung von weiteren Standards im mobilen Internet interessiert.[211] Neue Übertragungsstandards und Bündelungs- und Komprimierungsverfahren sind Ergebnisse dieser Bemühungen.[212] Die neuen Standards, die europaweit eingesetzt werden sollen, sind für IP-Technology und Packet Switched optimiert.[213]

---

206 Vgl. The Economist 1996, S. 75; Shipman 1992, S. 69,

207 Vgl. Horx 2001, S. 112.

208 Vgl. Büllingen, Wörter 2000, S. 9.

209 Vgl. Wiedmann, Buckler, Buxel 2000, S. 89.

210 Vgl. UMTS-Forum 1997, S. 7.

211 Vgl. MacAndrew 1998, S. 2; Shankar 1998, S. 35; Parker 1997, S. 27.

212 Diese Netze wurden in Deutschland mit den Buchstaben A, B, C, D und E bezeichnet. Die Übertragungsstandards GSM, HSCSD, GPRS und EDGE werden auf den D und E Netzen realisiert, während es sich bei UMTS um eine neue Form des Netzes handelt.

213 Vgl. Müller-Veerse et al. 2001, S. 10.

Das bedeutet, dass sie für einen Einsatz im mobilen Internet prädestiniert sind.

Die einzelnen Produktzyklen werden immer kürzer.[214] Einheitliche Standards machten auch die rasante Entwicklungen auf dem Hardware-Markt möglich. Die einheitlichen Standards halfen den Endgeräteherstellern, ihre Forschungsarbeit konzentriert einzusetzen. Während die Preise für die Endgeräte sanken, nahm gleichzeitig der Leistungsumfang (wie Funktionen, Batterieleistung, Handlichkeit etc.) zu.[215] Mobile Endgeräte, wie PDAs oder Smartphones, verfügen über immer höhere Rechnerleistung. Neue Anwendungen der Geräte helfen, Kunden zum Wechsel zu neueren Geräten zu bewegen. Multi-Protocol-fähige Geräte werden eine weitere Verbreitung von neuen Technologien unterstützen.

Die hohe Akzeptanz mobiler Technologien und Endgeräte beruht auch auf einer Verbesserung der Software, die auf den Geräten installiert ist. Die Software auf mobilen Endgeräten zeichnet sich durch eine benutzerfreundliche Bedienung und relative Laufstabilität aus. Die Geräte werden zunehmend leichter zu bedienen und orientieren sich an den einfachen Funktionen des Festnetztelefons. Moderne Geräte helfen heute Kunden bei der Eingabe von komplizierten oder längeren Texten. Ein Beispiel dafür ist das bei der Texteingabe hinterlegte Wörterbuch, das die für die Texteingabe benötigte Zeit verkürzt.[216] Zusätzlich wurde die Verbreitung der mobilen Endgeräte von technischer Seite dadurch unterstützt, dass die Endgeräte mit verschiedenen anderen IT-Geräten verbunden werden können. Über neue Schnittstellentechnologien, wie Kabel, Infrarot oder Bluetooth, ist beispielsweise ein Datenaustausch mit stationären Computern möglich. Die Nutzbarkeit der Geräte wird langfristig auch durch die zunehmende Digitalisierung von Produkten, wie z.B. Filmen und Musik, gefördert. Qualitativ hochwertigere und besser komprimierende Datenübertragungsformate, wie z.B. MP3 oder JPEG, führten dazu, dass ein mobiles Endgerät auch als mobiles Musikabspielgerät oder Fotoapparat benutzt werden kann.[217] Es ist denkbar, dass mobile Endgeräte in ihrer Grundfunktion klein und preiswert gehalten

---

214 Deutlich zeigt sich das bei der schnellen Ablösung von verschiedenen Übertragungsstandards wie High Speed Circuit Switched Data (HSCSD) oder General Packet Radio Service (GPRS), die in kurzen Abständen nacheinander in den Markt eingeführt wurden. Vgl. Büllingen, Wörter 2000, S. 12.

215 Vgl. Büllingen, Wörter 2000, S. 12.

216 Vgl. Dornan 2001, S. 246-247. Mehr Informationen dazu unter http://www.t9.com/t9_help.html.

217 MP3 steht für Motion Pictures (Expert Group 2.5 Audio Layer) III und JPEG für Joint Photographic Experts Group.

werden. Ergänzungen wie Tastatur, Kamera, größerer Bildschirm oder andere Ausgabegeräte, wie z.B. ein Drucker, können modular angeschlossen werden.[218]

Ein weiterer Aspekt der technologischen Entwicklung, die Konvergenz der Medienformate, wird wegen seiner großen Bedeutung im folgenden Anschnitt besprochen. Ermöglicht und unterstützt wird die Konvergenz durch die Zunahme der verfügbaren Rechenleistung von Computerprozessoren.

3.1.4.3 Konvergenz der Medienformate

Unter der Konvergenz der Medienformate wird die Zusammenführung von verschiedenen Kommunikationsformaten verstanden.[219] Es handelt sich um die Loslösung von Medienformaten von Empfangsgeräten. Durch eine besondere Form der Konvergenz ist das Versenden eines Faxes nicht mehr nur von einem Faxgerät möglich, sondern auch von Smartphones oder Computern. Die Konvergenz ist eine Ausprägung der technologischen Entwicklung speziell im Mobilfunksektor. Bereits mittelfristig wird mit der Konvergenz von e- und mCommerce gerechnet.[220]

Eine Vorstufe der Konvergenz kann durch einfache Verknüpfungen verschiedener vom Kunden benutzter Formate und Geräte erreicht werden. Bereits im stationären Internet wurde mit Call-Back (Rückruf)-Funktionen versucht, das Webangebot an eine persönliche Beratung zu binden.[221] Denkbar ist diese Funktion auch im mobilen Internet, speziell im Beschwerdemanagement.[222] Eine solche Anbindung kann auch im mobilen Internet mit mCRM helfen, Kundenbedenken abzubauen, die durch unbekannte, und in ihrem Leistungsumfang eingeschränkte Formate, bei der Nutzung von Mobilfunkdiensten entstehen können. Ein weiteres Beispiel aus dem stationären Internet ist die softwaregestützte Zusammenführung eigentlich getrennter Instant-Messaging-Angebote. Dabei kann über einen einzelnen Service auf Angebote von Microsoft, Y-

---

218 Beispiele, wie eine anschließbar Tastatur können bei http://www.palmone.com/us/products-/accessories/ peripherals/ gefunden werden. So gibt es z.B. auch aufsteckbare Kameras für die Siemens Mobilfunkgeräte M55 und S55 (QuickPic Camera IQP-530).

219 Vgl. The Economist 2000, S. 67.

220 Vgl. Wiedmann, Buxel, Buckler 2000, S. 689.

221 Vgl. Frielitz et al. 2002b, S. 710; Stolpmann 2000, S. 140-141.

222 Vgl. Silberer, Wohlfahrt 2002, S. 575.

ahoo, Netscape oder AOL zugriffen werden.[223] Daneben kann eine Synchronisierung von klassischen und mobilen Geräten bewirken, dass die Grenzen zwischen den Geräten weiter abgebaut werden und auch private Kunden Zuhause eigene Netze aufbauen können.[224]

Mit wenig Zeitverzögerung kann die gleiche Medienvielfalt der modernen Computer mit stationärem Internetanschluss auch bei mobilen Endgeräten erwartet werden. Durch die Erhöhung der Bandbreite der möglichen Übertragungen kommt es schließlich zu einer Verwischung der Grenzen zwischen mobilen Geräten, PC und digitalen Fernsehen.[225] Dabei wird bisher zum Teil auf unterschiedliche Übertragungsnetze zurückgegriffen. So ist ein PC mit einer TV-Karte an das normale Kabelfernsehnetz angeschlossen oder ein Telefonat vom PC aus erfolgt über einen stationären Telefonanschluß. Erst langsam setzt sich eine Konvergenz auch mit einer Vereinheitlichung der Übertragungsnetze durch, so dass z.B. ein Telefonat über das gleiche Netz übertragen werden kann und grundsätzlich die gleiche Technologie im Hintergrund hat (Internet-Telephonie oder auch „Voice over IP"). Neue Standards werden zusätzlich in der Lage sein, klassische Telefonnummern in Internet-Adressen zu verwandeln.[226] Dadurch wird „Voice over IP" eine verstärkte Verbreitung erfahren. In der mobilen Kommunikation wird, wie im Telefonnetz, der unterschiedliche Datenverkehr in verschiedenen Formaten über das gleiche Funknetz abgewickelt.[227] Diese Konvergenz wird durch die Einführung von IPv6 unterstützt, die eine einheitliche Kommunikation über verschiedene Gerätetypen der Zukunft ermöglicht.[228] Gleichzeitig entsteht dadurch für Unternehmen im kommunikativen mCRM die Notwendigkeit, auf die steigende Anzahl von Geräten und Formaten steuernd einzugreifen. Der neue Standard IPv6, der mit dem bestehenden IPv4 Standard abwärtskompatibel ist, kann eine Reihe unterschiedlicher Netzwerkarten bedienen und zeichnet sich durch Übertragungs-

---

223 Vgl. VanStean 2002, S. 18-19. Dieser Service wird von der Jabber Software Foundation unter http://www.jabber.org kostenlos angeboten.

224 Vgl. van der Kamp 2001, S. 3.

225 Vgl. Europäische Kommission 1997, S. VII.

226 Vgl. Swartz 2003, S. 9.

227 Das Versenden einer SMS erfolgt nur über einen anderen Steuerungskanal, nicht aber auf einem anderen Funknetz. Mehr dazu untern http://www.stocktronics.de/faqs.htm.

228 Vgl. UMTS Forum 2000, S. 58-60; Müller-Veerse et al. 2001, S. 78; Burkhard et al. 2001, S. 131.

sicherheit zur Erfüllung eines erhöhten Sicherheitsbedürfnis von Unternehmen und Kunden aus.[229]

3.1.4.4 Wirtschaftliche und rechtliche Treiber

Unter wirtschaftlichen und rechtlichen Treibern werden Entwicklungen und gesetzliche Regelungen verstanden, die Unternehmen und Kunden zu einer verstärkten Verbreitung von mobilen Technologien und dem mobilen Internet bewegen. Dabei sind speziell Marktgegebenheiten im Mobilfunksektor und das Verhalten von Mobilfunkanbietern von Interesse.

Eine Grundlage der Verbreitung von mobiler Kommunikation war die Deregulierung der europäischen Telekommunikationsmärkte.[230] Durch die Vergabe von mehreren Mobilfunklizenzen in den meisten Ländern entstand ein Konkurrenzdruck, der zu einem Preisverfall auf dem Mobilfunkmarkt führte. Dieser Preisverfall ging mit einem Preisverfall im Telekommunikationsmarkt als Ganzem einher.[231] Anbieter waren gezwungen, die Verbindungsentgelte immer weiter zu senken, was wiederum dazu führte, dass mehr und mehr Konsumenten sich für ein mobiles Telefon entschieden. Neue, mobile Leistungsmerkmale wurden verstärkt auf dem Markt platziert, wie MMS, WAP, GPRS, wodurch es auch zu einer schnelleren Verbreitung von Übertragungsdiensten neben der reinen Sprachübermittlung kam. Der Konkurrenzdruck veranlasste Unternehmen auch, Endgeräte für Neukunden zu subventionieren, was dazu führte, dass Kunden bei längerer Vertragsbindung die Geräte praktisch kostenlos bekamen.[232]

Unternehmen sind gezwungen, zu neuen Übertragungsnetzen zu wechseln. Die Verbreitung des Mobilfunks führte zu einer so starken Auslastung der vorhandenen Netze, dass bereits heute die verwendete Technik des GSM 900 an ihre Leistungsgrenzen stößt.[233] Damit sind Anwendungen, die hohe Datentransferraten benötigen, nicht einsetzbar. Ein weiterer Grund, der zu Anwendung neuer Übertragungstechnologien führt, liegt in dem Auslaufen der alten GSM-Lizenzen in Deutschland.[234] Dieses wird zusätzlichen Druck auf die Investitionsgeschwindigkeit der

---

229 Vgl. Rao 2000, S. 85.

230 Vgl. Lumio, Sinigaglia 2003, S. 1.

231 Vgl. Ericsson Consulting 2000, S. 10.

232 Vgl. Skiera 1998, S. 1032-1033.

233 Vgl. Ericsson Consulting 2000, S. 3.

234 Die Termine sind für GSM 900 2009 und O_2 (ehemals Viag Genion) 2017. Vgl. Ericsson Consulting 2000, S. 3.

Mobilfunkbetreiber ausüben und sie zwingen, ihre Technologien schnell dem breiten Markt zuzuführen. In den Lizenzvereinbarungen für Deutschland ist festgelegt, in welcher Geschwindigkeit eine Abdeckung der Bevölkerung mit dem Übertragungsstandard UMTS erreicht werden muss.[235] Mit dem Aufbau zusätzlicher UMTS-Netze ist bereits begonnen worden. Das ist notwendig, da erst die Öffnung des Massenmarkts die Lizenzgebühren und Netzaufbaukosten einbringen kann. Trotz dieses Drucks wird nicht erwartet, dass die Mobilfunkbetreiber den Aufbau 2005 abgeschlossen haben werden, noch dass die Netzabdeckung an die der vorhandenen GSM-Netzwerke heranreichen wird.[236]

Neben den hohen Lizenzkosten in Mitteleuropa wird auch der Konkurrenzdruck dazu führen, dass Mobilfunkbetreiber eine schnelle Verbreitung moderner Übertragungstechnologien unterstützen und für eine Auslastung ihrer Netze sorgen werden. Die Leistungskapazität der Netze sollte annähernd auf Spitzenlast ausgelegt sein. Da diese nicht häufig erreicht wird, stehen Übertragungsbandbreiten für andere Anwendungen oder Mobile Virtual Network Operator (MVNO) zur Verfügung.[237] Kleinere Mobilfunkanbieter mit UMTS-Lizenzen werden dabei in der Startphase mehr Überkapazität verkaufen, als es bei den Großen der Fall sein wird.[238] Dies führt zu einer weiteren Zunahme des Konkurrenzdrucks und damit zu einer weiteren Verbreitung mobiler Kommunikation, da das Auftreten von MVNOs zu Preissenkungen führen kann. Diese Preissenkungen werden, wie bereits die Preissenkungen von Mobilfunkanbietern der zweiten Generation, zu einer stärkeren Nachfrage nach mobiler Kommunikation und dem mobilen Internet führen.

Neben den Preissenkungen gibt es andere nachfragegenerierende Faktoren sowie positive Netzeffekte oder positive Netzexternalitäten, die zu einer Verbreitung mobiler Technologien beitragen. Der in Metcalfe's Gesetz beschriebene Nutzenzuwachs, d.h. dass der Wert eines Netzwerks als die Anzahl der Nutzer im Quadrat beschrieben werden kann, könnte

---

235 Beispielsweise müssen Ende 2005 die deutschen Lizenznehmer die Versorgung von 50% der Bevölkerung erreichen. Vgl. Wolf 2002, S. 233.

236 Vgl. Müller-Veerse et al. 2001, S. 11.

237 MVNO sind Mobilfunkanbieter, die kein eigenes Funknetz haben, sondern stattdessen bei anderen Mobilfunkanbietern nicht genutzte Übertragungskapazitäten einkaufen. Siehe auch Abschnitt 3.3.6.1 Mobile Virtual Network Operators, S. 105.

238 So konnte zum Beispiel dieses Verhalten bei dem kleinsten britischen Anbieter *One 2 One* beobachtet werden, der sich mit Virgin Mobile einen „Konkurrenten" in sein eigenes Netz holte. Vgl. Müller-Veerse et al. 2001, S. 36-37.

auch ansatzweise im mobilen Internet beobachtet werden.[239] Es handelt sich also um Skaleneffekte auf Konsumentenseite, da der Wert, der dem Produkt beigemessen wird, in erheblichem Maße von der Menge der Nutzer abhängt.[240] So konnte beobachtet werden, dass sich SMS erst durchsetzte, als eine „kritische Masse" an potentiellen Kunden erreicht war.[241] Erst dadurch konnten die Veränderungen auch im gesellschaftlichen Leben erfolgen. Eine gewisse Benutzerbasis ist auch im mobilen Internet nötig, damit die Unternehmen in Anwendungen investieren, verschiedene Einsatzbereiche für ihre Unternehmensleistungen nutzen und so die Ziele des mCRM erreicht werden können.

3.2 Einsatzbereiche des mobilen Internets

Das mobile Internet bietet durch die Übermittlung von Daten innerhalb des eigenen Netzes und in andere Netze die Grundlage für eine Reihe unterschiedlicher, grundlegender Dienste oder Leistungen. Unternehmen können ihre eigenen Produkte insbesondere auf die Kommunikationsdienste der Mobilfunkanbieter aufsetzen und somit einen Kundennutzen generieren - was wiederum den Einsatz eines mCRM erforderlich macht. Die Datenübermittlung von Unternehmen mit mobilen Methoden wird allgemein auch als *mobile Business* bezeichnet.[242]

3.2.1 Grundlagen der Einsatzbereiche

In dieser Arbeit wird bei der Betrachtung des mobilen Internets der Schwerpunkt auf die Leistungswahrnehmung von Kunden gelegt. Eine Differenzierung der Einsatzbereiche erfolgt nach Art der Nutzung durch den Kunden. Es wird unterschieden, ob es sich um eine Interaktion mit dem Ziel einer Informationsübermittlung, eine zweiseitige Interaktion als Kommunikation oder einen Austausch für eine Transaktion handelt, oder ob vielmehr Anwendungen über das mobile Internet abgewickelt

239 Vgl. Mehta et al. 2000, S. 1-2; Newell, Newell Lemon 2001, S. 48; Ehrhardt 2002, S. 118.

240 Vgl. Weitzel, König 2001, S. 3.

241 Vgl. Müller-Veerse et al. 2001, S. 12.

242 Vgl. Koster 2002, S. 127.

werden, was als Applikation bezeichnet wird.[243] Eine andere Unterteilung ist die inhaltliche Gliederung. Mögliche Gruppen sind Reise, Banking oder Unterhaltung.[244] Eine Klassifizierung nach unterschiedlichen Kriterien bedeutet die Unterscheidung in die Bereiche Unterhaltung, Transaktion, Kommunikation, Service und Information.[245] Eine Vermischung der verschiedenen Kriterien, wie sie gelegentlich gefunden wird, bringt aber wenig neues Verständnis des mobilen Internets.[246] Ein Unternehmen kann mit der hier ausgewählten Unterteilung besser prüfen, inwieweit und für welche Produkte und/oder Kunden die Entwicklung von Kommunikations-, Informations-, Transaktions- und Applikationsdiensten im Rahmen eines mCRM-Systems sinnvoll ist.

Wie aus der Entwicklung des mobilen Internets deutlich wird, wird es weder einen klaren Starttermin des mobilen Internets geben, noch werden die Einsatzbereiche vollständig getrennt voneinander oder getrennt von anderen Medien existieren. Es wird auch keine alleinige Anwendung aus den Einsatzbereichen geben, die sich schlagartig durchsetzen wird und als Killerapplikation bezeichnet werden könnte. Vielmehr wird es eine langsame Verbreitung über mehrere Anwendungen aus verschiedenen Branchen geben.[247] Die unterschiedlichen Einsatzbereiche eines mobil geprägten Internets werden verschieden stark mit dem stationären Internet zusammenhängen und es wird eine Nutzung nebeneinander und nicht getrennt voneinander geben.[248] Die Entwicklungen von Leistungen sollten so lange wie möglich einheitlich erfolgen, die Trennung und Anpassung nach den Kommunikationsmedien sollte erst am Schluss erfolgen.[249] Das bedeutet, dass das mobile Internet nicht vollständig losgelöst vom stationären operieren wird. Längerfristig wird es zu der beschriebenen Konvergenz der beiden Netze kommen.

---

243 Lawrenz, Legler (2000) nehmen eine Unterteilung in Information, Transaktion und Applikation vor. Vgl. Lawrenz, Legler 2000, S. B21. Hess, Rawolle (2001) ergänzen in Bezug auf die Medienindustrie die Kommunikation. Vgl. Hess, Rawolle 2001, S. 653.

244 Vgl. BCG 2000, S. 21; Schneider 2001, S. 99.

245 Z.B. bei Siemens/Brokat 2000, S. 3.

246 So unterscheiden z.B. Sonderegger et al. (1999) und Pott, Groth (2001) und andere in u.a. Kommunikations- Informations-, Transaktions- und Unterhaltungsdienste (Englisch: Entertainment). Vgl. Sonderegger et al. 1999, S. 7-8; Pott, Groth 2001, S. 140; Göttgens, Zweigle 2001, S. 9.

247 Vgl. Nachtmann, Trinkel 2002, S. 7.

248 Vgl. BCG 2000, S. 36.

249 Vgl. Stiel 2000, S. 45.

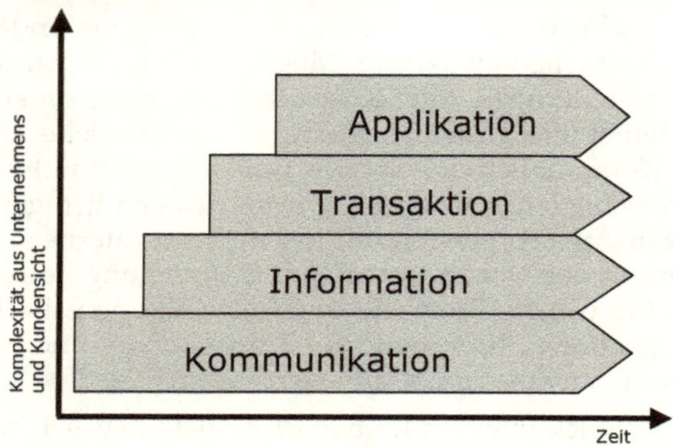

Abbildung 9: Komplexität und Entwicklung von Einsatzbereichen im mobilen Internet[250]

Abbildung 9 zeigt, wie die verschiedenen Einsatzbereiche des mobilen Internets aufeinander aufbauen und in Beziehung zueinander stehen. Die Einführung neuer Einsatzbereiche wird nicht zu festgesetzten Zeitpunkten erfolgen, aber die verbreitete Nutzung von verschiedenen Diensten wird wahrscheinlich zeitlich versetzt erfolgen.

Für Unternehmen mit Kundenkontakt nimmt die Komplexität von Kundenmanagementsystemen zu, sobald Angebote über die Kommunikationsdienste hinausgehen. Das liegt an der zur Zeit mangelnden Akzeptanz und Nutzung von Formaten zur Darstellung von Informationen wie WAP, aber auch an technischen Limitierungen, die aktuell einer Nutzung entgegensprechen. Grundsätzlich können, wie im stationären Internet, mit den auf den Kommunikationsdiensten aufbauenden Transaktionsdiensten alle wirtschaftlichen Güter und Dienste angeboten werden. Wieweit die Erfüllung auch im Netz möglich ist, hängt auch im stationären Internet stark von der Digitalisierbarkeit der Leistung ab. Daneben sind u.a. die Verfügbarkeit von Bandbreite, Ausgabegeräten und Speicherplatz wichtig, um festzulegen, welche Bereiche der Geschäftstätigkeit im Netz abgewickelt werden. Größte Hoffungen können im mobilen Internet auf einfache Services gelegt werden, wie eine Fahrplanauskunft, die auch klar definierte Bedürfnisse bedienen können.

Ausgehend von dem Ursprung des mobilen Netzes, der Kommunikation, werden sich neue Anwendungsbereiche eröffnen. Man spricht von horizontalen und vertikalen Anwendungen. Horizontale Anwendungen

250 Quelle: Einen Darstellung.

sind solche, die eine breite Masse ansprechen, wie Email und ähnliche Dienste. Vertikal werden jene Anwendungen genannt, die sich an eine spezielle, kleinere Käufergruppe wenden, dann aber mit einem höheren Kundennutzen.[251] In dieser Arbeit werden die dem mobilen Internet zugrunde liegenden Einsatzbereiche, und damit die horizontalen Anwendungen, beschrieben.

3.2.2 Kommunikationsdienste

Kommunikationsdienste sind Anwendungen, die eine hohe Akzeptanz bei den Kunden haben werden und deswegen für ein mCRM von besonderem Interesse sind. Wie beschrieben stellen sie eine wichtige Basis von Einsatzbereichen des mobilen Internets dar. Der Schwerpunkt wird in der Nutzung des mobilen Internets als Kommunikationsmedium der Kunden untereinander liegen. Der Aufbau der Mobilfunknetze, die die technische Grundlage der Kommunikationsdienste bilden, wird vorwiegend durch die private Nutzung des Mobilfunks als Kommunikationsmedium vorangetrieben. Manche Unternehmen haben bereits angefangen, die Kommunikationsdienste im operativen Geschäft zu nutzen. Diese Dienste werden in der Zukunft im mCRM besonders im Service und Marketing Verwendung finden. Die Qualität der Dienste ist stark mit den zugrunde liegenden Mobilfunknetzen verbunden, die in Abschnitt 3.3.3.2 Einsatzbereiche von Mobilfunkbetreibern besprochen werden.

3.2.2.1 Definition der Kommunikationsdienste

Unter Kommunikation wird in dieser Arbeit das Senden, Empfangen und Verarbeiten von individuellen Informationen auf elektronischem Wege verstanden.[252] Die höhere Individualität der übermittelten Daten dient der Abgrenzung zu den Informationsdiensten. Eine Abgrenzung könnte auch über die Anzahl der Empfänger oder Teilnehmer vorgenommen werden. Man kann zwischen einer eins-zu-eins-Kommunikation mit genau zwei Teilnehmern und einer n-zu-m-Kommunikation mit einer unbestimmten Anzahl von Sendern und Empfängern unterscheiden.[253] Wenn sich die Anzahl der Empfänger erhöht, Inhalte nicht mehr individualisiert sind und eine Antwort des Empfängers nicht erwartet wird, handelt es sich um einen Informationsdienst, und nicht um einen Kommunikationsdienst.

---

251 Vgl. Witt 2000, S. 23-24.

252 In Anlehnung an Kennedy 1986, S. 1.

253 Vgl. Hess, Rawolle 2001, S. 659.

3.2.2.2 Kommunikationsformate

Für den Einsatz des mobilen Internets ist ein Verständnis der zum Einsatz kommenden Kommunikationsformate für eine sinnvolle Ausgestaltung des kommunikativen, operativen und analytischen mCRM notwendig. Nur so kann ein Unternehmen die Wirkung von operativen Maßnahmen, z.B. im mobilen Marketing, auf Kunden abschätzen. Das Verständnis der Kommunikationsformate spielt besonders bei der Bewertung von Kommunikationsmaßnahmen im kommunikativen mCRM eine Rolle.[254]

Nach der Analyse des bisherigen Nutzungsverhaltens wird davon ausgegangen, dass bei Kunden Kommunikationsdienste auch in Zukunft ein Schwerpunkt des Einsatzes des mobilen Internets seinen werden.[255] Dieser Dienst beruhte bisher auf der intensiven Nutzung des Kommunikationsformats der Sprache. Erst längerfristig wird mit einem relativen Rückgang des Anteils der Sprachkommunikation gerechnet.[256] Obwohl die mobile Übermittlung von Daten bisher kaum entwickelt ist, wird mit einer Zunahme in diesem Bereich gerechnet.[257]

Die Formate können, wie die Beispiele in Tabelle 1 zeigen, in synchrone und asynchrone Kommunikationsformate unterschieden werden. Unter synchroner Kommunikation wird das zeitgleiche Senden und Empfangen von Informationen verstanden, wie z.B. bei einem Telefonat. Durch die Geschwindigkeit der Übertragung findet die Kommunikation in Echtzeit statt.[258] Unter dem Begriff Echtzeit in der Kommunikation werden die Verfahren verstanden, die eine Aktion und Reaktion fast zeitgleich ermöglichen.[259] Bei einer asynchronen Kommunikation kommt es dagegen zu einer signifikanten zeitlichen Verzögerung.[260]

---

254 Siehe dazu auch Abschnitt 4.3.3.3 Dimension „Format" im kommunikativen mCRM, S. 197

255 Vgl. Schneider 2001, S. 102.

256 Siehe dazu Abschnitt 3.3.3.3 Herausforderungen für Mobilfunkbetreiber, S. 94.

257 Vgl. Müller-Veerse et al. 2001, S. 12.

258 Vgl. Müller-Veerse 1999, S. 38.

259 Vgl. McKenna 1998, S. 19.

260 Vgl. Hess, Rawolle 2001, S. 659.

Kommunikationsformate/-arten	
Asynchrone Formate	**Synchrone Formate**
Klassische Post	Persönliches Gespräch
Email	Telefonat
Short Message Service (SMS)	Conference Call
Multimedia Message Service (MMS)	Chat
Flash-SMS	Mobile Instant Messaging (MIM)
Fax	Instant Messaging (IM)

Tabelle 1: Übersicht synchrone und asynchrone Kommunikationsformate

Das bekannteste und am weitesten verbreitete synchrone Format ist das der Sprache, die über mobile Endgeräte zur Kommunikation und Interaktion übermittelt wird. Die menschliche Sprache wird als die flexibelste und wirkungsvollste Art der Kommunikation bezeichnet.[261] Neben einer Sprachsteuerung von automatisierten Angeboten werden u.a. auch auf mobilen Endgeräten Dienste wie Rufumleitungen, Rufweiterleitungen, Halten eines Rufes, Konferenzschaltungen und Teilnehmeridentifikation angeboten.[262] Wenn dieses Format den Austauschpartnern auch vertraut ist, so hat es doch eine Reihe von Nachteilen. So sind keine Bilder übertragbar, der Gesprächspartner muss geistig zu dem Zeitpunkt aufmerksam sein und die Informationsübermittlung ist im Bezug auf die übermittelte Datenmenge langsam.[263] Zusätzlich muss die verwendete Sprache beiden Gesprächspartner ausreichend vertraut sein. Nur in einem begrenzten Rahmen ist es möglich, dass von Unternehmens- oder Kundenseite Informationen über automatisierte Systeme eingespielt und vorgelesen werden. Über solche Sprachdienste könnten Diabetespatienten zum Beispiel ihre täglichen Messwerte aufnehmen und in Sprachform übertragen. Zum Einsatz kommt Spracherkennungssoftware so in einzelnen beruflichen Fachsprachen, in denen der Kontext feststeht. Zur-

261 Vgl. Greve 2002, S. 106.

262 Vgl. Walke 2001, S. 282.

263 Vgl. Shneiderman 2000, S. 63.

zeit stoßen Spracherkennungssysteme aber in der Umgangsprache auf größere Probleme.[264]

Ein weiteres synchrones Kommunikationsformat ist das Mobile Instant Messaging (MIM).[265] Unter Instant Messaging wird allgemein die nonverbale, textbasierte Kommunikation zum direkten Austausch mit Menschen, die das System installiert haben, verstanden. Es handelt sich um einen direkten Austausch, ähnlich wie er auch in einem Internet-Chat vorkommt. Hersteller haben angefangen, die PC-basierten Lösungen auch auf mobilen Endgeräten verfügbar zu machen.[266] Dadurch können individuelle Nutzer auch auf Chat-Kommunikationsanwendungen des stationären Internets zurückgreifen.[267]

Technologische Weiterentwicklungen haben zu einer Auflösung der klaren Trennung von synchronen und asynchronen Kommunikationsformen geführt. Die Zeitspanne, die zwischen dem Senden und einem möglichen Antworten auf eine Nachricht liegt, kann als Antwortzeit bezeichnet werden. Bei neuen Formaten kann diese stark variieren. Die Antwortzeit hängt auch davon ab, wie ein Kunde über den Eingang einer asynchronen Nachricht informiert wird und wie häufig ein Kunde mit einem neuen Medium Kontakt hat. Regeln und Normen, bei welchem Format welche Antwortzeiten vorgesehen sind und welche Informationen wie übertragen werden, existieren noch nicht und werden sich nur langsam entwickeln bzw. durch das mCRM individuell bestimmt werden. Ein Beispiel für die Auflösung der Trennung sowie für variable Antwortzeiten liegt bei der Sprache vor. Durch den Einsatz von z.B. Anrufbeantwortern oder Voice Messages wird in diesem Fall dem Anrufer die Möglichkeit gegeben, auch bei Ablehnung eines Anrufs oder Abwesenheit eines Festnetzteilnehmers eine Nachricht zu hinterlassen. So wird Sprache auch als ein asynchrones Format genutzt.

Die ältesten asynchronen Formate werden jedoch über die Schrift realisiert. Die klassische Post ist ein bekanntes Beispiel. Andere typische Formate, die oft auch Bilder übertragen können, sind z.B. das Fax oder

---

264 Als Beispiele für ohne Kontext leicht falsch interpretierte Aussagen werden folgende gesprochene Sätze, einmal eines Polizisten und einer Parteimitglieds, angeführt: „Der Gefangene floh" und „Wir haben liebe Genossen in Wien." In beiden Fällen ist jeweils der Kontext zum richtigen Verstehen mitentscheidend. Vgl. Reischl, Sundt 1999, S. 23.

265 Mehr zu MIM unter http://www.mobilein.com/MIM.htm.

266 Vgl. Müller-Veerse 1999, S. 38.

267 Siehe dazu auch die Ausführungen in Abschnitt 3.1.4.3 Konvergenz der Medienformate, S. 66.

Multimedia Message Service (MMS). Im stationären Internet hat sich die Email als das verbreitetste asynchrone Format durchgesetzt. Neue Smartphones sind durch bessere Software in der Lage, auch im mobilen Internet POP3-und IMAP4-Accounts abzurufen und damit die Email langsam im mobilen Internet zu verbreiten.[268] Einer hohen Beliebtheit im Mobilfunk erfreut sich zurzeit das Senden und Empfangen von Nachrichten im SMS-Format.[269] Dieses textbasierte Format ermöglicht den Kunden, Texte bis zu einer Länge von 160 Zeichen an ein anderes Mobilfunkgerät zu senden. Vorteile sind, dass dieses Format von nahezu allen Mobiltelefonen auf dem Markt unterstützt wird und relativ sicher gegenüber Unterbrechungen durch Empfangsstörungen ist.[270] Eine Erweiterung stellt das Versenden über spezielle Gateway-Rechner dar, die das Format umwandeln können.[271] Zu solchen Angeboten gehört die Umwandlung einer SMS in eine Email.[272] Andere angebotene Umwandlungen sind beispielsweise Umwandlungen in klassische Faxe, die in das Festnetz geschickt werden, und Voice Messages, die dem Angerufenen vorgelesen werden.

Eine Sonderform der SMS ist die sogenannte Quick- oder Flash-SMS, bei der die Nachricht sofort auf dem Display erscheint. Nachteil dieser Meldung ist, dass sie nicht gespeichert und bei der nächsten eingehenden Meldung dieser Art überschrieben wird. Eine andere Variante des SMS ist auch der Cell Broadcast Service, bei dem an eine Gruppe von individuellen Endgeräten die gleiche SMS gesandt wird. Die Größe ist auf 93 Bytes beschränkt.[273] Dieser Standard hat sich aber nicht weitläufig durchgesetzt, weil im GSM-Netz für Betreiber Probleme bei der Identifikation von Sendern und somit auch der Rechnungslegung bestehen.[274]

---

268 Vgl. Llana 1999, S. 58-59.

269 Dieser Standard nutzt zur Übertragung gar keine Sprachübertragungsbandbreite, sondern die Kontrollkanäle (Control Channels), über die auch die Call Setup (Anrufsteuerung) Information übertragen wird. Vgl. Smiljanic 2002b, S. 45.

270 Vgl. Michelsen, Schaale 2002, S. 75.

271 Deswegen wird das Versenden von SMS über das Internet populär. Vgl. Akhgar et al. 2002, S. 3.

272 Dafür muss am Anfang einer SMS eine vollständige Emailadresse stehen, die durch ein Freizeichen vom eigentlichen Text abgegrenzt ist. Mehr dazu unter http://www.teammessage.de/sms/.

273 Diese Format wurde für die erste kurze Mitteilung bei der Durchführung von Auktionen von 12Snap Germany AG (http://www.12snap.com) benutzt. Vgl. Michelsen, Schaale 2002, S. 33.

274 Vgl. Smiljanic 2002b, S. 46.

Wenn, wie bei solchen Systemen, über Kommunikationsformate eine größere Anzahl von Empfängern erreicht wird, können die Formate auch für Informationsdienste eingesetzt werden.

3.2.3 Informationsdienste

Die Informationsdienste stellen die zweite Stufe der Entwicklung im mobilen Internet dar. Informationsdienste richten sich in der Regel an eine größere Gruppe, die die Informationen abrufen kann. Unternehmen können den Einsatz von Informationsdiensten für alle Bereiche des operativen mCRM, d.h. Marketing, Vertrieb und Service, nutzen und Kunden auf diese Weise mit z.B. zeit- oder ortskritischen Zusatzinformationen bedienen.

3.2.3.1 Definition der Informationsdienste

Als Informationsdienst kann das Abrufen von allgemeinen Daten, die für den Kunden in seinem jeweiligen Kontext relevant sind, verstanden werden. Im Vergleich zu den oben beschriebenen Kommunikationsdiensten liegt Informationsdiensten eine geringere Individualisierung zu Grunde. Bei Informationsdiensten werden Informationen häufig standardisiert und beispielsweise über Berichte oder eine Liste häufig gestellter Fragen einer unbestimmten Kundengruppe allgemein oder aufgrund von Kundendaten personalisiert zur Verfügung gestellt. Die Informationen werden dabei zwar nicht für jeden Kunden individuell erzeugt, jedoch individuell ausgewählt und übermittelt. Dabei kann es sich um Informationen über Produkte, Dienstleistungen oder auch um allgemeine Unternehmensdaten handeln. Neben solchen allgemeinen Informationen haben alle Arten der Informationen im mobilen Internet, die sich mit der Mobilität von Kunden auseinandersetzen, eine besondere Bedeutung. So haben Reisende ein anderes und höheres Informationsbedürfnis als Ortsansässige.[275] In diesem Fall werden vom Kunden verstärkt solche Informationen abgefragt, die mit der Mobilität zusammenhängen. Beispiele dafür sind die Fahrplanauskunft oder Informationen zu Hotels in der Region. In der operativen Ausgestaltung ist der permanente Wandel des Informationsbedürfnisses von sich bewegenden Personen zu beachten, bzw. mit welchen Formaten welche Inhalte dargestellt werden können.

275 Vgl. Müller-Veerse 1999, S. 67.

3.2.3.2 Verschiedene Arten und Darstellungen von Informationsdiensten

Theoretisch kann jede Art von digitalisierbaren Informationen, die im stationären Internet abrufbar sind, auch über das mobile Internet empfangen werden, wobei Begrenzungen durch den Speicherplatz, die Bildschirmgröße und die Übertragungskapazität bestehen. Andere Informationen und Inhalte werden hingegen speziell für das mobile Internet entwickelt.[276] Nach der Auswahl relevanter Informationen ist vom Unternehmen zu klären, welche Teile davon wie, wenn nötig, an die mobile Nutzung anzupassen sind. Eine Anpassung und Vorauswahl der vermutlich von Kunden benötigten Informationen wird helfen, das Lesen unnötiger Texte auf kleinen Bildschirmen zu verhindern.[277] Prinzipiell wird bei Informationsdiensten eine Reduktion auf das Wesentliche bedeutsam sein. So schlägt ein Report vor, dass eine Zeitung, anstatt den gesamten Zeitungsinhalt im mobilen Internet anzubieten, sich doch besser auf die „Breaking News" (aktuellen Schlagzeilen) konzentrieren sollte.[278]

Häufig werden einzelne, spezielle Informationsdienste strikt nach *Push* oder *Pull* unterschieden.[279] Unter „Push" wird alles verstanden, was ohne Benutzeraktivität auf dessen Bildschirm erscheint oder auf das mobile Internet übertragen wird.[280] Unter „Pull" wird im Internet das Bereitstellen von Informationen verstanden, die dann von den Kunden selbst abgerufen werden müssen.[281] Zwischenstücke sind das so genannte *Automative-Pull* und *Event-Driven-Push.* Automative Pull bedeutet, dass ein Kunde die Nachrichten zu einem von ihm vorher festgelegten Zeitpunkten von dem Unternehmen, beispielsweise als SMS, zugesandt bekommt. Ein ähnlicher Fall liegt mit Event-Driven-Push vor, wenn eine Nachricht bei einer festgelegten Wertüberschreitung oder zu einem vorab festgelegten Anlass generiert wird.[282]

Das im stationären Internet vorherrschende Pull-Format ist der HTML-Standard. Das Format, das bislang am häufigsten mit dem mobilen Internet in Verbindung gebracht wurde, ist das Wireless Application Protokoll (WAP), das die Darstellung von Seiten mit Wireless Markup Lan-

---

276 Vgl. Pott, Groth 2001, S. 22.

277 Vgl. Matskin, Tveit 2001, S. 27.

278 Vgl. Schmidt et al. 2000, S. 15.

279 Vgl. IZT et al. 2001, S. 89.

280 Vgl. Riedl 1998, S. 90.

281 Vgl. Riedl 1998, S. 87.

282 Vgl. Jost 1999, S. 417.

guage (WML) ähnlich der Hypertext Markup Language (HTML) ermöglicht.[283] Noch dichter an dem aus dem stationären Internet stammenden HTML-Standard ist der in Japan im mobilen Internet benutzte Compact-HTML-Standard (c-HTML), dessen Leistungen unter dem Begriff *i-mode* vermarktet werden.[284] Zusätzlich gibt es auch die Handheld Device Markup Language (HDML), die für mobile Endgeräte geschaffen wurde. Gerade beim Einsatz des mobilen Internets ist es denkbar, dass Informationen auch über ein so genanntes Voice-Web (sprachgesteuert) abgefragt werden können.[285] Durch neue Medienformate, wie z.B. Extensive Markup Language (XML), können Informationen unabhängig von Darstellungsprogrammen und Betriebssystemen dargestellt werden. Diese Formate werden mittelfristig eine flexiblere Informationsdarstellung ermöglichen. Innovationen in diesem Bereich lassen für die Zukunft Veränderungen von Informationsdiensten erwarten.

Mobile Informationsdienste können u.a. durch zwei Merkmale von Informationsdiensten des stationären Internets abgegrenzt werden. Im mobilen Internet sollten Inhalte in Echtzeit und individualisiert vorliegen, während im stationären Internet diese Bereiche inhaltlich tiefer und reichhaltiger gestaltet sein können.[286] Auch sollten die Angebote im mobilen Internet so gestaltet sein, dass diese im Vergleich zum stationären Internet übersichtlich strukturiert sind und schnell einen Nutzwert durch z.B. Zeitersparnis, Ortsbezug oder Spaß schaffen können. Anwendungen sollten so geschaffen sein, dass sie dem Kunden innerhalb von z.B. drei Minuten Nutzen bringen.[287] Im stationären Internet kann sich hingegen ein Nutzen für den Kunden auch erst über eine längere Sitzung ergeben.[288] Informationsdienste können durch Mobilitätsdaten einen weiteren Kundennutzen generieren:[289] Beispielweise kann ein Taxiunternehmen einen Kunden entsprechend seines Aufenthaltsortes informieren, wie lange es dauert, bis ein Fahrzeug zur Abholung bereitgestellt werden kann und wie lange die Fahrzeit schätzungsweise dauern

283 Vgl. Pott, Groth 2001, S. 153-154.

284 Vgl. Luna 2001, S. 75

285 Vgl. Zobel 2001, S. 42.

286 Vgl. Zobel 2001, S. 116.

287 Vgl. Albers, Becker 2001, S. 80.

288 Vgl. Zobel 2001, S. 116.

289 Siehe dazu auch Abschnitt 4.2.2 Mobilitätsdaten im mobile CRM, S. 157.

wird. Zusätzlich kann man mobil, z.B. während man einkauft, direkt im Einzelhandel Preisvergleiche anstellen.[290]

3.2.4 Transaktionsdienste

Das Anbieten von Transaktionsdiensten zum Abschluss von Kaufhandlungen ist der Teil des mobilen Internets, der am ehesten mit dem Begriff des mCommerce beschrieben werden kann. Kunden werden durch mobile Transaktionsdienste in die Lage versetzt, Kaufhandlungen dann durchzuführen, wenn sie das Bedürfnis danach verspüren. Die konkrete Ausgestaltung solcher Dienste wird im Vertriebsteil des operativen mCRM diskutiert werden.[291]

3.2.4.1 Definition der Transaktionsdienste

Unter Transaktionsdiensten im mobilen Internet wird der Verkauf von Gütern oder Leistungen über mobile Kommunikationsnetze verstanden. Dabei kann es sich um Güter oder Leistungen handeln, die digital auf ein Endgerät des Kunden übermittelt werden. Alternativ können Güter auch physisch geliefert werden, nachdem der Vertragsabschluss im mobilen Internet erfolgt ist. Wie die Lieferung erfolgt, spielt für die weitere Betrachtung keine Rolle. Die Digitalisierbarkeit war bereits im stationären Internet kein Erfolgskriterium für das eCommerce, sondern der durch den Kauf entstehende Kundennutzen, auf den auch in dieser Arbeit der Fokus gelegt wird.[292]

Den Abschluss einer solchen Transaktion im mobilen Internet könnte man analog zum eCommerce auch als *mCommerce* bezeichnen.[293] Unter *mobile Commerce (mCommerce)* wird u.a. die „Abwicklung von Geschäftsverkehr auf Basis von Informationsübertragung über Mobilfunknetze" verstanden.[294] Nach einer anderen Definition meint mCommerce „any transaction with a monetary value that is conducted via a mobile telecommunications network."[295] In der Literatur finden sich noch eine Rei-

---

290 Vgl. Wiedmann, Buckler, Buxel 2000, S. 88. Siehe beispielsweise auch http://www.one.at/geizhals_mobil.

291 Siehe auch Abschnitt 4.4.4 Mobile CRM im Vertrieb, S. 218.

292 Vgl. Albers 1999, S. 22.

293 Neben mobile Commerce (mCommerce) wird dieser Bereich auch mobile Electronic Commerce (Mobile eCommerce) genannt. Vgl. Nicolai, Petersmann 2001, S. 4.

294 Buckler, Buxel 2000, S. 1.

295 Akhgar et al. 2002, S. 1.

he weiterer Definitionen zum mCommerce.[296] Da bei diesen Definitionen eine Abgrenzung zu Informationsdiensten und zu den anderen Diensten schwierig ist, wird auf diese hier nicht weiter eingegangen.

Eine vollständige Transaktion mitsamt einem Vertragsabschluss wird es im mobilen Internet vermutlich nicht in einem allzu großen Umfang geben. Dem reinen mCommerce wird in naher Zukunft nur wenig Potenzial vorausgesagt.[297] Dafür kann ein Unternehmen auf unterschiedliche Kommunikationskanäle zurückgreifen. Unternehmen werden so selbst die verschiedenen Kanäle zum Kundennutzen optimieren. Ein Beispiel ist, dass die umfangreiche und aufwändige Eröffnung eines Kundenkontos über das stationäre Internet abgewickelt werden wird, solange die Bildschirme von mobilen Endgeräten zu klein sind.[298] Nach der Kontoeröffnung kann der Kunde dann auf mobile Transaktionsdienste zuzugreifen.

Sobald der eigentliche Kauf aber außerhalb des Internets stattfindet, kann nicht mehr von einem mobilen Transaktionsdienst im engeren Sinne gesprochen werden. Vielmehr kommt es zu einer Nutzung von Informations- und Kommunikationsdiensten zur Unterstützung des Vertriebs. Mögliche Kombinationen über die unterschiedlichen Netze und Kundenkanäle hinweg werden im mCRM-Kapitel besprochen.[299] Wie auch weiter in dem Abschnitt über das operative mCRM erläutert wird, kann das mobile Internet durch eine Reihe von Leistungen und Maßnahmen rund um eine Transaktion, auch wenn diese nicht mobil erfolgt, durch das mobile Internet Kundennutzen schaffen und zur Zielerreichung im mCRM betragen.

3.2.4.2 Verschiedene Transaktionsdienste

Die Entwicklung von verschiedenen Transaktionsdiensten wird langsam vonstatten gehen. Damit es zu einem Wechsel der Kaufgewohnheiten kommt, müssen die Barrieren der existierenden Kaufgewohnheiten überwunden werden, was durch einen Anstieg des empfundenen Nutzens auf Kundenseite passieren kann.[300] So wie Menschen nicht erst seit Amazon.com mit dem Lesen angefangen haben, werden auch die opti-

---

296 Für weitere Definitionen des mCommerce siehe auch Koster 2002, S. 129; Wiedmann, Buxel, Buckler et al. 2000, S. 684; Büllingen, Wörter 2000, S. 3; Geer, Gross 2001, S. 73.

297 Vgl. Ascari et al. 2000, S. 10.

298 Vgl. Nelson 2000a, S. 206.

299 Siehe dazu Abschnitt 4.4.4 Mobile CRM im Vertrieb, S. 218.

300 Vgl. Medianka 2000a, S. 2.

mistisch prognostizierten mCommerce-Umsätze hauptsächlich durch Verschiebungen aus anderen Vertriebskanälen kommen.[301] Dabei sind, wie es auch im stationären Internet zu beobachten war, unterschiedlichste Transaktionsdienste denkbar.

Schwerpunkt der Transaktionsdienste können dabei solche Kaufhandlungen bilden, die einen hohen Grad der Individualisierung an die Bedürfnisse der Kunden erfordern. Die Individualisierung erfordert den Austausch notwendiger Informationen vom Kunden mit dem Unternehmen bei der Leistungsgestaltung.[302] Dafür ist es wichtig, Kunden stärker in die Wertschöpfungskette zu integrieren.[303] Diesen engen Austausch können Unternehmen über das mobile Internet realisieren. Dennoch können manche Nachteile des stationären Internets, wie das Fehlen der sinnlichen Wahrnehmung von Produkten über Geruch und Tastsinn, auch im mobilen Internet nicht vermieden werden.[304] Im mobilen Internet können aber Kaufprozesse angestoßen werden, sobald ein Bedürfnis entsteht.[305] Dabei werden speziell Produkte mit einem „last minute"-Charakter, wie Eintrittskarten oder Geschenke, als Erfolg versprechend hervorgehoben.[306] Zu diesen Käufen gehören auch Impulskäufe, die einen hohen Anteil von Transaktionen in mobilen Diensten zur Erlössteigerung darstellen können.[307] Der Verkauf von digitalen Gütern kann in Abhängigkeit von ihrer Art eine unterschiedliche Marktdurchdringung erreichen. So wird dem Herunterladen von Musik und Videos kaum einen Chance eingeräumt, Finanzdienstleistern hingegen schon.[308] Dieses Potenzial wird im m-Banking gesehen. Dabei werden insbesondere der Zugang zu aktuellen Informationen, sowie der sofortige Zugang der Bank zu allen Kunden, hervorgehoben.[309]

Auch Produkten aus der Unterhaltungsindustrie werden im mobilen Internet Chancen eingeräumt. Entertainment ist in Japan im I-Mode-System nach dem Versenden von Textnachrichten der erfolgreichste Content und für einen großen Teil des Datenübertragungsaufkommens

---

301 Bei Amazon.com handelt es sich um eine eCommerce-Unternehmen, das seinen Schwerpunkt im Buchhandel hat (http://www.amazon.com).

302 Vgl. Reichwald, Piller 2000, S. 366.

303 Vgl. Reichwald, Meier 2002, S. 219.

304 Vgl. Wiedmann, Buxel, Buckler 2000, S. 689.

305 Vgl. Zobel 2001, S. 45.

306 Vgl. Siau et al. 2001, S. 5.

307 Vgl. Reichwald, Meier 2002, S. 223.

308 Vgl. Schneider 2001, S. 101.

309 Vgl. Lopez et al. 2000, S. 7.

verantwortlich.[310] Je nach Ausgestaltung des Entertainment-Angebots kann es sich auch um einen Applikationsdienst oder Informationsdienst handeln.

3.2.5 Applikationsdienste

Applikationsdienste werden im Vertrieb und Service neben den Kernleistungen in der Zukunft zusätzlichen Kundennutzen generieren können. Dafür ist eine weitere, technische Entwicklung der Endgeräte maßgeblich, da bei Applikationsdiensten die Rechnerleistung der Endgeräte stark in Anspruch genommen wird. Wenn Kunden in der Zukunft regelmäßig auf Applikationsdienste eines Unternehmens zugreifen, kann eine besonders enge Kundenbindung erreicht werden.

3.2.5.1 Definition der Applikationsdienste

Unter Applikationsdiensten können jene Anwendungen zusammengefasst werden, bei denen sowohl auf einem Endgerät als auch auf einen Server im mobilen Internet über einen längeren Zeitraum Rechnerkapazität in Anspruch genommen wird. Mögliche Beispiele hierfür sind Navigationssysteme, Kalenderanwendungen oder Online-Spiele. Applikationsdienste basieren auf Kommunikations- und Informationsdiensten sowie dem Datentransport. Solche Dienste haben speziell für Mobilfunk- und andere Netzbetreiber einen besonderen Reiz, da diese große Verdienstmöglichkeiten bieten werden, wenn z.B. nach Verbindungsdauer abgerechnet wird.[311]

Im Moment wird aber davon ausgegangen, dass es noch einige Jahre dauern wird, bis das mobile Internet das stationäre Netz in der Verbreitung und Anwendung überholt hat und seine Applikationen für die Kunden nutzbar und nützlich sind.[312] Das gilt auch für Applikationen, die im Rahmen eines CRM-Konzepts auf Kundenseite eingesetzt werden sollen. Dennoch sind Applikationsdienste auch für das Erreichen der CRM-Ziele von Interesse. Durch den Einsatz von unternehmensspezifischen Programmen und Anwendungen auf den Endgeräten von Kunden kann ein Unternehmen über eine Individualisierung eine besondere Nähe zu seinen Kunden herstellen und eine langfristige Bindung fördern.

---

310 Schätzungen liegen zwischen 40 und 50 Prozent. Vgl. Faber 1999 S. 46; Michelsen, Schaale 2002, S. 93.

311 Jake Sullivan im Interview mit Vittore 2001, S. 31.

312 Vgl. Songini 2001, S. 20.

3.2.5.2 Verschiedene Applikationsdienste

Die Applikationsdienste werden sich erst langsam verbreiten, wobei erste Angebote bereits jetzt am Markt platziert werden.[313] Es ist ein Fehler, die Leistungsfähigkeit der mobilen Kommunikation in ihrer Frühphase als Referenzpunkt für die Akzeptanz des mobilen Internets in der Zukunft heranzuziehen.[314] Bereits 1999 wurden verschiedene Entwicklungen von mobilen Applikationen vorausgesagt, wie z.B. das Fernsehen, das Bezahlen oder das Fotografieren per Handy.[315] Zum Teil haben sich die Erwartungen in diesen Bereichen erfüllt und etliche Hersteller von mobilen Endgeräten bieten integrierte Fotoapparate in ihren Geräten an.

Wie bereits in Japan mit I-Mode zu beobachten war, werden erste Anwendungen vermutlich im Bereich des Entertainments folgen. Es wird vermutet, dass sich Spielsoftware auf mobilen Endgeräten zu einem Erfolgsfaktor entwickeln wird.[316] Als mögliche Anwendung sind Mehrpersonenspiele denkbar, die eine Jagd durch eine Stadt mit mobilen Endgeräten als Ortungssysteme der „gejagten" Spielteilnehmer ermöglichen.[317] Bei solchen Spielen wird der Kunde nicht zu sehr durch kleine Displays gestört. Prinzipiell wird empfohlen, dass Spielanwendungen im mobilen Internet zwar einfach zu verstehen und einfach in der Bedienung sind, dennoch aber eine Herausforderung für den Spieler darstellen.[318]

Zu den Erfolg versprechenden Applikationsdiensten des mobilen Internets werden auch alle Arten von Steuerungssystemen für Kunden gehören. Ein spezielles Augenmerk liegt dabei auf Such- und Geleit-Systemen, die Kunden eine Orientierungshilfe innerhalb ihrer Mobilität bieten. Die Ortsbestimmung im mobilen Internet kann dabei losgelöst vom Global Positioning System (GPS), das derzeit z.B. in Autos installiert wird, realisiert werden.[319]

Andere Anwendungen liegen im Bereich des Zahlungsverkehrs. Die Zahlungssysteme über mobile Geräte beruhen auf den beim Kunden be-

---

313 Ein solches Beispiel sind Navigationsangebote von T-Mobile. Siehe dazu auch T-Mobile o.D.

314 Vgl. Zobel 2001, S. 26.

315 Vgl. Reischl, Sundt 1999, S. 9.

316 Vgl. Vittore 2001, S. 32.

317 Vgl. IZT et al. 2001, S. 30.

318 Vgl. Leet 2000, S. 1.

319 Siehe zu Ortsbestimmung auch Abschnitt 4.2.2.3 Datenerhebungsverfahren und Datenumwandlung, S. 161.

reits vorhandenen Geräten.[320] Kunden können offline gekaufte Produkte oder Leistungen mit Hilfe ihrer mobilen Endgeräte bezahlen. Solche Systeme, die unabhängig von der Telefonrechnung abrechnen, befinden sich bereits in der Anwendung.[321] Das mobile Endgerät dient dabei in Verbindung mit einer Geheimzahl als Zahlungsmittel. In Südeuropa kann die Zahlungsfunktion des Handys an einem Geldautomat aufgeladen werden.[322] Die erweiterten Einsatzmöglichkeiten mobiler Endgeräte werden ein weiteres Vordringen von mobilen Geräten in der Gesellschaft fördern und zu einer weiteren Verbreitung des mobilen Internets beitragen.

3.3 Unternehmen im mobilen Internet

Diese Arbeit richtet sich an alle Unternehmen mit Kundenkontakt (klassische Commerce- und Content-Anbieter im Business-to-Consumer-Sektor), die im operativen Geschäft im oder über das mobile Internet mit ihren Kunden interagieren, und nicht speziell an z.B. mobile Portale oder Mobilfunkanbieter. Dennoch ist das Verständnis von deren Funktionen und besonderen Herausforderungen für ein grundlegendes Verständnis des mobilen Internets und damit für die Ausgestaltung des mCRM von Bedeutung. Diese Unternehmen, die die dem mobilen Internet zugrunde liegenden technischen Dienste anbieten, haben dabei unterschiedliche Ursprünge und Tätigkeitsfelder und damit unterschiedlichen Einfluss auf die Ausgestaltung eines mCRM-Systems. Die Struktur des mobilen Internets ist durch die Vielzahl der Akteure vielschichtiger als die des stationären Internets. Eine klare Entwicklungslinie ist noch nicht absehbar, auch weil noch nicht deutlich ist, welche Unternehmen welche Funktionen einnehmen werden.

Im ersten Teil dieses Abschnitts wird das mobile Internet in Bezug auf die an einer Interaktion beteiligten Teilnehmer untersucht. Dabei werden verschiedene Kombinationen von möglichen Interaktionen zwischen den einzelnen Teilnehmern aufgezeigt.

---

320 Vgl. 7.24 Solutions 2001, S. 5.

321 Ein solches System wird von der paybox Deutschland AG (http://www.paybox.de/) angeboten.

322 Vgl. Kehoe 2000, S. 45.

3.3.1 Grundlagen über die Unternehmensstruktur

Das Verständnis der unternehmerischen Zusammenhänge bildet die Grundlage für die Entwicklungsmöglichkeiten des mCRM. Das mobile Internet wird langfristig das geschäftliche Handeln nahezu aller Unternehmen betreffen. In dieser Arbeit wird wie im vorangestellten Abschnitt ein Fokus auf die Kunden-Unternehmensbeziehungen (B2C) gelegt. Dazu gehören alle Unternehmen, die theoretisch mit Kunden über das mobile Internet in Kontakt treten können. Kurz- und mittelfristig werden sich jedoch zuerst Unternehmen mit einer engeren Beziehung zur Mobilität von Kunden, wie z.B. Fluggesellschaften, mit diesem neuen Medium auseinandersetzen. Diese Unternehmen sind dabei selbst aktiv bei der Entwicklung und Ausgestaltung von Diensten des mobilen Internets beteiligt. Die Konvergenz der Medien und speziell der Kommunikationsformate in Verbindung mit einer zunehmenden Verbreitung mobiler Kommunikation führt aber mittel- bis langfristig dazu, dass sich fast alle Unternehmen mit Kundenkontakten mit der Thematik des mobile Customer Relationship Management auseinandersetzen müssen, da Kunden selbstständig diesen Kommunikationskanal zur Interaktion mit Unternehmen nutzen werden.

Als die wichtigsten Teilnehmer im mobilen Internet werden neben den Kunden die Commerce- und Content-Anbieter und die Unternehmen genannt, die z.B. technische Grunddienste des mobilen Internets anbieten, wie Mobilfunkanbieter und mobile Portale.[323] Darüber hinaus werden in dieser Arbeit noch MVNOs und kurz Soft- und Hardware-Hersteller besprochen. Technische Anbieter, wie Hard- und Softwarehersteller, sind für eine mCRM-Betrachtung nur in soweit von Interesse, wie sie auf das mobile Customer Relationship Management Einfluss nehmen. Auf die Betrachtung von anderen Akteuren, wie z.B. Anlagenbauer und Anbieter der Infrastruktur im mobilen Internet, wird verzichtet, da sie nur indirekt Einfluss auf die Gestaltung von mobilen Kundenbeziehungen nehmen. Ausgeklammert bleiben auch internationale Organisationen, die sich beispielsweise für die Standardisierung einsetzen und eingesetzt haben, wie z.B. das UMTS-Forum oder die International Telecommunication Union (ITU).[324]

---

323 Vgl. Siau et al. 2001, S. 9.

324 Die International Telecommunication Union (ITU) wurde bereits 1865 als International Telegraph Union ins Leben gerufen. Sie ist somit eine der ältesten internationalen Organisationen und ist heute den Vereinten Nationen mit Sitz in Genf zugeordnet. Der Spielraum für die aktuellen Ausgestaltungen ist aber gering. Mehr zu internationalen Kooperationen siehe auch Weitzel, König 2001, S. 4-6; Walke 2001, S. 472-490.

3.3.2 Systematik der Austauschbeziehungen im mobilen Internet

Grundsätzlich sind im mobilen Internet die gleichen Austauschbeziehungen wie im stationären Internet zu beobachten, die mit den Bezeichnungen Business-to-Business (B2B) oder Business-to-Customer (B2C) beschrieben werden. Im stationären Internet werden auch weitere Akteure, wie z.B. die Öffentliche Verwaltung („Administration" oder „Government"), genannt.[325] Weitere denkbare Akteure im mobilen Internet sind Mobilfunkanbieter, Maschinen, Portale oder Angestellte (Employees).

Für die Entwicklung des mCRM sind die Verwendungsmöglichkeiten des mobilen Internets in Bezug auf den Kunden (Customer) von Interesse. In diesem Feld ist der am stärksten entwickelte Bereich der Austausch von Informationen der Endbenutzer untereinander über Kommunikationsdienste, der mit Customer to Customer (C2C) beschrieben werden kann. Besitzer mobiler Kommunikationsgeräte benutzen diese, um sich mit anderen Nutzern des mobilen Internets auszutauschen. Während auf den C2C-Austausch hier nicht weiter eingegangen wird, ist die Ausgestaltung des Austausches von Kunden mit Unternehmen (B2C) Betrachtungsgegenstand der Arbeit. Die Entwicklung und die Herausforderungen in diesem Bereich sind ein Schwerpunkt des mCRM und werden im anschließenden Kapitel über das mCRM behandelt.

Von allen Unternehmen weisen Mobilfunkanbieter (M.) derzeit die fortschrittlichste Ausgestaltung der Kommunikation und dem weiteren Austausch von Informationen über mobile Netze mit ihren Kunden (M2C) auf. Kunden können bei Mobilfunkanbietern diese Leistungen und Services mit Hilfe von z.B. Sprachsteuerung oder Nummerneingabe über mobile Endgeräte abrufen. Eine weitere wichtige Position an der Schnittstelle zum Kunden wird von Portalen (P.) besetzt werden (P2C). Den im Vergleich zum stationären Internet besonderen Anforderungen an die Nutzung des mobilen Internets durch den Kunden wird durch eine starke Personalisierung gleich auf Portal-Ebene Rechnung getragen.[326]

In der nahen Zukunft wird das mobile Internet auch als Kommunikationsmedium innerhalb von Unternehmen und zwischen Unternehmen eingesetzt werden (B2B oder B2E). Dieser Bereich, der in dieser Arbeit ausgeklammert bleibt, wird zu einer weiteren Verbreitung mobiler Anwendungen führen. Innerhalb von Unternehmen wird sich der Einsatz einzelner mobiler Anwendungen am schnellsten verbreiten können. Während die Konsumenten sich erst sehr langsam mit den sich mobil ergebenden Möglichkeiten über die reinen Kommunikationsdienste ver-

---

325 Vgl. Merz 2002, S. 22-29.

326 Siehe dazu auch Abschnitt 3.3.5 Portalanbieter, S. 100.

traut machen müssen, können Unternehmen ihre Mitarbeiter relativ einfach für einzelne Anwendungen schulen und den Einsatz mit einheitlichen, unternehmenseigenen Endgeräten forcieren. Ein interessanter Einsatz ergibt sich somit aus der innerbetrieblichen Prozessoptimierung.[327] Dazu gehört auch die mobile Anbindung von Vertriebsmitarbeitern. Als andere, mögliche Anwendungsbereiche werden u.a. Supply-Chain-Management, Workforce Optimization und Procurement genannt.[328] Ähnlich ist die Einrichtung von speziellen Businessportalen, die als B2P beschrieben werden können. Die inner- oder zwischenbetriebliche Nutzung ist nicht Betrachtungsgegenstand dieser Arbeit.[329] Andere Austauschbeziehungen, die auch in der direkten Betrachtung ausgeklammert bleiben, sind die der Mobilfunkanbieter und der Portale untereinander (M2M, P2P) und die der Mobilfunkanbieter zu Portalen (M2P), die nur als Kooperationen innerhalb der Wertschöpfung besprochen werden.[330]

3.3.3 Mobilfunkbetreiber

Mobilfunkprovider stellen mit der mobilen Übertragungsleistung die Schlüsseltechnologie und so den wichtigsten dem mobilen Internet zugrunde liegenden Dienst bereit. In die Betrachtung eingeschlossen sind die Anbieter von Übertragungsleistungen durch mobile Kommunikationsnetze, die vom Endkunden nachgefragt werden können. Über deren Netze entwickelt sich das mobile Internet.

3.3.3.1 Grundlagen Mobilfunkbetreiber

Bei den Mobilfunkbetreibern (Mobile Network Operators (MNO)) handelt es sich um eine klar definierte Gruppe von Unternehmen, die Funknetze betreiben und deren Nutzung anderen Unternehmen und Endkunden gegen Entgelt zur Verfügung stellen. In dieser Arbeit wird der Fokus auf solche Mobilfunkanbieter gelegt, die im unmittelbaren Kundenkontakt stehen. Damit fallen jene Mobilfunkbetreiber aus der Betrachtung dieser Arbeit, die z.B. einem Fuhrparkunternehmen ein unter-

---

327 Vgl. Koster 2002, S. 127-129.

328 Vgl. Koster 2002, S. 129-130.

329 Mobilen Technologien wird innerhalb von Unternehmen ein nahezu unbegrenzter Einsatzbereich ermöglicht bis hin zu automatischer Fernwartung von Maschinen über mobile Netze. Vgl. OC&C Strategy Consultants 2000, S. 10.

330 Siehe dazu Abschnitt 3.3.7 Wertschöpfung und Kooperation im mobilen Internet, S. 110.

nehmensinternes Funknetz anbieten.[331] Je nach verwendeter Technik und Bereich der Netzabdeckung kann man die in Abbildung 10 dargestellten Anbieter unterscheiden. Über alle Netze können Datendienste realisiert werden, weswegen man beim Thema „mobiles Internet" bei Mobilfunkprovidern auch von Wireless Internet Service Providers (WISP) spricht.[332] Beispiele für Mobilfunkbetreiber sind O_2, Vodafone, e-plus, NTT Docomo, Deutsche Telekom AG und Orange.

Abbildung 10: Anbieterkategorien von Mobilfunkleistungen[333]

Durch die Vergabe der UMTS-Lizenzen sind Mobilfunkanbieter in Deutschland mit einem klaren Kompetenzbereich ausgestattet. Es besteht deswegen Gewissheit, dass keine zusätzlichen Wettbewerber in diesem Technologiebereich der Übertragungsleistung auftreten können.[334] Neue Systeme zur reinen Datenübertragung über bestehende Mobilfunknetze, wie z.B. General Packet Radio Service (GPRS), sind z.B. durch die Kanalbündelung so konzipiert, dass eine Datenübermittlung unabhängig vom Mobilfunkanbieter nicht erfolgen kann. Die Einführung solcher Technologien erfolgt in mehreren Netzen gleichzeitig. Eine solche im Hintergrund sich ähnelnde Infrastruktur wird deswegen bei der Wahl des Anbieters in der Zukunft weniger von Bedeutung sein als etwa Unterschiede in Service, Preisgestaltung und Markenwert.[335]

---

331 Solche Funknetze werden in der Regel im lizenzfreien Frequenzbereich aufgebaut. Vgl. Dornan 2001, S. 91-92.

332 Vgl. McGinity 1999, S. 20.

333 Quelle: Eigene Darstellung.

334 Vgl. Büllinger, Wörter 2000, S. 28.

335 Vgl. Müller-Veerse et al. 2001, S. 35.

3.3.3.2 Einsatzbereiche von Mobilfunkbetreibern

Die für das mobile Internet wichtigste Aufgabe von Mobilfunkbetreibern ist die Schaffung der Infrastruktur und damit der Grundlage der vorgestellten Dienste. Neben dem Aufbau von solchen Netzen gehört zusätzlich der Betrieb derselben inklusive aller Schritte, die zur Verbindungsherstellung und Abrechnung nötig sind. Ein weiterer vorstellbarer Einsatzbereich könnte künftig auch das Anbieten von Abrechnungen für andere Unternehmen sein, wie bei es in Japan bei I-Mode erfolgt.[336] Zusätzlich besitzen im Moment die Mobilfunkbetreiber allein die Funkzelleninformationen, von denen auf den Aufenthaltsort der Nutzer geschlossen werden kann. Diese Informationen können in Zukunft von den Mobilfunkanbietern vermarktet werden. Weitere Aufgaben der Mobilfunkbetreiber liegen auch häufig im Vertrieb von mobilen Endgeräten, die damit die Basis möglicher Nutzer des mobilen Internets erweitern. Eine Subvention von Endgeräten dient als besonderer Anreiz für Neukunden und senkt damit deren finanzielle Einstiegsbarrieren. Gleichzeitig mit dem Vertrieb der Endgeräte kontrollieren die Netzbetreiber auch die Kommunikationsstandards und Formate, die über ein Netz verwendbar sind. Die Abbildung 11 zeigt eine schematische Übersicht über verschiedene Netzwerkzonen in Abhängigkeit davon, wie schnell sich ein mobiles Endgerät bei der Datenübermittlung bewegen kann und welche Datenübertragungsraten realisierbar sind. Schwerpunkt dieser Arbeit bilden die Zonen zwei und drei, während speziell die Zonen vier und fünf hier nur der Vollständigkeit halber genannt werden.

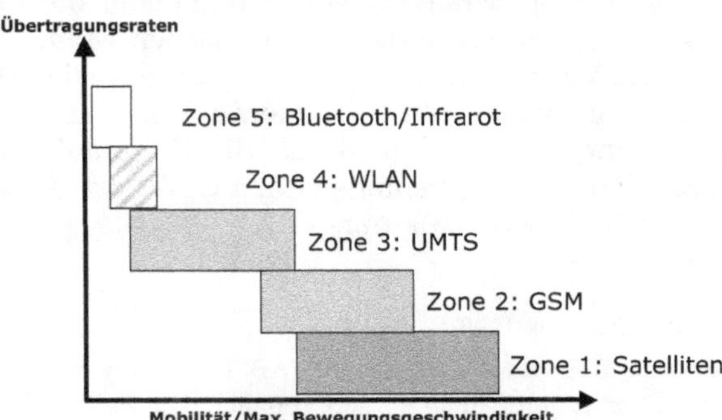

Abbildung 11: Netzwerkzonen des mobilen Internets[337]

336 Vgl. Gneiting 2000, S. 48-49.

337 Quelle: Eigene Darstellung in Anlehnung an Goodman 1997, S. 35; Walke 2001, S. 3.

Als Zone eins eines globalen Informationssystems werden Satelliten angesehen. Dabei decken Satelliten Bereiche ab, die mit modernen landbasierten Systemen nicht erreicht werden können oder bei denen eine Abdeckung ökonomisch nicht sinnvoll ist.[338] Während weite Bereiche der Überlegungen in dieser Arbeit auch auf die mobile Kommunikation mit Satellitensystemen wie Thuraya zutrifft, sind jedoch die Überlegungen zu dem Aufenthaltsort nicht ohne zusätzliche Systeme, wie das GPS, zu realisieren.[339] Aus diesem Grunde wird diese Form der Kommunikation in der weiteren Betrachtung dieser Arbeit ausgeklammert.

Die bisher realisierten Übertragungsnetze basieren hauptsächlich auf dem GSM-Standard der Zone zwei. Der Schwerpunkt dieser Netze liegt in der Sprachübertragung. Auf diesen Systemen der Zone zwei sind, etwa durch Kanalbündelungen, bessere Datenübertragungssätze erreicht worden. So bieten High Speed Circuit Switched Data (HSCSD) und GPRS gute Übertragungsleistungen, ohne dass ein vollständig neues Übertragungsnetz aufgebaut werden müsste.[340] Interessant ist, dass Mobilfunkprovider wenig Interesse an der Technik der Kanalbündelung haben, wenn ihre Netze, wie bei T-Mobile, im Gegensatz zu den kleineren oder neuen Anbietern bereits stark ausgelastet sind.[341]

In Zentraleuropa ist durch die Netze der Zone zwei eine nahezu vollständige Versorgung erreicht worden.[342] Im internationalen Einsatz wird durch die so genannten Roaming-Verträge Kunden eine länderübergreifende Nutzung ermöglicht. So können Kunden durch Roaming-Verträge in anderen, auch ausländischen, Mobilfunknetzen die Netzabdeckung nutzen, ohne mit jedem einzelnen ausländischen Mobilfunkanbieter einen gesonderten Vertrag abschließen zu müssen. Die Abrechnung erfolgt über den eigenen Anbieter. Moderne Telefone, so genannte Triband-Mobiltelefone, ermöglichen durch die Kompatibilität zu anderen Netzstandards den Einsatz ebenfalls in den USA und Japan und schaffen dadurch eine weltweite Abdeckung.[343]

---

338 Vgl. Losquadro et al. 1998, S. 26-27.

339 Eine Bestimmung des Aufenthaltsorts z.B. über die verwendete Funkzelle ist bei der Nutzung von Satelliten nicht möglich. Die Zellenwechsel erfolgen automatisch durch die Bewegung der Satelliten mehrmals in der Minute und die Zellen sind zu groß für eine Ortsbestimmung (Durchmesser ca. 500 km). Vgl. Walke 2000, S. 481-482. Siehe dazu beispielsweise das Angebot von Thuraya unter http://www.thuraya.com.

340 Vgl. Pham 2002, S. 16.

341 Vgl. Michelsen, Schaale 2002, S. 35.

342 Vgl. Michelsen, Schaale 2002, S. 9.

343 Vgl. Michelsen, Schaale 2002, S. 31.

In den nächsten Jahren werden neue Übertragungsnetze flächendeckend zur Verfügung stehen, die mit der neuen UMTS-Technologie standardmäßig höhere Übertragungsgeschwindigkeiten in Zone drei erlauben werden. Die Abdeckung durch die modernen Übertragungsnetze der dritten Generation (G3) wird ökonomischen Bedingungen folgen und in den Städten beginnen, wo das größte „Nutzer pro Fläche"-Verhältnis vorhanden sein wird.[344] Diese Technik wurde so durch die ITU spezifiziert, dass eine Harmonisierung verschiedener Systeme in Asien, den USA und Europa möglich ist.[345] Auch bei neuen Übertragungssystemen der dritten Mobilfunkgeneration bleibt der Zusammenhang zwischen der Geschwindigkeit des Endgerätes und der maximalen Datenübertragungsrate bestehen. Die theoretisch mögliche Bruttobitrate (Übertragungsrate) von 2 Mbit/s ist nur bei Bewegungen der Endgeräte unter 10km/h zu verwirklichen.[346] Durch diesen Standard wird jedoch ermöglicht, dass ein Endgerät permanent online ist, was ein Einwählen, wie es noch in der Anfangsphase des WAP-Standards nötig war, unnötig macht. Durch den wahrscheinlich langsamen Ausbau werden die ersten Endgeräte dieser Mobilfunkgeneration auch über die GSM-Netze kommunizieren können. Dadurch ist eine so klare Trennung, wie sie die Zoneneinteilung in Abbildung 11 suggerieren könnte, kurzfristig unwahrscheinlich. In den nächsten Jahren werden die Technologien zunächst nebeneinander existieren.[347]

Die in Abbildung 11 gezeigte Zone vier symbolisiert die Übertragungstechniken, die mit Wireless Local Area Networks (WLAN) bezeichnet werden und deren Realisierung auf dem „Institute of Electrical and Electronics Engineers" (IEEE) 802.11b-Standard basiert.[348] Bei dieser Technik handelt es sich um eine Datenübertragung mit geringem Radius und somit den Zugang zum mobilen und stationären Internet über lokale Netzwerke, die im lizenzfreien Frequenzbereich realisiert werden können. In den so genannten Hotspots, wie Flughäfen, Konferenzzentren und Messehallen, können diese Funkanbindungen mit einer Funkbasisstation einen Radius zwischen 30 und 300 Metern abdecken.[349] Diese

344 So wird z.B. der Aufbau des UMTS-Netz der Deutschen Telekom AG zuerst in den 75 größten deutschen Städten vorangetrieben. Vgl. Michel 2002, S. 1.

345 Vgl. Pham 2002, S. 13.

346 Vgl. Pham 2002, S. 21.

347 Vgl. Wolf 2002, S. 234.

348 Eine andere Übertragungstechniken ist z.B. High Performance Radio Local Area Network (HIPERLAN/2).

349 Kommuniziert wird dabei im nahezu weltweit lizenzfreien Bereich um 2.5 GHz (Gigahertz). Vgl. Karcher 2001, S. 64; Davis 2001, S. 24.

Technik ist unabhängig von Mobilfunkanbietern und bietet jeder Privatperson oder jedem Kleinunternehmen die Möglichkeit, lizenzfrei ein lokales Funknetz zu betreiben. Große Mobilfunkanbieter integrieren aber das WLAN immer mehr in ihre eigene Produktpalette.[350] Als Identifikation kann in einem solchen Fall die Subscriber Identity Modul (SIM)-Karte fungieren.[351] Der Zugang von Kunden über kabellose Verbindungen der Zone vier ist in der weiteren Betrachtung dieser Arbeit weitgehend ausgenommen.

Ebenfalls der Vollständigkeit halber wird das „Private Area Network" der Zone fünf kurz beschrieben. Dabei wird jede direkte kabellose Kommunikation im unmittelbaren Umfeld des Benutzers beschrieben, d.h. bis zu einer Reichweite von etwa 10m.[352] Eine technologische Realisation erfolgt über Infrarot- oder Funkverbindungen, die kurzfristig aufgebaut werden. Über solche Schnittstellen könnte das mobile Telefon als Fernbedienung funktionieren.[353] Zusätzlich ist bei dieser Zone auch die Verbindung mit Bluetooth aufbaubar. Mobilfunkanbieter haben dabei keine Bedeutung.

3.3.3.3 Herausforderungen für Mobilfunkbetreiber

Die größte Herausforderung für Mobilfunkanbieter liegt im technischen Aufbau von Mobilfunknetzen. Die vorhandenen Technologien entwickeln sich derzeit so schnell weiter, dass nicht mehr alle Entwicklungen im Markt aufgenommen werden können.[354] Als nächster Entwicklungsschritt werden derzeit die Mobilfunknetze der dritten Generation aufgebaut und vermarktet. Für Mobilfunkbetreiber ergeben sich neben dem technischen Aufbau auch bekannte Herausforderungen, wie die Gewinnung von Kunden und die Auslastung der Netze. Die Besitzer der neu gewonnen Lizenzen und Netzwerke müssen in ihren Netzen für soviel Datenübertragungsaufkommen wie möglich sorgen.[355] Eine besondere Herausforderung ist die Nutzung der Daten, die ein Mobilfunkbetreiber über seine Kunden gewinnt. Mit dieser Datenbasis befindet sich der Anbieter in einer günstigen Ausgangslage für das Angebot von Zusatzleis-

---

350 Siehe dazu beispielsweise das Angebot von swisscom unter http://www.swisscom-mobile.ch/business.

351 Vgl. Davis 2001, S. 22.

352 Vgl. Pham 2002, S. 3.

353 Vgl. Zobel 2001, S. 13.

354 Vgl. Sterling 2002, S. 1.

355 Vgl. Ericsson Consulting 2000, S. 5.

tungen im mobilen Internet.[356] Die Unternehmen können diese Daten nutzen, um eine Schlüsselstellung in der Wertschöpfung einzunehmen und diese gegen Unternehmen anderer Kategorien zu verteidigen. In der Zukunft wird so das „Kundenwissen" oder der „Kundenbesitz" zu einem neuen Geschäft für die Netzbetreiber werden.[357]

Die Nutzung dieser Daten kann aber nicht alleine zur Schaffung von stabilen Kundenbeziehungen führen. Eine besondere Rolle bei der langfristigen Kundenbindung können Wechselkosten der Kunden im Mobilfunkmarkt spielen, wie z.B. lange Vertragslaufzeiten.[358] Die Schaffung von Loyalität ist besonders bedeutsam, um die Pre-Paid-Kunden an sich zu binden.[359] Ohne Rechnungen und Vertragsbindung haben es Unternehmen besonders schwer, auf Kundendaten aufsetzende zusätzliche Services zu verkaufen.[360] Da es im Bereich der Pre-Paid-Karten besonders häufig zu Betrugsdelikten kommt, muss bereits beim Kauf der Pre-Paid-Telefone die Identität des Käufers ermittelt werden. Untersuchungen zeigen, dass ca. 3-5% des Mobilfunkaufkommens nicht korrekt bezahlt oder abgerechnet werden. Dies soll durch eine zwangsläufige Registrierung bereits beim Kauf verhindert werden.[361] Diese Registrierung eröffnet auch dem mCRM neue Möglichkeiten zur Bindung von eben diesen Kunden. Eine zusätzliche Bindung muss von Mobilfunkanbietern erreicht werden, da die feste Mobilfunknummer als ein Bindungselement wegfallen kann. Kunden haben neuerdings die Möglichkeit der „Mitnahme" von persönlichen Telefonnummern, wenn ein Kunde die Mobilfunkprovider wechselt (Rufnummernportabilität). Die Frage, ob die Kunden loyal sind und damit langfristig bei ihrem Provider bleiben, ist noch nicht geklärt.[362]

Die Mobilfunkbetreiber gehören zu den Unternehmen, die sich naturgemäß am intensivsten mit dem mobilen Internet auseinandersetzen. Dieses Wissen innerhalb der Unternehmen zusammen mit dem Vertrauen, das Kunden diesen Unternehmen entgegenbringen, kann die Verbreitung mobiler Dienste auch von anderen dritten Unternehmen

---

356 Vgl. Akhgar et al. 2002, S. 5.

357 Vgl. Faber 1999, S. 6.

358 Eine ausführliche Untersuchung der Wechselkosten im Mobilfunkmarkt Frankreichs siehe auch Lee et al. 2001, S. 35-48.

359 Pre-Paid-Kunden haben keinen festen Mobilfunkvertrag, sondern kaufen Guthabenkarten, die sie abtelefonieren können.

360 Vgl. McClure 1999, S. 41.

361 Vgl. McClure 1999, S. 41-42.

362 Vgl. Riihimäki 2001, S. 20.

unterstützen. Denkbar ist, dass Mobilfunkbetreiber z.B. Daten über Kunden für andere Unternehmen mit Endkundenkontakten verwalten und pflegen. Damit könnte Sicherheitsbedenken von Kunden, einem möglichen Wachstumshinderungsgrund des mobilen Internets, entgegengewirkt werden. Dieses ist nötig, da die empfundene Sicherheit entscheidend für die Verbreitung von mobil durchgeführten Transaktionen ist.[363] Mobilfunkbetreiber können auch eine Steuerfunktion in der Kommunikation zwischen anderen Unternehmen und deren Kunden einnehmen. Unerwünschte Störungen könnten über Mobilfunkbetreiber „gemanagt" werden. Ziel muss es sein, ein „Personal Trusted Assistant" für alle Lebenslagen zu werden.[364] Diese Maßnahmen werden die Entwicklung des mobilen Internets unterstützen und in der Zukunft für Umsätze sorgen.

Die Schaffung von Profitabilität ist die größte Herausforderung für Mobilfunkanbieter. Die allein durch Übertragungen generierbaren Gewinne werden in der Zukunft sinken.[365] Der durchschnittliche Jahresumsatz pro Mobilfunkkunde (Average Revenue per User (ARPU)) ist in den Jahren von 1994 bis 1999 von knapp 1000 auf nur 500 Euro gefallen.[366] In manchen Segmenten im Pre-Paid-Bereich sind die Umsätze im Monat auf unter 10 Euro gesunken.[367] Da die Marktdurchdringung bald einen Höhepunkt erreichen wird, ist mit immer langsamer wachsenden Umsätzen in der Industrie zu rechnen. Mobilfunkanbieter werden versuchen, nicht mehr nur Anbieter von Übertragungsleistungen zu sein.[368] Dafür werden sie sich mittelfristig neu auf der Wertschöpfungskette positionieren.[369] Während die Erlöse aus dem Sprachverkehr insgesamt nur noch langsamer wachsen, wird das Datenübertragungsaufkommen in den Netzen hingegen weiterhin stark zunehmen können.[370] Durch das Anbieten des mobilen Zugangs zum Internet versuchen beispielsweise GSM-Betreiber am schnell wachsenden mobilen Internet zu partizipieren.[371]

---

363 Vgl. Lai et al. 2001, S. 11.

364 Vgl. o. V. (Regisoft) 2000, S. 1.

365 Vgl. Klussmann 2002, S. 85.

366 Vgl. Büllingen, Wörter 2000, S. 28.

367 Diese niedrige Rate kommt zusätzlich zu den 30% der Nutzer, die gar keinen Umsatz mit ihren Pre-Paid-Sim-Karten machen. Vgl. Klussmann 2002, S. 81.

368 Vgl. MSDW 2000, S. 23.

369 Vgl. Büllingen, Wörter 2000, S. VII.

370 Vgl. Büllingen, Wörter 2000, S. 27.

371 Vgl. Witt 2000, S. 22.

Durch die Vorauswahl von den subventionierten mobilen Endgeräten können Mobilfunkanbieter von der technischen Seite eine erzwungene Bindung von Kunden durch die Festlegung von Standards auf den Geräten herstellen. Ein Weg, dieses zu fördern, ist für Mobilfunkanbieter die aktive Förderung von mCommerce-Anwendungen und die Entwicklung weiterer Leistungen.[372] Ein besonderes Interesse haben Mobilfunkanbieter an der Schaffung von Allianzen und Kooperationen.[373] Die Netzanbieter sind durch die hohen Kosten des Netzausbaus zu solchen Schritten gezwungen, da sich reine Datenübertragungsdienstleistungen wegen der hohen Infrastrukturinvestitionen nicht mehr amortisieren werden.[374]

3.3.4 Klassische Commerce- und Content-Anbieter

In diesem Abschnitt werden alle Unternehmen mit Endkundenkontakt (Business to Consumer) besprochen, die sich durch keine besondere Funktion oder technische Ausstattung im mobilen Internet auszeichnen. In die Betrachtung eingeschlossen sind alle Unternehmen, die in ihrer Geschäftstätigkeit bewusst oder unbewusst auf das mobile Internet zurückgreifen. Für ein mCRM-System sind insbesondere die Prozesse der Geschäftstätigkeit von Interesse, die direkte Auswirkungen auf den Kunden haben.

3.3.4.1 Grundlagen Commerce- und Content-Anbieter

Klassische Commerce- und Content-Provider sind eine heterogene Gruppe von Unternehmen, die unterschiedliche Produkte oder Leistungen über jede Art von Vertriebskanal an Endkunden verkaufen. Wie im stationären Internet wird jedes Unternehmen mit einer Internetpräsenz auch mobil erreichbar sein, da in Zukunft jede Internetseite durch neue Übertragungstechniken und Darstellungsformate in mobiler Form abrufbar ist. Unternehmen sind so gezwungen, sich mit dem mobilen Internet auseinander zu setzen, da sich die Kommunikation mit Kunden durch deren Mobilität zunehmend verändern wird.

Der Einsatz und die Verbreitung des mobilen Internets werden in unterschiedlichen Geschwindigkeiten erfolgen. Die Unternehmen, bei denen zeitliche und räumliche Faktoren oder die Mobilität von Kunden eine

---

372 Vgl. Panis et at. 2002, S. 1.

373 Siehe dazu auch Abschnitt 3.3.7.2 Kooperationen und Zusammenarbeit von Unternehmen, Seite 113.

374 Vgl. Schneider 2001, S. 104.

Rolle spielen, sind bereits jetzt die ersten, die das mobile Internet mit seinen Vorteilen für ihre Kunden erschließen. Hierzu gehören z.B. Ebay.de, wo die Kunden noch kurz vor Ablauf von Auktionen über höhere Gebote per SMS informiert werden, oder die Lufthansa, die ihre Fluggäste über kurzfristige Abfluggate-Änderungen ebenfalls per SMS informiert.[375] Diese Unternehmen haben Push-Leistungen geschaffen, die über mobile Endgeräte einen Nutzen auf Kundenseite generieren. Ähnlich wird es langsam zu einer Verbreitung von Pull-, sprich von Kundenseiten mobil nachgefragten Leistungen, sowie zu einer Anpassung von vorhandenen Systemen an den Umgang mit mobil erfolgten Anfragen kommen.

3.3.4.2 Einsatzbereiche von Commerce- und Content-Anbieter

Im Hinblick auf die Commerce- und Content-Anbieter sind die Einsatzbereiche des mobilen Internets denen des stationären sehr ähnlich. Ein Einsatz kann prinzipiell in allen Bereichen der operativen Geschäftstätigkeit erfolgen. Die verschiedenen Einsatzbereiche des mobilen Internets und des mCRM in Marketing, Vertrieb und Service werden in dem Abschnitt über das operative mCRM noch detailliert besprochen.[376] Zuerst handelt es sich um einen Kanal der Kommunikation mit Kunden, der durch seine digitale Natur ebenso wie das stationäre Internet weit mehr Anwendungen unterstützen kann, als es andere analoge Medien, wie z.B. das Fax, zu leisten vermochten.

Die Commerce- und Content-Anbieter müssen nach ihren eigenen Angeboten für Kunden Leistungen im mobilen Internet entwickeln. Neben der mobilen Kommunikation für mobile Kunden kann die Bereitstellung von Informationsdiensten einen ersten Schritt darstellen. Bei diesen Informationsdienstleistungen kann es sich um Ergänzungen zu bestehenden Angeboten handeln, die zeitlich aktuell oder allerorts verfügbar sein müssen. Beispiele für solche Ergänzungen durch Informations- und Kommunikationsdienste im Vertrieb, die durch mCRM-Systeme erstellt werden können, werden im Abschnitt 4.4.4 über den Einsatz des mCRM im mobilen Vertrieb aufgeführt.[377]

---

375 Für den SMS-Service der Lufthansa AG kann man beispielsweise seine Kontaktdetails auf dem Internetportal (http://www.lufthansa.com) angeben. Zur eindeutigen Identifikation eines Kunden dient die Miles and More - Vielfliegerkarte.

376 Siehe Abschnitt 4.4 Integration vom mobilen Internet im operativen CRM, S. 202.

377 Siehe dazu speziell Tabelle 11: Beispiele für Vertriebsaufgaben, S. 221.

Durch die ubiquitäre Natur des mobilen Internets können für Kunden sinnvolle Ergänzungen zu Angeboten außerhalb des Netzes auch in allen Bereichen der Kundeninteraktion geschaffen werden. Ziel ist die Verbesserung der Leistungserfüllung über Transaktions- und Applikationsdienste im mobilen Internet. Losgelöst von den punktuellen Leistungsübergängen oder Güterübergängen kann ein Unternehmen über den gesamten Problemlösungsprozess Kontakt zu Kunden halten. Damit ist ein Schwerpunkt der Ausgestaltung von Angeboten in der Prozessoptimierung über die Bereiche des Marketings, Vertriebs und Services hinweg, für Kunden zu suchen. Diese Überlegungen werden im Kapitel vier bei der Einführung neuer Ansatzpunkte für das operative mCRM vertieft.[378] Während nicht sofort mit dem Einsatz von Transaktionsdiensten gerechnet werden sollte, können Ergänzungen zu Kaufabschlüssen, die im direkten Umfeld der eigentlichen Transaktion ablaufen, einfacher realisiert werden.

3.3.4.3 Herausforderungen für Commerce- und Content-Anbieter

Der Einsatz des mobilen Internets in Verbindung mit mCRM wird insbesondere wichtig sein, um die Ziele Integration, Individualisierung, Profitabilität und Langfristigkeit zu erreichen. Dennoch gibt es eine Reihe von Herausforderungen, die sich weniger um den Kunden selbst bzw. das mCRM-System drehen, als vielmehr um den Einsatz der Möglichkeiten des mobilen Internets allgemein.

Commerce- und Content-Anbieter müssen im ersten Schritt den mobilen Kanal als eine Ergänzung ansehen, der in das gesamte Kundenbeziehungsmanagement integriert werden kann. Erste Problembereiche und damit Herausforderungen für Unternehmen sind in technischen Bereichen, wie z.B. System-, Medien- und Netzintegration, zu erwarten. Eine aktuelle oder kurzfristige Herausforderung ist, das allgemeine Verständnis über das mobile Internet und dessen Leistungen innerhalb von Unternehmen zu erhöhen. Im Rahmen der Differenzierung von Leistungen und Integration des Mediums müssen als erstes im Unternehmen Kundendaten erhoben, verstanden und zur Nutzung richtig interpretiert werden. Des Weiteren muss das Unternehmen mit Hilfe des analytischen CRM feststellen, welche Schnittstellen zwischen modernen und klassischen Medien existieren und wie Kunden diese Schnitt- und Wechselstellen von Medien ausgestaltet wissen möchten. Bei Content-Anbietern ist die Anwendung dieser Daten über die Schnittstellen hin-

---

378 Siehe auch dazu Abschnitt 4.4.2 Veränderte Ansatzpunkte im mobile CRM, S. 204.

weg wichtig. Durch intelligente Softwaresysteme, wie im CRM-Konzept vorhanden, ist eine Personalisierung erreichbar.[379] Zeitgleich muss im Rahmen der Integration dieses Kanals auch von Kundenseite das nötige Vertrauen gegenüber diesem Medium geschaffen und Sicherheits- und Privatsphärenbedenken begegnet werden. Dieses wird eine Hauptaufgabe des Marketings im mCRM.[380]

Unternehmen sollten bei mobilen Aktivitäten zurzeit ihre eigenen Kunden und deren Bedürfnisse im Fokus haben, um ein Abwerben von Kunden durch andere, schneller „mobilisierende“ Unternehmen zu verhindern.[381] Mit neuen Angeboten kann durch den Einsatz des mobilen Internets versucht werden, eine zusätzliche Zahlungsbereitschaft aufzubauen und Wechselbarrieren zu schaffen. Durch eine solche Nutzung der Möglichkeiten und der Besonderheiten des mobilen Internets werden Kunden langfristig gebunden und damit eine der Voraussetzungen für die Profitabilität einer Kundenbeziehung gegeben. Dabei sollten Unternehmen Wert auf eine möglichst einfache Gestaltung aller Vorgänge legen. So ist z.B. eine einheitliche Abrechnungsmethodik wichtig, wenn Leistungen durch Content-Anbieter über das mobile Internet vertrieben werden sollen. Ein solches Verrechnungsverfahren wird helfen, die Falle des im stationären Internet nicht vorhandenen Micropayments anzubieten.[382]

3.3.5 Portalanbieter

In diesem Abschnitt werden Portalanbieter diskutiert, die eine aus dem stationären Internet bekannte Bündelungsfunktion ausüben. Wegen der komplexen Struktur des mobilen Internets wird die Vorauswahl der Inhalte und die Steuerung der Kundennutzung eine große Bedeutung haben und so auch den Einfluss von Portalen für ein mCRM erhöhen. Noch haben sich aber keine Portale fest im mobilen Internet etablieren können, wie es bei Yahoo.com im stationären Internet der Fall war.

---

379 Vgl. Müller-Veerse et al. 2001, S. 43.

380 Siehe dazu auch Abschnitt 4.4.3.2 Aufgaben des mobilen Marketings, S. 213.

381 Siehe dazu auch die Ausführungen in Abschnitt 4.1.3 Ziele des mobile CRM für Unternehmen, S. 150, in dem die Notwendigkeit der Anpassung von Leistungen an zunehmend mobile Kunden besprochen wird.

382 Vgl. Gasenzer 2001, S. 5.

3.3.5.1 Grundlagen Portalanbieter

Bei Portalanbietern handelt es sich um Unternehmen, die von Nutzern des mobilen Internets regelmäßig beim Surfen angesteuert werden können, ähnlich wie es auch bei Portalen im stationären Internet der Fall ist. Bereits im stationären Internet nahmen die Portale eine Schlüsselstellung beim Kunden ein. Die unmittelbare Schnittstelle zu Kunden wird im mobilen Internet als noch wichtiger angesehen, als es schon im stationären Internet der Fall war.[383]

Portale werden informationsorientiert gestaltet und können in Themen- und Zugangsportale unterschieden werden.[384] Als mögliche Zugangsportalbetreiber im mobilen Internet werden Mobilfunkbetreiber, vorhandene Portale aus dem stationären Internet, neue Portale des mobilen Internets und Konzerne mit etablierten Marken auftreten können.[385] Außerdem wird mit der Entwicklung von so genannten „White-Label"-Portalen gerechnet, die ihre Leistung an andere Unternehmen verkaufen werden, ohne eine eigene Marke oder Angebote direkt für Endkunden aufzubauen.[386] Zugangsorientierte Portale sind solche, die bei einem Benutzen des mobilen Internets als erste, gleichsam wie eine Startseite im stationären Internet, angesteuert werden. In einem Informations- und Leistungsangebot kann ein Benutzer gemäß seiner verschiedenen Interessen bedient werden, wie es auch im stationären Internet der Fall ist. Da Mobilfunkanbieter über eine Schlüsselstellung beim Zugang der Kunden ins mobile Internet verfügen, haben sie die beste Ausgangsposition, sich als ein Portalanbieter zu etablieren. Mobilfunkanbieter können auch z.B. in der vorinstallierten Zugangssoftware auf der SIM-Karte entsprechende Einstellungen vornehmen.[387] Außerdem verfügen sie über Möglichkeiten, Kunden für Informationsangebote und andere Leistungen Kleinstbeträge in Rechnung zu stellen, bzw. verdienen sie auch direkt an den Übertragungsentgelten, gleichgültig, welche Leistung abge-

---

383 Den Portalen wird im mobilen Internet von verschiedenen Autoren eine Schlüsselrolle eingeräumt. Vgl. Zobel 2001, S. 18, Lorenz 2001, S. 68; Ascari et al. 2000, S. 11.

384 Vgl. Ringlstetter, Oelert 2001, S. 10.

385 Vgl. Schneider 2001, S. 104-105.

386 Vgl. Schmidt et al. 2001, S. 7-8.

387 Vgl. Petersmann, Nicolai 2001, S. 19. Ein Mobilfunkanbieter sollte aber dabei beachten, dass nicht änderbare Portal-Voreinstellungen von BT Cellnet und France Télécom von europäischen Regulierungsbehörden und einem Gericht als unzulässig erklärt wurden. Es handelt sich dabei um die so genannte „Walled Garden"- Diskussion. Vgl. Büllingen, Wörter 2000, S. 34-35; Barnett et al. 2000, S. 168.

rufen wird. Themenorientierte Portale haben im Vergleich zu zugangsorientierten Portalen einen klar abgegrenzten Schwerpunkt und werden nur angesteuert, wenn sich ein Kunde mit diesem speziellen Thema beschäftigen möchte. In diesem Bereich werden etablierte Konzerne, die über Spezialwissen verfügen, dominieren.

Es kann als unwahrscheinlich angesehen werden, dass ein Portal allein in einem Medium, gleichgültig, ob es sich hierbei um das stationäre oder mobile Internet handelt, existieren kann. Kunden werden ihren Besuch im mobilen Internet nicht losgelöst von ihren anderen Aktivitäten in digitalen Medien betrachten. Portale werden eine Multi-Channel-Strategie haben müssen, um dem mobilen Kunden erfolgreich dienen zu können.[388] Deswegen werden Portale die Verknüpfung zu verschiedenen technischen Plattformen anbieten müssen. Es kann vermutet werden, dass Kunden diese Verknüpfung wünschen und die Formatunabhängigkeit des Angebotes als wichtigstes Leistungskriterium von Portalen ansehen. Langfristig wird sich ein Portal dem nicht entziehen können. Ein Portal kann diese Bedürfnisse forcieren und sich anschließend als passende „Schnittstelle" präsentieren. Trotzdem wird es als unwahrscheinlich angesehen, dass ein Kunde nur ein Portal nutzen wird.[389] Unternehmen müssen sich, wenn sie im mobilen Internet Leistungen anbieten wollen, mit der Funktion von Portalen auseinandersetzen und deren Einsatzbereiche beachten.

3.3.5.2 Einsatzbereiche von Portalen

Die Einsatzbereiche von Portalen im mobilen Internet unterscheiden sich im Kern nicht wesentlich von den Bereichen im stationären Internet. Es handelt sich unter anderen um die Bündelung und Vorauswahl von Inhalten und Diensten nach den Bedürfnissen des Nutzers.[390] Damit wird ein Portal indirekt mit Informations- und Transaktionsdiensten zu tun haben. Portalanbieter werden so eine entscheidende Rolle bei der Informationsverdichtung spielen können. Wenn sie es schaffen, generische mobile Dienste entsprechend den Kundenwünschen zusammenzustellen, werden sie intermediär auch die Rolle eines Kundenbeziehungsmanagers übernehmen können.[391] Daten, die dabei zur Verdichtung eingesetzt werden können, sind personen-, orts- und situationsbezogen.[392]

388 Vgl. Müller-Veerse et al. 2001, S. 35.

389 Vgl. Reischl, Sundt 2000, S. 186.

390 Vgl. Ringlstetter, Oelert 2001, S. 13.

391 Vgl. Müller et al. 2002, S. 356.

392 Vgl. Wilent 2001, S. 1.

Portale können durch die Vorauswahl von Anbietern die Suchaufgaben von Kundenseite reduzieren. Zusätzlich können sie bei der beschriebenen Konvergenz und Systemintegration von Medien helfen und dem Kunden Ergänzungen zu Kommunikationsdiensten anbieten. Zu diesen Aufgaben werden Speicherung, automatische Antwortschreiben, Umformatierungen oder Weiterleitungen von eingegangenen Meldungen gehören. In der Zukunft werden eventuell sogar sprachgesteuerte Portale den Zugriff zum mobilen Internet auch jener breiteren Bevölkerungsschicht erleichtern, die bisher durch die Technik abgeschreckt wurde.[393]

Langfristig kann sich ein mobiles Portal auch durch das Angebot von neuen Funktionen, z.B. Suchmaschinen, und anderen Applikationsdiensten positionieren. In diesem Rahmen kann man sich Portale als Verwalter von Zeitmanagementsystemen vorstellen.[394] Zusätzlich kann ein Portal eine andere Filterfunktion haben. So ist es denkbar, dass ein Portal, ähnlich wie Mobilfunkbetreiber, nach vorher festgelegten Regeln eine Vorauswahl trifft, welche Meldung wen wann erreicht. Man kann damit von einer Steuerung, Management oder Bündelung des Datenübertragungsaufkommens sprechen. Es kann sein, dass ein mobiles Portal zwischen ein Unternehmen und einen Kunden geschaltet wird. Dadurch kann den Portalen durch den direkten Kontakt zum Kunden eine große strategische Bedeutung zufallen. Solche Steuerungsfunktionen können auch im kommunikativen mCRM eine Rolle spielen.

3.3.5.3 Herausforderungen für Portalanbieter

Eine besondere Herausforderung für Portalanbieter wird in der Ausgestaltung ihres Angebots liegen. Während sich stationäre Internet-Portale an den Interessen von Kunden und Benutzern ausrichten, sollten Portale im mobilen Internet die aktuelle Aktivität von Kunden in den Mittelpunkt ihrer Gestaltung stellen.[395] Das bedeutet konkret, dass z.B. nicht mehr so viele Links wie möglich jederzeit dem Kunden zur Verfügung gestellt werden sollten, sondern, dass dem Kunden im mobilen Internet nur so viele Links wie unbedingt nötig und nur zu bestimmten Zeitpunkten oder an bestimmten Aufenthaltsorten angezeigt werden.[396]

---

393 Vgl. Greve 2002, S. 121-122.

394 Große Portale aus dem stationären Internet, wie Yahoo (http://www.yahoo.com), bieten bereits umfassende Kalenderfunktionen für ihre Nutzer an.

395 Vgl. Schmidt et al. 2001, S. 10.

396 Vgl. Schmidt et al. 2001, S. 11.

Entscheidend wird das zu schaffende Wissen der Portalanbieter über das Nutzungsverhalten der Kunden sein. Sie müssen verstehen, wie Kunden verschiedene Formate, Kanäle und Geräte benutzen.[397] Dabei wird es nicht leicht, die relevanten Daten und Zusammenhänge zu ermitteln. Viele der Formate entziehen sich einer einfachen Analyse, da z.B. manche Angebote auf Basis von Sprache übertragen werden können. So gibt es eine Reihe von Anwendungen, die bereits jetzt über Voice-Navigation von jedem Telefon aus abrufbar sind.[398] Portale sollten sich möglichst in allen Kommunikationskanälen und Formaten positionieren, um Kunden nicht nur bei der Nutzung des mobilen Internets zu unterstützen. Ähnlich wird, wiederum wie bei Mobilfunkanbietern, eine besondere Herausforderung für die Portale darin liegen, vom Kunden in allen Bereichen als „Personal Trusted Assistant" akzeptiert zu werden. Es muss erreicht werden, dass der Kunde Portale zur Bündelung und Kontrolle von eigenen Kommunikationsflüssen einsetzt.

Portale werden auch durch ein reduziertes Suchen im mobilen Internet nicht immer automatisch am Anfang eines jeden Internetbesuchs angesteuert werden. Aufgrund der höheren Kosten wird es vielmehr zu einem gezielten Ansteuern von bekannten Angeboten kommen.[399] Deswegen wird der Nutzer aus seinen Bookmarks denjenigen Content- oder Commerce-Provider auswählen, den er gerne möchte.[400] Insgesamt bleibt man den bereits bekannten Seiten aber loyal.[401] Langfristig werden Kunden aber nur bei den Leistungen auf Portale zurückgreifen, die ihnen einen Mehrwert verschaffen, den sie auf andere Weise und andernorts nicht erhalten.

Grundsätzlich ist die Generierung von Umsätzen eine der größten Schwierigkeiten von Portalen. Die Portale müssen mit mCRM Mehrwerte schaffen, sodass bei Kunden eine Zahlungsbereitschaft entsteht. Es wird zum Teil davon ausgegangen, dass Kunden speziell für Unified Messaging (UM) eine solche Zahlungsbereitschaft aufweisen könnten.[402] Weitere Bereiche der Umsatzgenerierung könnten über Beteiligungen

397 Vgl. Müller-Veerse et al. 2001, S. 46.

398 Vgl. Müller-Veerse et al. 2001, S. 47. Beispielsweise hat die DeTeMedien AG einen Dienst entwickelt, mit dem Kunden von Telefonen sprachgesteuert auf die neusten Nachrichten des Heise-Newstickers (http://www.heise.de) zugreifen können. Vgl. Greve 2002, S. 109.

399 Vgl. Reichwald, Meier 2002, S. 224.

400 Vgl. McCarty 2000, S. 6.

401 Vgl. Akhgar et al. 2002, S. 2.

402 Vgl. o. V. (IW) 2001, S. 32. Zu Unified Messaging siehe auch 4.3.1 Grundlagen des kommunikativen mobile CRM, S. 185.

am Umsatz innerhalb von Kooperationen liegen. Bisher wurde herausgefunden, dass im mobilen Internet nicht unbedingt bei dem Anbieter gekauft wird, über dessen Seite man online geht.[403] Für mobile Portale erwächst deswegen die Notwenigkeit der Schaffung von Zahlungsbereitschaft über einzelne Umsatzbeteiligungen hinaus.

3.3.6 Weitere Unternehmen mit Kundenkontakt

Die Gruppe weiterer Unternehmen im mobilen Internet, die an der Schaffung der Grunddienste beteiligt sind, ist ausgesprochen groß. Für diese Arbeit werden daher nur die Unternehmen mit direktem Kundenkontakt betrachtet. Diese sind die Mobile Virtual Network Operators sowie Hard- und Softwarehersteller.

Unternehmen ohne direkten Endkundenkontakt wären beispielsweise Hard- und Softwareanbieter für Netzanbieter oder Internet Application Provider. In einer weiter gefassten Betrachtung sind indirekt auch eine Reihe weiterer Unternehmen an der Erstellung von Leistungen beteiligt, obwohl auch diese nicht direkt mit dem Kunden interagieren. Dazu gehören z.B. System-Integratoren oder Geo-Spatial Data Producer, die das zugrunde liegende Geo-Datenmaterial bereitstellen. Diese werden eng mit Endgeräteherstellern und anderen Unternehmen wie Mobilfunkanbietern zusammenarbeiten müssen, um Kunden einen Nutzen schaffen zu können. Je nachdem, wie Content-Anbieter ihre Leistungen erstellen, spielen die Unternehmen ohne Kundenkontakt auch direkt eine Rolle bei der Ausgestaltung von Leistungen innerhalb von mCRM-Systemen, die durch sie an andere Systeme angeschlossen werden oder für die sie Zusatzdaten bereitstellen.

3.3.6.1 Mobile Virtual Network Operators

Unter „Mobile Service Provider" oder auch „Mobile Virtual Network Operator" (MVNO) werden Unternehmen verstanden wie Debitel, Talkline oder Cellways, die keine eigenen Mobilfunknetze betreiben, trotzdem aber Mobilfunkdienste, die sie im Block einkaufen, Endkunden anbieten können. Grundsätzlich kann es zwei Arten der Service Provider geben. Zum einen können sie mit einem MNO verbunden sein, was die Mitbenutzung der SIM-Karten als Schlüssel zum Zugang zum mobilen Übertragungsnetz beinhalten würde. Zum anderen könnten sie frei nach Bedarf und unabhängig Brandbreiten einkaufen sowie ihre eigenen SIM-

403 Vgl. Akhgar et al. 2002, S. 2.

Karten vertreiben.[404] Auch in der Zukunft werden Mobilfunkbetreiber weiterhin preiswertere Übertragungskapazitäten an Wiederverkäufer veräußern, um Ihre Kundenbasis rasch auszubauen bzw. um für eine zusätzliche Auslastung in ihren Netzen zu sorgen.[405] Manche Berichte gehen davon aus, dass MNO, die diesen Schritt nicht machen, langfristig nicht überleben werden.[406]

Dem Geschäftmodell der MVNO wird eine wachsende Bedeutung beigemessen.[407] Als Gründe werden die hohen Lizenzgebühren für die Mobilfunknetze der dritten Generation genannt, die so zum Teil vom MNO auf die MVNO abgewälzt werden können.[408] Eine Übersicht über die Vorteile dieser Art der Kooperationen ist in Tabelle 2 aufgezeigt. Durch die Lizenzvergabe für die Frequenzbänder wird in manchen Ländern die Bildung von MVNO aktiv unterstützt.[409]

MNO/MVNO-Kooperation	
Vorteile für den MVNO	**Vorteile für den MNO**
Schneller Zugang zum Markt ohne Infrastrukturaufbau.	Schaffung neuer Umsatzquellen durch höhere Netzauslastung.
Schaffung neuer Umsatzquellen.	Verkauf von mehr „Airtime" ohne neue Kundenakquisitionskosten.
Alleinstellungsmerkmal durch individuelles Service-Angebot.	Zugang zu neuen Märkten.
Steigerung des Unternehmenswerts.	Zugang zu neuem Content, den der MVNO anbietet.
Flexibilität der Auswahl eines oder mehrerer MNOs.	Marken-Synergien durch zusätzliche Kommunikation des MVNO.
Begrenzte Implementierung der notwendigen UMTS-Infrastruktur ohne Netzwerk.	

Tabelle 2: Vorteile einer MNO/MVNO-Kooperation[410]

404 Vgl. Müller-Veerse et al. 2001, S. 41; Adelsgruber et al. 2002, S. 62.

405 Vgl. Büllingen, Wörter 2000, S. 26.

406 Vgl. Müller-Veerse et al. 2001, S. 35.

407 Vgl. Adelsgruber et al. 2002, S. 62.

408 Vgl. Adelsgruber et al. 2002, S. 65.

409 So muss z.B. in Hongkong ein MNO einen Teil seiner Netzkapazitäten für MVNO reservieren. Vgl. Adelsgruber et al. 2002, S. 64. Ähnliche Verpflichtungen sind auch in den deutschen Lizenzbedingungen vorgesehen.

410 Quelle: Eigene Darstellung in Anlehnung an Adelsgruber et al. 2002, S. 76.

Das Geschäftsmodell der MVNOs wird sich stark an einzelnen Kundenwünschen orientieren müssen, da durch das Zurückgreifen auf technisch gleiche Netze keine Positionierung über die zentralen Leistungsmerkmale der mobilen Kommunikation möglich ist. Deswegen werden jenen MVNOs für die Übertragungsleistungen die besten Erfolgaussichten zur Positionierung am Markt eingeräumt, die über tief greifende Kenntnisse über Kunden, Customer Care und Marketing verfügen.[411] Es werden aber auch solchen MVNOs Aussichten eingeräumt, die zwar über einen Kundenstamm im GSM-Netz verfügen, aber bei den Mobilfunknetzen der dritten Generation auf den Aufbau eines eigenen Netzes verzichtet haben. Als Service Provider sind sie aber gezwungen, die neuen Dienstleistungen im eigene Portfolio anzubieten, um so ihre Wertschöpfung erweitern und Kundenbedürfnisse abdecken zu können.[412]

Für Kunden im mobilen Internet stellt das Auftreten von MVNOs aus mehreren Gründen eine positive Entwicklung dar. Zum einen haben die Kunden über die vorhandenen MNOs hinaus eine größere Auswahl von Anbietern auf dem Markt. In der reinen Übertragensleistung unterscheiden sich MVNOs und MNO nicht, da auf die gleichen oder zumindest ähnliche Netze zugegriffen wird. Die Unterschiede werden vornehmlich in der Ausgestaltung von Services liegen. Damit werden MVNOs versuchen, sich von der Konkurrenz abzusetzen. Theoretisch ist auch eine differenzierte Preisgestaltung in einem gewissen Rahmen vorstellbar, die aber langfristig durch die Kooperationsverträge bestimmt wird. Durch die Eigenständigkeit der MVNOs kann es aber zu einer flexibleren Vertragsgestaltung kommen, die dichter an den Bedürfnissen des einzelnen Kunden ausgerichtet sein kann. Für Kunden und das mobile Internet bedeutet dies, dass sich Innovationen schneller durchsetzen können und neue Leistungen schnell am Markt verbreitet werden. Für diese über die reine Datenübertragung hinausgehende Leistungserstellung sind die Überlegungen des mCRM zur Bedarfsermittlung von Bedeutung.

3.3.6.2 Endgerätehersteller

Dadurch, dass das mobile Internet durch die technologische Entwicklung erst möglich gemacht wurde und der Technik und deren Weiterentwicklung eine besondere Rolle zufällt, sind auch jene Unternehmen bei einer Betrachtung der Entwicklung des mobilen Internets und des mCRM von Interesse, die die Geräte herstellen. Durch deren Forschung kam es zu der beschriebenen starken Verbreitung mobiler Kommunika-

411 Vgl. Adelsgruber et al. 2002, S. 66.

412 Vgl. Adelsgruber et al. 2002, S. 66.

tion und der Konvergenz der Medien und Netze. Über die verschiedenen mobilen Endgeräte, wie Mobilfunktelefone und Smartphones, PDAs oder kleine Laptops, wird die mobile Übertragungsleistung nachgefragt. Beispiele für Endgerätehersteller sind Nokia, Motorola, Siemens, Ericsson, Sony oder NEC. Dadurch, dass die SIM-Karte nicht mehr fest in einem Endgerät eingebaut wird, ist der Einfluss der Mobilfunkbetreiber im Endgerätemarkt etwas zurückgegangen und der Markt für Endgeräte als Ganzes angekurbelt worden.[413] Endgerätehersteller wurden so in die Lage versetzt, unabhängig vom Mobilfunkanbieter auch selbstständig Endgeräte an Kunden zu vermarkten.

Die Innovationen der Hersteller legen die Grundlage für die weitere Entwicklung des mobilen Internets. Eine besondere Rolle fällt diesen bei Technologiewechseln zu. Zum einen müssen die Gerätehersteller zusammen mit den Netzbetreibern festlegen, welche Funktionen und Übertragungsstandards in die Geräte eingebaut werden sollen. Durch die Nähe der Mobilfunknetzbetreiber zum Kunden und deren Rolle beim Vertrieb der Endgeräte ist eine enge Zusammenarbeit nötig. Zusammen muss die ausreichende Verfügbarkeit von Endgeräten zu einem für Kunden akzeptablen Preis garantiert werden, speziell bei der Einführung des neuen UMTS-Standards. Solche Probleme gab es bereits während der Markteinführung von WAP, als Händler nicht in ausreichendem Maße von den Endgeräteherstellern mit neuen, WAP-fähigen Telefonen beliefert werden konnten.[414]

Die Endgerätehersteller schaffen durch die langsame Funktionserweiterung von Endgeräten auch unabhängig von Mobilfunkanbietern immer neue Nutzungsmöglichkeiten mobiler Technologie. Beispiele sind der Einbau von Bluetooth-Schnittstellen in Telefone oder WLAN-Antennen in Laptops. Andere Erweiterungen ermöglichen auch sehr spezielle Anwendungen. So gibt es beispielsweise Telefone, die mit einem Pulsmessgerät über auf der Rückseite angebrachten Elektroden ausgestaltet sind. Über einen GPS-Empfänger kann im medizinischen Notfall auch gleich unabhängig vom Mobilfunkanbieter der Aufenthaltsort mitübermittelt werden.[415] Andere Ergänzungen sind die beschriebenen Eigenschaften, die es erlauben, mit einem mobilen Telefon Fotos aufzunehmen.

Ein Unternehmen, das mit der Entwicklung eines mCRM-Systems beschäftigt ist, sollte sich permanent über die Leistungsfähigkeit der mobilen Endgeräte sowie anstehende Neuerungen informieren. Die Leis-

---

413 Vgl. Michelsen, Schaale 2002, S. 32.

414 Vgl. Wolf 2002, S. 232.

415 Vgl. Michelsen, Schaale 2002, S. 53.

tungsfähigkeit hat einen entscheidenden Einfluss darauf, wie das mobile Internet von Kunden im Allgemeinen und Maßnahmen innerhalb eines mCRM im Besonderen wahrgenommen werden.

3.3.6.3 Softwareentwickler

Ähnlich der Rolle von Endgeräteherstellern haben Softwareentwickler an der Weiterentwicklung und an der Nutzungsmöglichkeit des mobilen Internets einen entscheidenden Anteil zu liefern. Betrachtet werden nur Softwareentwickler, die für mobile Endgeräte entwickeln. Im Gegensatz zu den Endgeräteherstellern verkaufen die Softwareentwickler ihre Programme im Wesentlichen noch an Mobilfunkbetreiber und Endgerätehersteller.[416] Auch für Softwareanbieter ist das Auseinandersetzen mit der Mobilität von möglichen Nutzern ihrer Software bedeutsam, um zukünftige Entwicklungen und Marktchancen nicht zu verpassen.

Die Haupttätigkeitsfelder von Softwareentwicklern können in zwei Bereiche untergliedert werden. Zum einen liegt ihre Aufgabe in der Entwicklung der Software, die die Endgeräte betreibt und Kunden die Steuerung ihrer Kommunikation ermöglicht. Softwarehersteller haben deswegen ein starkes Interesse an Kooperationen mit den Endgeräteherstellern.[417] Auch verbreiten sich bei Smartphones zunehmend verschiedene Betriebssysteme.[418] Für die Entwicklung eines einheitlichen Betriebssystems sind Kooperationen von Endgeräteherstellern gebildet worden, wie das Projekt Symbian von Sony, Ericsson, Nokia, Psion, Siemens zusammen mit anderen Anbietern.[419] Weitere Aufgaben liegen in der Entwicklung von Applikationen, die schon weiter vorne beschrieben wurde und die Möglichkeiten des mobilen Internets erweitern. Dazu gehören auch alle Programme wie Kalender, Wecker oder Taschenrechner, die auf neuen Endgeräten bei der Auslieferung enthalten sind oder nachträglich auf ein mobiles Endgerät übertragen werden. Zusätzlich können einfache Office-Anwendungen auf das mobile Endgerät gespielt werden.[420] Moderne Endgeräte sind dabei in der Lage, Programme laufen zu lassen, die in vorhandenen Programmiersprachen wie Java programmiert wurden.[421] Die Leistungsfähigkeit der Betriebssysteme und Erweiterungen von Softwarelösungen haben, ebenso wie die mobilen

416 Vgl. Mehta et al. 2000, S. 26.

417 Vgl. Hamilton 2000, S. 6.

418 Vgl. Michelsen, Schaale 2002, S. 56-57.

419 Vgl. o. V. (Welt) 2003, S. 14.

420 Vgl. Arnold et al. 2001, S. 108.

421 Vgl. Michelsen, Schaale 2002, S. 50.

Endgeräte, einen Einfluss auf die Ausgestaltung des mCRM von Unternehmen. Eine Beschäftigung mit mCRM setzt deswegen auch hier die permanente Betrachtung der Möglichkeiten auf technischer Seite, wie der Software, voraus. Wenn z.B. die Steuerung der Kommunikation nicht im gewünschten Maße über Mobilfunkanbieter, Content-Anbieter oder Portale geregelt wird, werden, wie auch im stationären Internet zu beobachten war, Kunden selbst tätig. So werden im stationären Internet z.B. Programme eingesetzt, die unerwünschte Emails (Spam) löschen oder vor Computer-Viren schützen.[422]

Softwarehersteller werden in unterschiedlichen Bereichen entlang der Wertschöpfung eine Rolle spielen. Die Positionierung hängt stark von den Kooperationen ab, die ein Softwarehersteller eingehen wird.

3.3.7 Wertschöpfung und Kooperation im mobilen Internet

Die oben beschriebenen Unternehmen erfüllen alle unterschiedliche Leistungen entlang der Wertschöpfung im mobilen Internet. Es kommt aber zu einer veränderten Wertschöpfungskette im Vergleich zum stationären Internet durch die Sonderstellung der Mobilfunkbetreiber und die technischen Besonderheiten des mobilen Internets. Da die Übermittlung von Daten über Netze der Mobilfunkanbieter naturgemäß im mobilen Internet eine zentrale Funktion übernimmt, werden auch der Einfluss und der Anteil der Mobilfunkanbieter in der Wertschöpfungskette eine wichtigere Position einnehmen.[423] Dabei spielen auch Kooperationen entlang der Wertschöpfungskette eine besondere Rolle.

3.3.7.1 Wertschöpfung und Erlösquellen im mobilen Internet

Die Funktionen entlang der Wertschöpfungskette konvergieren teilweise und werden deswegen durch ein und dasselbe Unternehmen ausgeführt.[424] Noch ist im mobilen Internet nicht eindeutig, welche Unternehmen sich wie langfristig positionieren werden und welche Funktionen durch sie erfüllt werden. Die Ursachen liegen im permanenten Aufsuchen, Verändern und wieder Verlassen ihrer Position und von Marktarealen im Markt der mobilen Datenübermittlung.[425] Insgesamt ist der Markt stark in einzelne Aspekte untergliedert und kein Unternehmen

---

422 Solche Programme sind z.B. McAfee VirusScan. Norton AntiVirus 2002 oder AntiVirenKit 12 AVK professional.

423 Vgl. Schneider 2001, S. 104.

424 Vgl. Michelsen, Schaale 2002, S. 81.

425 Vgl. Müller-Veerse et al. 2001, S. 23.

deckt alle Bereiche der Wertschöpfung ab.[426] Unternehmen werden aber versuchen, möglichst viele der wertschöpfenden Aktivitäten anzubieten. Die Kundenbeziehung von Unternehmen hängt wiederum stark von der Position eines Unternehmens innerhalb der mobilen Wertschöpfungskette ab. Dabei sind die so genannten Schlüsselpositionen von besonderem Interesse, die sich durch ihren Kundenkontakt auszeichnen. Deswegen wird es einen Wettbewerb um die Schlüsselpositionen gegenüber dem Kunden geben.[427] Aus diesem Grunde werden Unternehmen, die bereits auf eine Kundenbeziehung zurückgreifen können, eine bessere Stellung haben, um auch in der Zukunft Umsätze im mobilen Internet generieren zu können.

Mobilfunkanbieter haben dabei, wie beschrieben, die stärkste Ausgangsposition.[428] Im mobilen Internet rückt die Übertragungsleistung auch wegen der höheren Verbindungsentgelte in den Mittelpunkt.[429] Außerdem werden Mobilfunkanbieter durch die technische Ausgestaltung der Datenübertragung mit z.B. GPRS verhindern können, dass - ebenso wie im stationären Internet- andere Anbieter, wie etwa AOL, unabhängig von ihnen Datenübertragungsdienste anbieten können.

Die unterschiedlichen Bereiche des mobilen Internets greifen bei der Entstehung von Kundennutzen über die gesamte Wertschöpfung hinweg ineinander. Der gesamte Kundennutzen ist in der Wertschöpfungskette in Abbildung 12 über die Höhe der Kette symbolisiert. Die Abbildung enthält die für den Einsatz des mCRM bedeutsamen Bereiche des mobilen Internets.

---

426 Vgl. Akhgar et al. 2002, S. 3.

427 Vgl. Akhgar et al. 2002, S. 3.

428 Vgl. Akhgar et al. 2002, S. 3.

429 Hohe Verbindungsentgelte waren schon beim Festnetztelefon durch Servicenummern wie 0190, 0900 und 0180 vorhanden, sind aber im mobilen Internet besonders ausgeprägt. Vgl. Albers, Becker 2001, S. 73.

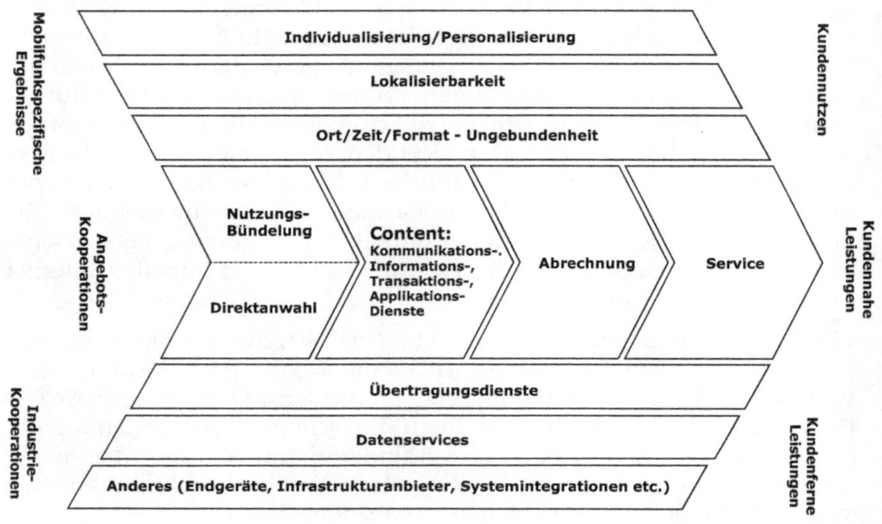

ABBILDUNG 12: MOBILE WERTSCHÖPFUNGSKETTE[430]

Für das Ausführen einer mobilen Interaktion müssen die unterschiedlichen Aufgaben (Kettenglieder) erfüllt werden, die sich in der Mitte der Wertschöpfungskette in der Abbildung 12 befinden. Diese kundennahen Leistungen bestehen im Kern aus dem Content der nachgefragten Leistungen, die sich in Kommunikations-, Informations- Transaktions- und Applikationsdienste gliedern können. Der Kunde kann entweder diese Leistungen direkt anwählen oder über ein Portal oder andere Angebotskooperationen dorthin geführt werden. Abrechnungs- und Service-Leistungen können durch andere Unternehmen, wie z.B. Mobilfunkanbieter, erbracht werden.

Der mögliche Kundennutzen steigt durch die in der Wertschöpfungskette über allem liegenden Besonderheiten der Personalisierung/Individualisierung, des ungebundenen Zugangs und der Möglichkeit der Lokalisierung. Diese Bereiche werden im folgenden Abschnitt vorgestellt. Da das mobile Internet nicht nur auf einer Technologie wie im stationären Internet, der IP-basierten Kommunikation, sondern auch auf Funkübertragungen fußt, ist der zu Grunde liegende Leistungser-

430 Quelle: Eigene Darstellung in Anlehnung an Porter 1995, S. 37ff.

stellungsprozess und damit die Wertschöpfung komplizierter. Dienste basieren auf den Übertragungsdiensten, die über die Mobilfunknetze die Grundlage der Übertragung bilden. Diese liegen im Hintergrund und sind deswegen in der Abbildung als kundenferne Leistungen bezeichnet worden. Die Standards werden zum Teil über die im nächsten Abschnitt beschriebenen Industriekooperationen entwickelt.

Das Verhältnis der verschiedenen Teilnehmer innerhalb der Wertschöpfungskette wird sich erst langsam stabilisieren.[431] Die Vorhersagen über die zu erwartende Verteilung der Umsätze innerhalb dieser Wertschöpfungskette sind nicht zuletzt deswegen schwierig zu treffen. Probleme entstehen dadurch, dass man derzeit weder erfolgreiche Inhalte noch das mobile Internet insgesamt wirklich erfassen kann und das Kundenverhalten nicht zu prognostizieren ist. In Japan ist z.B. überraschenderweise beobachtet worden, dass die Nutzung von schriftlichen Mitteilungen im Angebot von I-Mode, wie SMS, die Verwendung von Sprachdiensten nicht senkt, sondern eher steigert.[432] Mit der Entwicklung des mobilen Internets in verschiedenen Bereiche des täglichen Lebens der Bevölkerung ist jedoch zu erwarten, dass einzelne Umsätze, die zurzeit im stationären Internet anfallen, in Zukunft über mobile Endgeräte laufen. So wird erwartet, dass innerhalb der gesamten Wertschöpfungskette nur noch 25% der Umsätze mit dem Transport der Daten, einer „kundenfernen“ Leistung, verdient wird. Der Großteil des Umsatzes wird in anderen Bereichen, wie Werbung, Inhaltsanbieter, Portalbetreiber, erzielt werden. Die verbleibenden Umsätze werden aus Nutzungs-, Transaktions- und Subskriptionsgebühren sowie der Vermarktung zusammengeführter Kundendaten stammen.[433]

3.3.7.2 Kooperationen und Zusammenarbeit von Unternehmen

Entscheidend bei aller Wertschöpfung wird die Nutzenwahrnehmung des Kunden sein. Um einen dauerhaften Nutzen zu schaffen und Kunden für das mobile Internet zu gewinnen, ist es notwendig, dass sich mobile Lösungen deutlich von vorhandenen stationären eCommerce- und Internet-Lösungen abheben. Es müssen mehr als nur Verbesserungen entlang bestehender Leistungsdimensionen geschaffen werden.[434]

431 Vgl. Nachtmann, Trinkel 2002, S. 11.

432 Vgl. BCG 2000, S. 13. Im Grunde hätte man durch das Abdecken des Kommunikationsbedürfnisses mit einer Abnahme rechnen können. Vgl. Zobel 2001, S. 109.

433 Vgl. Schneider 2001, S. 105.

434 Vgl. Wiedmann, Buxel, Buckler 2000, S. 685.

Für Kunden ist im mobilen Internet nicht nur die reine mobile Anwendung oder Leistung für die Kundenzufriedenheit von Bedeutung, sondern es spielen zudem die Übertragungstandards- und kosten sowie die mobile Hardware eine besondere Rolle.[435]

Industriekooperationen, wie das WAP-Forum, UMTS-Forum oder die GAA (GPRS Applications Alliance) haben die Entwicklung der Leistung bedeutend geprägt. Zusätzlich wurden durch supranationale Kooperationen, wie die ITU (International Telecommunication Union), ETSI (European Telecommuncations Standards Institute), CEPT (Conference Européenne des Postes et des Télécommunications), GSM MoU (Global System for Mobile Communication Memorandum of Understanding), durch die Festlegung von Standards die Verbreitung von mobilen Technologien gefördert.[436]

Bereits im stationären Internet wurde die erste Herausforderung für das strategische Marketing darin gesehen, Kooperationen zu knüpfen, um attraktive Systemangebote zu entwickeln.[437] Für eine Nutzenschaffung im mobilen Internet über die alleinige Kommunikation hinaus müssen die verschiedenen Unternehmen, und damit Teile der Wertschöpfungskette, über die oben beschriebenen Entwicklungskooperationen hinaus zusammenarbeiten. Ohne Allianzen und Kooperationen kann es aber dabei keinen Erfolg geben, da keines der im mobilen Internet agierenden Unternehmen über alle relevanten Ressourcen verfügt.[438] Ob es zu einer harmonischen Zusammenarbeit der verschiedenen Unternehmen kommen wird, wird jedoch bezweifelt.[439]

Die Zusammenarbeit und Kooperation von Unternehmen bei der Leistungserstellung für mobile Kunden kann als eine Art Netzwerkbildung verstanden werden. Generelles Ziel solcher Kooperationen ist es, durch den Zusammenschluss Wettbewerbsvorteile zu generieren und den Zielerfüllungsgrad der Kooperationspartner auch in Bezug auf die CRM-Ziele zu erhöhen.[440] Unternehmen werden dadurch stärker in die Verantwortung genommen. Im mobilen Internet stehen kostenorientierte Ziele für die Kooperationsbildung im Vordergrund. Als kostenorientierte Ziele, die auch für das mobile Internet gelten, werden u.a. verbes-

---

435 Vgl. Silberer et al. 2002, S. 314.

436 Beispielsweise ist der vorherrschende GSM-Standard eine Entwicklung der CEPT und wurde durch ETSI weiterentwickelt.

437 Vgl. Meffert 2000, S. 8.

438 Vgl. Büllingen, Wörter 2000, S. VII.

439 Vgl. Gantz 2000, S. 33.

440 Vgl. Stauss, Bruhn 2003, S. 13.

serte Ressourcenauslastung und Reduzierung von Partnersuch-Prozessen genannt.[441] Ein bereits besprochenes Beispiel ist die Kooperation zwischen MVNOs und Mobilfunkanbietern. Andere Kooperationen zwischen Portalen, Betreibern und weiteren Anbietern können auf unterschiedliche Weise Umsätze oder Gewinne verteilen. Als Beispiele werden Umsatz- oder Gewinnbeteiligungen, Pro-Kopf-Provisionen oder der Kauf von Listenplätzen im Auswahlmenü eines Portals gegen Geld genannt.[442] Zu den leistungsdifferenzierenden Zielen gehören die Spezialisierung bzw. die Fokussierung einzelner Anbieter auf begrenzte Leistungsteile und eine erhöhte Innovationsgeschwindigkeit.[443]

Im Zentrum solcher Allianzen werden wahrscheinlich Mobilfunkanbieter stehen. Denkbar wäre auch eine Gruppierung um Portale wie es im stationären Internet zu beobachten war. Diese Allianzen können mehrere hundert Akteure mit unterschiedlichen Hintergründen beinhalten, die sich nach dem „Trial and Error"-Prinzip nach und nach zusammenfügen.[444] Durch eine gute Auswahl von Content-Anbietern können Mobilfunkanbieter ihren Kunden zusätzliche attraktive Leistungen zu Verfügung stellen.[445] Für kleinere Unternehmen bietet eine Kooperation hingegen oft die einzige Chance, Zugang zu einer größeren Anzahl von Kunden zu erhalten und sich im mobilen Internet zu präsentieren.

Nachfragebezogene Ziele von Kooperationen sind die Nutzung eines umfangreicheren Leistungsangebotes, wie eine erhöhte Bequemlichkeit und Service, eine bessere Beziehungsqualität durch Vertrautheit und so auch eine Erhöhung der Kundenzufriedenheit.[446] Auswirkungen von Angebotskooperationen auf Kunden sind in Tabelle 3 dargestellt. So wurde z.B. bei I-Mode in Japan vom Mobilfunkanbieter die Einhaltung von Qualitätsstandards und Service-Levels von Content-Anbietern verlangt.[447] Andererseits bergen solche Zusammenschlüsse immer die Gefahr, dass Kunden in ihrer Auswahl eingeschränkt werden.

---

441 Vgl. Stauss, Bruhn 2003, S. 14.

442 Vgl. Zobel 2001, S. 142.

443 Vgl. Stauss, Bruhn 2003, S. 14.

444 Vgl. Büllingen, Wörter 2000, S. 29.

445 Vgl. Pott, Groth 2001, S. 24.

446 Vgl. Stauss, Bruhn 2003, S. 14.

447 Vgl. OC&C Strategy Consultants 2000, S. 5.

Auswirkungen von Kooperationen aus Kundensicht	
Vorteile für Kunden	**Nachteile für Kunden**
Darstellbarkeit	Ausgrenzung von Anbietern
Zuverlässigkeit und Qualität	Einschränkung der Auswahl
Abrechnungssystem	Behinderung von Neuentwicklungen
Steigerung des Unternehmenswerts	Höhere Kosten

Tabelle 3: Auswirkungen von Kooperationen

Als ein allgemeiner Nachteil für Unternehmen wird eine unternehmerische Abhängigkeit von den Kooperationspartnern gesehen.[448] Diese Gefahr einer Abhängigkeit besteht auch bei der Entwicklung eines mCRM-Systems und muss deswegen beachtet werden. Es kann aber sein, dass nur innerhalb von Kooperationen eine ökonomisch sinnvolle Umsetzung von Maßnahmen zur Zielreichung im mCRM möglich ist. Jedes Unternehmen sollte daher individuell festlegen, welche Teile der Wertschöpfungskette von ihm selbst erbracht werden sollten und für welche Bereiche ein Zukauf in Frage käme. Während es zu dem Zukauf von Übertragungsdiensten von Mobilfunkanbietern keine Alternativen gibt, können Datendienste, und Software-Integrationsleistungen für das mCRM durchaus anstatt sie von Dritten zuzukaufen, selbst produziert werden. Zu solchen Leistungen gehören auch alle Bereiche, die mit den Aufenthaltsdaten von Kunden, Such- und Navigationsdiensten zusammenhängen.

3.4 Besonderheiten für Kunden im mobilen Internet

In diesem Abschnitt werden die Veränderungen und Besonderheiten besprochen, die sich für Kunden durch die Nutzung des mobilen Internets speziell im Vergleich zum stationären Internet ergeben. Dabei werden auch die Besonderheiten zu anderen Vertriebs- und Kommunikationswegen berührt. Um ein wirksames mobile Customer Relationship Management entwickeln zu können, ist ein genaues Verständnis und die Beachtung der hier vorgestellten Faktoren bedeutsam. Während die Veränderungen im Zugang und die hier anschließend vorgestellten Vorteile helfen, Chancen für das mCRM zu erkennen, ist das Wissen über die

448 Vgl. Stauss, Bruhn 2003, S. 22.

technischen Nachteile und Kundenbedenken wichtig, um aus der Nutzung von Chancen im operativen mCRM kein Risiko für Unternehmen bei der Zielerreichung im CRM zu schaffen.

Die bedeutsamsten Veränderungen für Kunden des mobilen Internets liegen im Zugang zum Netz. Nach der Diskussion des Zugangs werden die Faktoren besprochen, die einen Nutzen für Kunden schaffen können. Anschließend werden die Nachteile des mobilen Internets vorgestellt. Wegen der großen Bedeutung, die den Sicherheitsbedenken von Kunden, dem Schutz der Privatsphäre und dem Datenschutz beigemessen wird, werden diese in einem gesonderten Abschnitt im Anschluss besprochen.

Die Besonderheiten für Kunden werden in dieser Arbeit aus der Perspektive von jenen Unternehmen diskutiert, die eine Einführung von mCRM-Systemen erwägen. Bekannte Besonderheiten des stationären Internets, wie das Fehlen der direkten menschlichen Interaktion mit dem Käufer, das fehlende Fühlen des Produktes oder die Möglichkeiten unbegrenzter Informationsbereithaltung, bleiben ausgeklammert.

3.4.1 Veränderter Zugang der Kunden

Die auffälligste Veränderung liegt in der Mobilität des Zugangs über mobile Endgeräte und damit in der möglichen Mobilität der Benutzer während der Nutzung des Mediums. Diese eher technisch bedingte Besonderheit wird durch die Leistungsfähigkeit der Endgeräte und die Verfügbarkeit von Übertragungsnetzen zu kabellosen Kommunikationsdiensten bedingt.

Der Zugang ins mobile Internet kann an jedem Ort zu jeder Zeit erfolgen.[449] Diese beiden Kriterien, Ort und Zeit, machen damit den Kern des mobilen Zugangs aus. Diese Besonderheit ist zusätzlich durch eine relative Freiheit der Wahl des Kommunikations- oder Zugangsformates gekennzeichnet. Diese drei Faktoren werden im Folgenden besprochen.

3.4.1.1 Ortsungebundener Zugang

Für Kunden besteht durch das mobile Internet Zugriff auf Leistungen, während sie mobil sind. Unter Mobilität oder Bewegung wird eine Veränderung des Ortes über die Zeit verstanden. Unternehmen werden ihre Leistungen mit mCRM an diese räumliche Flexibilität oder räumliche Dimension anpassen. Die Dimension „Ort“ kann für Kunden auf zwei unterschiedliche Arten Nutzen erzeugen. Zum einen kann die Unge-

449 Vgl. Petersmann, Nicolai 2001, S. 14.

bundenheit zu einer Nutzung „an jedem Ort" dienen. Das bedeutet, dass man z.B. seine Bankgeschäfte auch von unterwegs erledigen kann. Wo die Handlung dann im Endeffekt stattfindet, spielt weder für den Kunden noch für die Bank eine Rolle. Der Ort wird nur danach ausgewählt, wo es der Kunde gerade als passend oder bequem erachtet.

Ein anderer Nutzen entsteht, wenn die Ortsungebundenheit die Nutzung an einem bestimmten Ort ermöglicht. Ein Beispiel wäre, wenn Sightseeing- oder Hotelinformationen an einem bestimmten Ort abfragbar sind. In diesem Fall ermöglicht die Ortsungebundenheit die Nutzung „speziell an diesem Ort". Solche besonderen Ortsinformationen wurden bisher, wenn ein größerer Bedarf nach diesen bestand, über fest installierte Anlagen, wie Hinweistafeln, bereitgestellt.[450] Erst durch das mobile Internet ist ein kostengünstiger, flächendeckender Einsatz mit jeder erdenklichen Art von Inhalten möglich geworden, die auch von einer breiten Bevölkerungsschicht nachgefragt werden könnten. Eine Bereitstellung kann durch die Verbindung einer Aufenthaltsortbestimmung als Kontextvariable erfolgen.[451] Die Auswirkungen dieses Wissens auf die Ausgestaltung der Kommunikation von Unternehmen wird auch in Abschnitt 4.3.3.1 Dimension „Ort" im kommunikativen mCRM ab Seite 192 besprochen.

Grundsätzlich liegt die Ausgestaltung der Dimensionen in den Händen der Mobilfunkanbieter. Beide Vorteile der Nutzung werden über den mobilen Zugang der Kunden zu z.B. Informationsdiensten ermöglicht. In Verbindung mit dem Wissen über einen Ort oder eine Ortsveränderung des Kunden wachsen hieraus Anforderungen an mCRM-Systeme. Unternehmen können sich überlegen, an welchen Orten ihre Kunden einen Bedarf an welchen Informationen oder Leistungen haben.

3.4.1.2 Zeitungebundener Zugang

Das mobile Internet ermöglicht dem Nutzer den Zugriff auf Leistungen zu jeder Zeit.[452] Die Besonderheit der zeitungebundenen Nutzung, also „jederzeit", ist ähnlich der Eigenschaft „allerorts". Bei dem zeitungebundenen Zugang ist ebenfalls eine Zweiteilung der Veränderung möglich. Zum einen ist die Nutzung möglich, wann man es will oder wann es gerade passt. In diesem Rahmen können Wartezeiten oder Pausen genutzt werden, wobei der genaue Zeitpunkt nicht bedeutsam ist. Zusätzlich ist

---

450 Als Beispiele sind Hinweistafeln vor Sehenswürdigkeiten oder Wagenstandsanzeiger der Deutschen Bahn auf dem Abfahrtsgleis eines Zuges.

451 Siehe auch Kapital 4 Mobile Customer Relationship Management, S. 147.

452 Vgl. Petersmann, Nicolai 2001, S. 14.

die zeitliche Ungebundenheit auch Grundlage für die Nutzung zu einer bestimmten Zeit. Dabei ist die Ausführung einer Handlung zu einem bestimmten Zeitpunkt bedeutsam.

Zusammen mit der örtlichen Ungebundenheit wird das Potenzial des mobilen Internets deutlich, da ein Einsatz in weiten Bereichen des persönlichen, täglichen Lebens von Kunden möglich wird. Bereits im stationären Internet wurde von einer 24-stündigen Verfügbarkeit von Angeboten gesprochen. Diese permanente Verfügbarkeit existierte jedoch nur in der Angebotsbereitstellung der Unternehmen, nicht aber in den Zugriffsmöglichkeiten der Kunden. Potenzielle Kunden haben aber nur einen kleinen Teil des Tages direkten Zugriff auf das stationäre Internet. Dies ist schwerpunktmäßig während der Büroarbeit oder zu Hause der Fall.[453] Diese Beschränkungen werden durch die theoretische Verfügbarkeit im mobilen Internet „zu jeder Zeit" aufgehoben. Während das stationäre Internet nur ein paar Stunden am Tag tatsächlich genutzt werden kann, stehen mobile Endgeräte und damit der Zugang zum mobilen Internet rund um die Uhr zur Verfügung.[454] Zusätzlich spielt die Zeit als mögliche Kontextvariable eine neue Rolle und wird deswegen anschließend auch im kommunikativen mCRM im Abschnitt 4.3.3.2 Dimension „Zeit" im kommunikativen mCRM ab Seite 194 diskutiert. Durch die Besonderheit des zeitungebundenen Zugangs wird mit mCRM eine zeitliche Steuerung aller an Kunden gerichtete Maßnahmen erfolgen müssen.

3.4.1.3 Formatungebundener Zugang

Neben der örtlichen und zeitlichen Ungebundenheit stellt die Freiheit der Formatwahl eine weitere Änderung im Zugang dar. Diese Freiheit wird in der Zukunft durch eine weitere Angleichung verschiedener Informationsübermittlungssysteme verstärkt werden. Die besprochene Konvergenz der Medien unterstützt die freie Wahl der Zugangsart.[455]

Moderne Endgeräte eröffnen dem Kunden die Möglichkeit, selbst zu entscheiden, auf welche Art und in welchem Format er zu einem bestimmten Zeitpunkt kommunizieren möchte. Dabei kann ein Kunde

---

453 Dieses ist sicherlich nicht eine abschließende Aufzählung. Doch mit Ausnahme des Internetzuganges von Internet-Cafés oder Bekannten bilden diese beiden Zugangspunkte den Schwerpunkt. Auch die so genannten Flatrates zur Internetnutzung werden nicht dazu führen, dass die Rechner permanent eingeschaltet und die Nutzer eingeloggt sind. Eine Erhöhung der durchschnittlichen Online-Zeiten ist hingegen zu erwarten.

454 Vgl. Michelsen, Schaale 2002, S. 16.

455 Siehe dazu auch oben Abschnitt 3.1.4.3 Konvergenz der Medien, S. 66.

wählen, ob er mit einem Unternehmen etwa per Email, SMS oder mit dem klassischen Anruf in Verbindung treten möchte. Mobile Endgeräte schließen für gewöhnlich auch ältere Übertragungsstandards wie Fax mit ein. Das mobile Internet ist damit „rückwärtskompatibel", was die beschriebene Loslösung von Formaten und Standards unterstützt. Intelligente Systeme im mobilen Internet können dem Benutzer alte Formate, wie z.B. Emails, SMS oder Fax, nicht nur anzeigen, sondern sogar vorlesen. Auch im mobilen Internet werden diese Dienste auf die neuen Übertragungsstandards aufsetzen. Moderne mobile Endgeräte ermöglichen so z.B. die Steuerung des Rückkanals, das Kommunikationsformat, mit dem ein Empfänger unkompliziert wieder Kontakt mit dem Sender aufnehmen kann.

Die Auswahl des Formats hängt eng mit dem Zeitpunkt und dem Ort zusammen, an dem kommuniziert wird. Die Auswahl der Zugangsart wird aufgrund von Umweltvariablen (Kontext) und persönlichen Vorlieben getroffen. Die Auswahl hat dabei auch entscheidenden Einfluss darauf, wie der weitere Ablauf der Interaktion erfolgen wird. Die Beachtung der Besonderheit in der Formatwahl aus Unternehmenssicht wird im Abschnitt 4.3.3.3 Dimension „Format" im kommunikativen mCRM ab Seite 197 besprochen. Der Abschnitt setzt sich damit auseinander, welche Formate ein Unternehmen in welchem Fall auswählen sollte. Eine Erhöhung der Übertragungsbandbreite wird dabei helfen, weitere Formate, wie größere Bilder, Audio- und Video-Nachrichten zu verarbeiten.

3.4.2 Kundennutzen des mobilen Internets

Die Vorteile, die sich aus dem oben besprochenen veränderten Zugang des mobilen Internets und mobiler Kommunikation schon jetzt ergeben, sind relativ allgemeingültig für alle Nutzer des mobilen Internets. Wenn ein Kunde diesen Nutzen nicht auch empfände, wäre vermutlich die Anschaffung des mobilen Endgerätes nicht erfolgt. Bei den im Anschluss an diesen Abschnitt besprochenen Besonderheiten des mobilen Internets hängt das Nutzenempfinden jedoch stärker von dem einzelnen Nutzer oder Kunden ab. Die Meinungen von Kunden bei einzelnen Eigenschaften können weit auseinander gehen. Eine differenzierte Diskussion dieser Nutzenarten von Kundenseite ist deswegen nötig. Dieser hier besprochene Kundennutzen wird auch durch die tatsächliche Ausgestaltung des mobilen Internets geprägt und ist damit variabel in seiner Ausprägung. Dabei liegt es in der Verantwortung von verschiedenen Unternehmen im mobilen Internet, ob und wie die Vorteile, die hier als Dimensionen beschrieben wurden, realisiert werden. Gerade die Vorteile wie die Erreichbarkeit oder die ständige Verfügbarkeit, die sich aus dem veränderten Zugang ergeben, mögen vom Kunden individuell als positiv, aber auch negativ wahrgenommen werden. Im mCRM muss dieser mögliche Nutzen auf Kundenseite betrachtet werden, um Leistungen zur Erreichung der CRM-Ziele möglichst gut an den Möglichkeiten auszurichten. Erst effektives mCRM kann in diesen Fällen die Nutzendimensionen schaffen, den Nutzen vermehren oder die Dimensionen verlängern, bzw. ein Zusammenbrechen der Nutzendimensionen verhindern, was z.B. in einem verstärkten Abschalten von Kunden der Fall wäre. Eine Schlüsselrolle fällt dabei den Location Based Services (LBS) zu.[456] Diese werden bei der Individualisierung helfen und dazu führen, dass die aktuelle Lebenssituation berücksichtigt werden kann.[457]

3.4.2.1 Erreichbarkeit

Ein vom Kunden wahrgenommener Vorteil und Nutzen des mobilen Internets kann in der permanenten Erreichbarkeit durch andere Personen oder Unternehmen liegen. Erreichbarkeit stellt das Gegenstück zu der Möglichkeit dar, andere zu erreichen. Die bequeme Nutzung und das permanente Mitführen des Gerätes schaffen die Grundlage der ständigen Erreichbarkeit, die in Verbindung mit dem orts- und zeitunabhängigen Zugang entsteht.

Die persönliche Erreichbarkeit bei mobilen Endgeräten geht über die schon heute vorhandenen Möglichkeiten der Nutzung von Anrufbeantworter und Fax hinaus. Ob die Erreichbarkeit von einem Kunden als Vor- oder Nachteil wahrgenommen wird, hängt von den persönlichen Umständen des Benutzers ab. Bereits das heutige Mobiltelefon ist nach der Armbanduhr das am konsequentesten mitgeführte technische Gerät.[458] Schon vor einigen Jahren sind mobile Kommunikationstechniken erfolgreich in eine Armbanduhr eingebaut worden.[459] Neben dem Mitführen ist - bezogen auf die Erreichbarkeit - entscheidend, dass ein Kunde sein Telefon tatsächlich eingeschaltet lässt. Auch wenn Kunden nicht die ganze Zeit erreichbar sind, so schalten sie ihre Mobiltelefone wesentlich seltener aus als ihre stationären Computer.[460] Es wird angenommen, dass mobile Telefone etwa 60% des Tages eingeschaltet sind.[461] Die technische Verbesserung der Akkuleistungen wird diesen Trend unterstüt-

456 Vgl. WSI 2000, S. 13.

457 Vgl. WSI 2000, S. 10-11.

458 Vgl. Zobel 2001, S. 12.

459 Vgl. Reischl, Sundt 1999, S. 14.

460 Vgl. Ericsson Consulting 2000, S. 4.

461 Vgl. Neeb 2001, S. 1.

zen. Störende operative Maßnahmen von Unternehmen, wie z.B. Marketingmeldungen, können aber diesen Trend umkehren.

Diese Erreichbarkeit ist deswegen eine der am stärksten zu beachtenden Nutzendimensionen, wenn Unternehmen Angebote und Services für Kunden entwickeln. Kunden können die Erreichbarkeit, anders als die zeitliche Steuerung, feiner differenzieren. Auf einem modernen Endgerät kann beispielsweise gesteuert werden, welche Personen nicht auf den Anrufbeantworter umgeleitet werden. Gleichzeitig kann ein Kunde bestimmte Formate blockieren oder durch die Wahl der Benachrichtigungsmethode einer eingegangenen Meldung Einfluss auf die tatsächliche Erreichbarkeit nehmen. Es wird folglich zu einer Steuerung der Erreichbarkeit von Kundenseite kommen und Unternehmen wie auch ihre mCRM-Systeme müssen damit umgehen lernen. Das Wissen darüber ist speziell für die Ausgestaltung des operativen mCRM und somit auch für das Marketing von Bedeutung.

3.4.2.2 Bequemlichkeit und Einfachheit der Nutzung

Eine weitere Besonderheit des Zuganges zum mobilen Internet kann in der Bequemlichkeit der Nutzung für Kunden liegen. Der Zugang ins mobile Internet ist im Vergleich zum stationären Internet einfach gestaltet. Das mobile Internet kann so für Personen attraktiv sein, denen der Umgang mit stationären Computern zu kompliziert erschien, da im Mobilen von einer geringeren „Anwendungshemmschwelle" ausgegangen wird.[462] Mobile Endgeräte sind in ihrer Bedienung und Übersichtlichkeit mit einem einfachen Telefon vergleichbar, verfügen aber über weitere Funktionen. Der Zugriff auf die gewünschten Anwendungen muss auch in der Zukunft unmittelbar erfolgen können und sich damit von der langwierigen Handhabung des stationären Internets abgrenzen.[463] Damit spielt die Ausgestaltung des Betriebssystems durch die Softwarehersteller eine entscheidende Rolle.

Auch Geräte der Zukunft, die über wesentlich mehr Anwendungen verfügen, dürfen in ihrer Bedienung nicht komplizierter werden.[464] Entscheidend für die Verbreitung des mobilen Internets wird die weitere Verfolgung des Ansatzes der Einfachheit und Bequemlichkeit sein.[465]

---

462 Wiedmann, Buxel, Buckler 2000, S. 686.

463 Vgl. Zobel 2001, S. 116.

464 Vgl. Reischl, Sundt 1999, S. 20.

465 Die Verbreitung des stationären Internets begann auch erst, nachdem Browser wie der Netscape Navigator der „Kompliziertheit" des WorldWideWebs eine benutzerfreundliche Oberfläche aufsetzte.

3.4.2.3 Sofortige Verfügbarkeit

Die unmittelbare, schnelle Nutzbarkeit des mobilen Internets durch die Kunden über ein einzelnes Gerät wird als „sofortige Verfügbarkeit" verstanden.[466] Zurzeit haben stationäre Computer noch lange Hochfahrzeiten, die einen schnellen Zugriff auf das stationäre Internet und damit eine Reihe unterschiedlicher Dienste verhindern, wenn ein Kunde nicht sowieso bereits, wie im Büro, am Computer sitzt. Im mobilen Internet wird ein potenzieller Kunde hingegen ohne diese Zeitverzögerung auf Leistungen zugreifen können. Dadurch, dass mobile Endgeräte zur Kommunikation, wie z.B. Handys, permanent eingeschaltet sind, kann diese Eigenschaft von Kunden als Nutzen wahrgenommen werden. Gleichzeitig fällt ein Einwählen oder Einloggen vor jeder Benutzung des mobilen Internets weg.[467] Verstärkt wird die sofortige Verfügbarkeit in der Kundenwahrnehmung durch das routinemäßige Mitführen des Endgerätes.

Durch die ständige Verfügbarkeit des Mediums ist eine häufige und veränderte Nutzung durch Kunden zu erwarten. Kunden oder Benutzer des mobilen Internets können auf diese Weise viel unkomplizierter und schneller Informationen abrufen oder nachschlagen. Zusätzlich kann ein Kundenfeedback unmittelbar erfolgen.[468] Dadurch entstehen neue Anforderungen und Möglichkeiten bei der Leistungsgestaltung. Langfristige Einloggphasen für Angebote, die eine Registrierung erfordern, würden den Vorteil der sofortigen Verfügbarkeit wieder zunichte machen.

Die ständige Verfügbarkeit kann die Planungsprozesse verändern, die für einen Einkauf oder eine Transaktion notwendigerweise von Kunden ausgeführt werden müssen. Dabei ist es Ziel, die technologische Ausgestaltung der Kommunikation soweit es geht der natürlichen Kommunikation anzupassen.[469] Viele Transaktionen und Leistungen werden im mobilen Internet möglich sein, sobald ein Kunde einen Bedarf erkennt.[470] Das operative mCRM sollte daher spontane Handlungen und kurze Anfragen des Kunden bedienen können.

466 Vgl. Müller et al. 2002, S. 358.

467 Vgl. Müller-Veerse 1999, S. 9.

468 Vgl. Müller et al. 2002, S. 358.

469 Vgl. Rantzer et al. 2001, S. 2.

470 Vgl. Wiedmann, Buckler, Buxel 2000, S. 88.

3.4.3 Künftiger Kundennutzen des mobilen Internets

Bei dem künftigen Kundennutzen handelt es sich um Besonderheiten des mobilen Internets, die noch nicht automatisch für alle Unternehmen, die sich im mobilen Internet betätigen, vorhanden sind. Die in diesem Abschnitt besprochenen unterschiedlichen Kundenvorteile werden häufig zusammen mit dem bereits genannten Nutzen vorgestellt. Der abgrenzende Faktor ist aber, dass bei dem künftigen Kundennutzen des mobilen Internets erst ein Unternehmen aktiv werden muss und der Nutzen sich nicht automatisch ergibt.

Die Schaffung von künftigen Kundenvorteilen ist eine spezielle Herausforderung für die Leistungserstellung und das mCRM. Einzelne Bereiche, wie die der Lokalisierung und der Personalisierung, werden deswegen zusätzlich im Kapitel über das mobile Customer Relationship Management vertieft. Die Realisierung dieser entscheidenden Vorteile wird zu einer weiteren Verbreitung des mobilen Internets beitragen.

3.4.3.1 Lokalisierbarkeit

Ein Merkmal des mobilen Internets stellt die Lokalisierbarkeit des Benutzers dar. In Zusammenarbeit mit den Mobilfunkbetreibern besteht technologisch die Möglichkeit, den Standort eines jeden Benutzers genau zu bestimmen. In den USA werden die Mobilfunkbetreiber sogar durch den Gesetzgeber gezwungen, diese technischen Möglichkeiten beim Empfang von Notrufen einzusetzen und die Genauigkeit der Ortung weiter zu erhöhen.[471]

Bei der Lokalisierbarkeit handelt sich um einen noch zu schaffenden Kundennutzen, da bisher nur ungenaue Daten erhoben wurden, die in der vorhandenen Form nicht verwendet werden können. Diese Daten basieren bisher auf den Zellinformationen.[472] Auf Basis dieser Informationen können in Zukunft verschiedene Produkte und Dienste für Kunden entwickelt werden, die über diese Ortsinformationen personalisiert oder angepasst werden können. Neben der Ausgestaltung der Produkte kann der Aufenthaltsort auch eine Rolle im Service spielen oder zur Preisgestaltung herangezogen werden. Ein Beispiel, das bereits Anwendung findet, sind Preisnachlässe bei Telefonkosten, die geltend gemacht werden,

---

471 Vgl. Röttger-Gerigk 2002, S. 419.

472 Vgl. Silberer, Wohlfahrt 2002, S. 571. Weitere technische Methoden der Datenerhebung werden in 4.2.2.3 Datenerhebungsverfahren und Datenumwandlung, S. 161 besprochen.

wenn in bestimmten Orten oder Zonen telefoniert wird.[473] Grundsätzlich können diese Informationen die Grundlage für eine weiter reichende „Kontextsensibilität“ bilden. Die Aufenthaltsdaten zusammen mit der Möglichkeit, Kunden zu identifizieren, können neuartige Leistungsanpassungen ermöglichen. Der Übergang von reinen Ortsangaben zu einer sinnvollen Nutzung kundenrelevanter Daten wird in Kapitel vier dieser Arbeit besprochen.

3.4.3.2 Identifikation und Personalisierung

Unter „Personalisierung“ oder „Individualisierung“ wird die Anpassung von Unternehmensleistungen an die Bedürfnisse einzelner Kunden oder Kundengruppen verstanden.[474] Personalisierung ist im Rahmen der Individualisierung ein übergeordnetes CRM-Ziel und wird deswegen zukünftig auch in den unterschiedlichen Bereichen des mCRM eingesetzt.[475]

Die Basis der Personalisierung bildet die Identifikation einer Person, was im mobilen Internet im Vergleich zum stationären Internet einfacher ist. Die eindeutige Identifizierung wird als ein spezieller Vorteil des mobilen Internets bezeichnet.[476] Die darauf basierende Personalisierung wird immer wieder als einer der großen Vorzüge und unverzichtbarer Erfolgsfaktor des mobilen Internets oder des mCommerce beschrieben.[477] In Europa kommt im Moment zur Identifikation einer Person bzw. der Nutzungsberechtigung nach dem Einschalten eines mobilen Endgeräts die SIM-Karte zum Einsatz, die vom Benutzer beim Einschalten ein Passwort verlangt. Eine Telefonnummer identifiziert auf diese Weise einen Mobiltelefonbesitzer.[478] Dass sich jeder Teilnehmer über seine Rufnummer eindeutig identifizieren lässt, ist aber nicht selbstverständlich. Ein ähnlicher Ansatz im PC-Bereich stieß bei den Käufern auf großen Widerspruch, als Intel eine eindeutige PC-Seriennummer einführen

---

473 Das bekannteste Beispiel ist die Homezone von O_2. Vgl. auch dazu Salonen 2000, S. 21.

474 Personalisierung ist vergleichbar mit der Mass Customization, wobei Mass Customization den Schwerpunkt physischen Produktion hat. Vgl. Kramer et al. 2000, S. 47.

475 Siehe dazu auch Abschnitt 2.2.3 Individualität, S. 39.

476 Vgl. Ascari et al. 2000, S. 6.

477 Vgl. Müller-Veerse 1999, S. 51; Schmitzer, Butterwegge 2000, S. 356; Geer, Gross 2001, S. 143.

478 Vgl. Ericsson Consulting 2000, S. 4.

wollte.[479] Der Einsatz der SIM-Karte soll in der Zukunft sogar ausgeweitet werden, indem die SIM-Karte digitale Signaturen speichert und solcherart eher zu einer Art WIM-Karte (Wireless Identifcation Module) wird.[480] Es werden weitere Verfahren angedacht, um die Mobilfunknutzer genauer als nur über eine Geheimnummer zu identifizieren.[481] Das bedeutet, dass die so geschaffene sichere und eindeutige Identifizierung des Nutzers in Zukunft rechtsverbindliche Transaktionen über ein mobiles Endgerät ermöglichen kann.

Im stationären Internet war es nicht einfach, Besucher eindeutig und unkompliziert zu identifizieren, ohne dass sie sich zuerst registrieren ließen und anschließend immer wieder einloggten.[482] Bei automatischen Verfahren wurde eher der individuelle Computer und somit z.B. ein Haushalt oder eine Unternehmens-Firewall identifiziert, aber nicht, wie bei den persönlichen Endgeräten des mobilen Internets, der einzelne Besucher.[483] Ein Grenzfall liegt derzeit nur bei WAP-Anfragen vor. Während der Mobilfunkanbieter den Kunden genau identifizieren kann, wird dem WAP-Server in der Seitenanfrage nur die IP-Adresse des WAP-Gateways des Mobilfunkanbieters übertragen.

Ziel einer Personalisierung ist die Schaffung von Endkundennutzen, und nicht der Ausnutzung der technischen Möglichkeiten.[484] So hilft eine gute Personalisierung Kunden dabei, die Angebote gezielter auszuwählen und führt somit eine Reduktion der Informationsüberlastung herbei. Das wird durch eine intelligente Vorauswahl von relevanten Informationen und deren Verwendung zum Nutzen der Kunden erreicht.[485] Diese Reduktion, die schon aus dem stationären Internet bekannt ist, schafft so eine erhöhte Einbeziehung des Kunden und eine Verbreitung der Akzeptanz des Mediums.[486] Eine Personalisierung kann und muss so Eintrittsbarrieren von Kunden abbauen. Personalisierung kann aber auch die Aktivität vom Kunden selbst erfordern, wenn dieser dem Unternehmen Veränderungen oder neue Wünsche für die Leistungsausgestaltung

---

479 Vgl. Petersmann, Nicolai 2001, S. 14; OC&C Strategy Consultants 2000, S. 8.

480 Vgl. Goriss 2001, S. 92.

481 Moderne Techniken erlauben auch bei mobilen Telefonen die Freischaltung über einen eingescannten Fingerabdruck. Vgl. Reischl, Sundt 1999, S. 16.

482 Vgl. Fassott 2001, S. 137. Selbst bei diesem Aufwand kann es sein, dass Kunden ihre Anmeldedaten untereinander austauschen.

483 Vgl. Kannan et al. 2001, S. 2.

484 Vgl. Kramer et al. 2000, S. 48.

485 Vgl. Dey, Abowd 2000, S. 2.

486 Vgl. Wiedmann, Buckler, Buxel 2000, S. 90.

mitteilen muss. Für die Anpassung eines Profils kommen Zwischen-, Ruhe- und Wartezeiten in Betracht, in denen Kunden ihre eigenen Einstellungen auf den Unternehmensseiten optimieren und anpassen können.[487] Eine Personalisierung kann nicht nur bei den stationären oder Profil-Daten ansetzen, sondern auch bei den nun ermittelbaren Aufenthaltsdaten. Diese können eine gänzlich neue Form der Nähe zwischen Kunden und Unternehmen zur Erreichung der CRM-Ziele schaffen, da Unternehmen mit dem mCRM auch die Mobilität der Kunden und deren dadurch geprägte Bedürfnisse in Betracht ziehen können.[488]

Die Personalisierung der Leistungen und der Kommunikation ist deswegen eine Voraussetzung für erfolgreiche Anwendungen im mCRM. Die Anpassung der Leistungen wird im Rahmen des operativen mCRM bearbeitet und die neuen Fragestellungen werden innerhalb des analytischen mCRM besprochen.

3.4.3.3 Zahlungsbereitschaft und -systeme

Ein weiterer Kundenvorteil bzw. -nutzen kann durch die Nutzung von bereits vorhandenen Zahlungssystemen entstehen. Die zuvor angesprochene, genaue Identifikation der Benutzer im mobilen Internet bildet dafür die Basis. Das Zurückgreifen auf bereits vorhandene Geschäftsbeziehungen z.B. mit dem Mobilfunkanbieter bzw. das Zugreifen auf bereits übermittelte Zahlungsinformationen kann zu einer erhöhten Akzeptanz und Nutzung von Angeboten im mobilen Internet führen. Für den Konsumenten entsteht der Nutzen aus einem erhöhten Sicherheitsgefühl und dem Vorteil, Zahlungsinformationen nicht jedes Mal erneut und umständlich übermitteln zu müssen. Theoretisch kann das mobile Endgerät direkt zu einer Art Ausweis oder Kreditkarte werden.[489] Dieses ist zurzeit bei dem System von Paybox der Fall, bei dem ein Kunde bei angeschlossenen Unternehmen, z.B. einem Taxi, über vorhandene Kommunikationsformate einen Zahlungsvorgang auslösen kann. Die Authentifizierung erfolgt über die manuelle Eingabe einer einfachen PIN.[490] Bei allen Zahlungssystemen, speziell bei der Zahlung von Kleinstbeträgen um einen Euro, so genannten Micropayments, sollten die Kosten der Ab-

---

487 Vgl. Schwarz 2002a, S. 294.

488 Mögliche Datengruppen sowie deren Erhebung und Verwendung im mCRM wird ab Abschnitt 4.2.2 Mobilitätsdaten im mobile CRM, S. 157 besprochen.

489 Vgl. Ascari et al. 2000, S. 6.

490 Vgl. Wrona et al. 2001, S. 98.

rechnung so gering wie möglich gehalten werden, ohne dass Sicherheitsaspekte der Zahlung vernachlässigt werden.[491]

Zusätzlich wird beim Einsatz von mobiler Kommunikation von einer vorhandenen Zahlungsbereitschaft von Konsumenten ausgegangen. Während im stationären Internet ein Bezahlen per Email-Versand undenkbar wäre, sind Konsumenten an genau diese Abrechnungsart im mobilen Internet bei dem Versenden von SMS gewöhnt. Es ist die Aufgabe von Unternehmen, diese Zahlungsbereitschaft zu nutzen und langfristig zu erhalten.

3.4.4 Nachteile des mobilen Internets

Die Nachteile des mobilen Internets werden in diesem Abschnitt aus Kundensicht besprochen. Im Anschluss werden die Kundenbedenken aufgrund von Sicherheitsproblemen und der Schutz der Privatsphäre diskutiert. Diese sind mit den empfundenen Nachteilen eng verbunden, da jene ebenfalls zu einer reduzierten Akzeptanz des mobilen Internets und damit zu Problemen im Einsatz von mCRM führen können.

Die hohe Entwicklungsgeschwindigkeit macht es schwierig, allgemein gültige Aussagen über einschränkende Faktoren zu machen, da jede Einschränkung als Herausforderung für die weitere Forschungs- und Entwicklungsarbeit von Unternehmen gesehen wird. Dennoch ist die Kenntnis der Nachteile bei der Entwicklung von Maßnahmen im mCRM zur Erreichung der CRM-Ziele ausgesprochen wichtig. Einerseits können dadurch Fehler in der Nutzung des mobilen Internets verhindert werden, andererseits kann das mCRM aktiv die Nachteile durch gezielte Maßnahmen, wie z.B. eine weitreichende Individualisierung, in der Kundenwahrnehmung abfedern.

3.4.4.1 Grundsätzliche Probleme des mobilen Internets

Die Nachteile des mobilen Internets sind mit der Veränderung im Zugang ein besonderer Teil der Rahmenbedingungen des mCRM. Die Entwicklung des mobilen Internets war bisher durch große Investitionen und eine schnelle Entwicklung gekennzeichnet. Es können jedoch eine Reihe von Problemen identifiziert werden, die sich aus dem Konzept der mobilen Kommunikation und der technischen Realisierung ergeben. Darüber hinaus ergeben sich weitere Probleme für Kunden. Zu denen zählen u.a. die Bereiche der Akzeptanz, der Kosten sowie des Inhalts

491 Vgl. Martin et al. 1998, S. 538.

und dessen Aufbau.[492] Zurzeit wird das Fehlen von mobilen Angeboten und der Mangel an einem echten Mehrwert für die Kunden kritisiert.[493] Durch die besondere Natur des mobilen Internets ist eine einfache Anpassung von bestehenden Inhalten keine Erfolg versprechende Option. Bei der Entwicklung des mobilen Internets besteht grundsätzlich das Problem, dass es zu einer intensiveren Nutzung erst dann kommen wird, wenn Nutzen generierende Angebote durch Unternehmen erstellt wurden. Diese aber warten mit der Entwicklung, um mit einer ausreichenden Anzahl an Benutzern rechnen zu können. Fragen der Akzeptanz sind zusätzlich eng mit Sicherheitsbedenken von Kunden verbunden, die anschließend diskutiert werden. Dazu gehört z.B. die Problematik der von Mobilfunkstationen ausgehenden Strahlung, wobei eine rechtzeitige und intensive Auseinandersetzung der Mobilfunkbetreiber mit dem Thema wesentlich dazu beigetragen könnte, den Bedenken der Kunden zu begegnen.[494]

Probleme in Inhalt und Aufbau des mobilen Internets sind auf fehlende Standards zurückzuführen, wie es sie im stationären Internet gibt (z.B. Browser, Modemleistung und Monitorgröße). Je nach ihrem schwerpunktmäßigen Einsatzbereich weisen die unterschiedlichen mobilen Geräte verschiedene Vorteile auf.[495] Der Einfluss der vorhandenen Technik ist also wesentlich höher als im stationären Internet und wird im Abschnitt über die technischen Limitationen besprochen. Für das mCRM stellen die Nachteile eine besondere Herausforderung bei der Gestaltung aller Maßnahmen im operativen Geschäft dar.

3.4.4.2 Konzeptionelle Limitationen des mobilen Internets

Konzeptionelle Limitationen für Kunden ergeben sich aus der schon oben beschriebenen Tatsache, dass mobile Endgeräte in der Regel „mobil mitgeführt" werden müssen. Einerseits sollen die Geräte möglichst klein sein, um den Transport so einfach und bequem wie möglich zu gestalten. Andererseits bewirkt das eine reduzierte technische Leistungsfähigkeit des Geräts. Aus der Mobilität bzw. dem mobilen Einsatz der Geräte erwächst das Problem, dass die Geräte auch häufig in der Hand gehalten werden müssen. Für die Steuerung des Gerätes steht so nur eine Hand zur Verfügung. Bei manchen Arten der Fortbewegung, wie dem Auto- oder Fahrradfahren, muss eine gänzlich andere Art der Bedienung, wie

492 Vgl. Schiller 2000, S. 20.

493 Vgl. Bechtolsheim et al. 2001, S. 95.

494 Vgl. Büllingen, Wörter 2000, S. 10.

495 Vgl. Sonderegger et al. 1999, S. 7-8.

beispielsweise die Sprachsteuerung, eingesetzt werden. Diesen User-Interface-Problemen wird auf unterschiedliche Weise durch technische Lösungen, wie der Einfingernavigation der Menüführung bei mobilen Endgeräten, begegnet.[496]

Zusätzlich existiert der Widerspruch, dass die Geräte so universell einsetzbar sein sollten, wie man es von stationären Computern gewohnt ist, dennoch sollten sie in ihrer Benutzerfreundlichkeit dem Gebrauch eines konventionellen Telefons gleichkommen. Es liegt so grundsätzlich eine hohe Erwartung in Bezug auf die technische Zuverlässigkeit vor. Das zeigt sich auch in einer wesentlich niedrigeren Toleranz gegenüber Softwareabstürzen.[497]

Speziell Unternehmen, die die dem mobilen Internet zugrunde liegenden Dienste anbieten, sehen sich somit hohen Entwicklungskosten für die neuen Endgeräte und den Aufbau der Übertragungsnetze für das mobile Internet gegenübergestellt. Dies wird dazu führen, dass die hohen Kosten für die Endverbraucher der mobilen Kommunikation in den nächsten Jahren beibehalten werden müssen.[498] Deswegen wird die durchschnittliche Nutzungszeit im mobilen Internet niedrig bleiben.[499] Während man zwar permanent Zugriffsmöglichkeiten hat, wird dennoch auf entgeltliche Inhalte oder beim Surfen allgemein schnell auf das Gewünschte zugegriffen, um die Kosten zu reduzieren. Die Nutzungsintensität wird so grundsätzlich eingeschränkt sein. Für Unternehmen bedeutet dies, dass bei der Seitengestaltung das schnelle Erreichen des gewünschten Services im Vordergrund stehen sollte, was durch z.B. die Individualisierung im mCRM erreicht werden könnte.

3.4.4.3 Technische Limitationen des mobilen Internets

Je universeller ein Gerät zum Einsatz kommen soll, desto leichter und flexibler sollte das mobile Mitführen des Gerätes für den Verbraucher sein. Ein einschränkender Faktor ist die limitierte Darstellung von Inhalten des mobilen Internets auf kleinen Bildschirmen oder Displays.[500] Ein begrenzender Faktor der Display-Größe ist neben der Mitführbarkeit der höhere Stromverbrauch, den größere Displays hätten. Kunden können die reduzierte Display-Größe als Nachteil in Bezug auf die Darstellungsmöglichkeiten im mobilen Internet im Vergleich zum stationären

496 Vgl. WAPForum 2001, S. 2.

497 Vgl. Lai et al. 2001, S. 11.

498 Vgl. Bechtolsheim et al. 2001, S. 95.

499 Vgl. Schmidt et al. 2000, S. 9.

500 Vgl. WSI 2000, S. 20; Bechtolsheim et al. 2001, S. 95.

Internet empfinden. Die Displaygröße beeinflusst die Leistungserstellung, indem z.B. die Textmenge reduziert werden muss, die ein Kunde auf der mobil erreichbaren Internetseite zu lesen hat.

Zusammen mit den Bildschirmen wird die Verfügbarkeit von leistungsstarken Batterien als eine der größten Limitationen und eine der wichtigsten technischen Herausforderungen zur Verbesserung der Einsatzmöglichkeiten gesehen. Die Entwicklung vollzieht sich, obwohl der Bedarf an neuen Batterietypen besteht, ausgesprochen langsam.[501] Batterien entwickeln sich nicht in gleichem Maße wie die Prozessorleistung und andere technische Ausstattungsmerkmale, die Stromverbrauch verursachen.[502] Je schneller ein moderner Rechner funktionieren soll, desto mehr Energie wird benötigt.[503] Die deswegen notwendige vorsichtige Verwendung von Strom setzt Restriktionen bei der Rechnerleistung, die in mobile Endgeräte eingebaut werden kann. Rechnerleistung ist wiederum nötig, um die Endgeräte auch mit Hilfe von Software auf dem Endgerät zu personalisieren und um mit entsprechenden Programmen verschiedene, hilfreiche Funktionen für den Besitzer ausführen zu können.[504] Ein weiteres Problem kann durch die Wärmeentwicklung von mobilen Geräten entstehen, die durch die Prozessorleistung beeinflusst wird.[505] Weiterhin wichtig für die Entwicklung des modernen Internets kann die Batterieleistung werden, wenn die Lokalisierung von Kunden über ein GPS-System realisiert werden sollte.[506]

Die Aufgabe für technische Entwickler ist komplizierter geworden, da nicht nur auf den Stromverbrauch, sondern u.a. auch auf den reduzierten Speicherplatz der mobilen Endgeräte eingegangen werden muss. Dabei sollen die Geräte technisch so ausgestattet sein, dass von Softwareseite her Updates möglich bleiben.[507] Einfache Lösungen bieten sich nicht an. Eine Kompatibilität der Systeme durch übergreifende Standards wie XML würde dazu führen, dass mehr Bandbreite zur Übertragung benötigt würde. In der technischen Entwicklung gibt es demnach

---

501 Vgl. Cox 1999, S. 35; WSI 2000, S. 34.

502 Vgl. MSDW 2000, S. 25.

503 Vgl. Schiller 2000, S. 27; Müller-Veerse et al. 2001, S. 66.

504 Vgl. Müller-Veerse et al. 2001, S. 67.

505 Vgl. Howard, Sontag 1999, S. 6.

506 Auch aus diesem Grunde wird nicht von einer großen Verbreitung der GPS-Systeme z.B. mit mobilen Telefonen ausgegangen und in dieser Arbeit Ortsbestimmungsverfahren im mCRM vorgestellt, die auf anderen Methoden beruhen.

507 Vgl. Howard, Sontag 1999, S. 2-3.

um einen Trade-Off zwischen Standard und Individuallösung bei der Geräte- und Softwareentwicklung.[508] Wegen der limitierten Bandbreiten im mobilen Internet wird der Datenkompression eine wichtige Stellung eingeräumt. Diese benötigt dann im Gegenzug wieder mehr Rechenleistung und Speicherplatz auf den Geräten.[509]

Die aufgezeigten technischen Schwierigkeiten machen deutlich, dass die Veränderung des Nutzungsverhaltens des Internets als Ganzes hin zu einer mobilen Lösung noch länger dauern kann. Ein Unternehmen muss deswegen im mCRM die technischen Limitationen seiner Leistungen beachten.

3.4.5 Kundenbedenken und Datenschutz im mobilen Internet

Kundenbedenken und Vertrauen haben bereits im stationären Internet eine besondere Rolle gespielt und werden eine ebensolche auch im mobilen Internet und im mCRM haben. Vertrauen in einen Partner, mit dem man in einer Austauschbeziehung steht, wurde als die Bereitschaft definiert, mit diesem Partner auch weiterhin in Beziehung zu stehen.[510] Vertrauen und *Commitment* sind die wesentlichen Faktoren einer Beziehung, die generell zu einer solchen Bindung von Kunden führen.[511] Die Bedenken stellen dabei ebenso wie die technische Limitation einen Bereich dar, mit dem sich jedes Unternehmen auseinandersetzen muss, wenn es sich im mobilen Internet betätigen möchte. Für Kunden sind Sicherheitsbedenken und Überlegungen zur Privatsphäre wie auch der Kundennutzen integrativer Teil der Wahrnehmung des mobilen Internets. Das Gewinnen und Erhalten von Vertrauen wird Unternehmen vor neue Herausforderungen stellen. Für Unternehmen ist deswegen die Kenntnis und Beachtung dieser Probleme wichtig, um im mobilen Internet agieren zu können und in der Lage zu sein, ein mCRM-System am Kunden auszurichten. In diesem Abschnitt werden Bereiche vorgestellt, die ein Unternehmen im mCRM zu einer Steuerung operativer Maßnahmen berücksichtigen muss.

3.4.5.1 Grundsätzliche Überlegungen zu Kundenbedenken

Durch immer kürzere Innovationszyklen sowie durch die Deregulierung von Kommunikationsmärkten kam es in den letzten Jahren zu der er-

508 Vgl. Weitzel, König 2001, S. 3.

509 Vgl. Müller-Veerse et al. 2001, S. 69.

510 Vgl. Moorman et al. 1992, S. 315.

511 Vgl. Morgan, Hunt 1994, S. 34.

wähnten immer schnelleren technologischen Entwicklung von Formaten, Standards und Leistungen. Schon das stationäre Internet wurde als größte Herausforderung aller Zeiten für die Rahmenordnung des Geschäftslebens gesehen.[512] Neue oder unbekannte Unternehmen haben, ebenso wie die Gesetzgeber, kaum Zeit, auf die schnellen Veränderungen zu reagieren und das nötige Vertrauen bei Kunden aufzubauen. Bei der Verbreitung des Fernsehens dauerte es noch 15 Jahre, um 10 Millionen Zuschauer oder „User" zu erreichen. Hotmail und Napster als neuartige Angebote des stationären Internets brauchten dafür weniger als ein Jahr.[513]

Durch eine schnelle Marktverbreitung kommt die Anpassung von z.B. Gesetzgebern erst, nachdem die Gesellschaft die Technologie bereits angenommen hat. Abbildung 13 zeigt die Abfolge der verschieden Stufen, die mit einer technologischen Innovation einhergehen können. Die untere Reihe in der Abbildung zeigt die verspätete institutionelle Akzeptanz, die zu Problemen und einem mangelnden Vertrauen auf Verbraucherseite führen kann. Missachtung von einfachen Kundensicherheits- und Privatsphärenaspekten haben wiederholt Unternehmen zu Änderungen Ihrer Geschäftshandlungen gezwungen.[514] Bei einer langsamen Entwicklung des Marktes wäre ein Unternehmen wahrscheinlich vertrauter mit den Kundenbedenken gewesen und hätte dementsprechend handeln können.

---

512 Vgl. Prabhaker 2000, S. 159.

513 Vgl. Godin 2000, S. 16-17. Bei Hotmail (http://www.hotmail.com) handelt es sich im einen kostenlosen Emailanbieter und bei Napster (http://www.napster.com) um einen ehemaligen Anbieter von Software, die kostenlos über ein Peer-to-Peer File Sharing-Konzept Musikstücke aus dem Internet anbot.

514 Z.B. wollte AOL ursprünglich Kundendaten an Telefonverkäufer vermieten, musste aber wegen heftiger Kundenproteste und einbrechender Aktienkurse davon Abstand nehmen. Vgl. Smith 2002, S. 8.

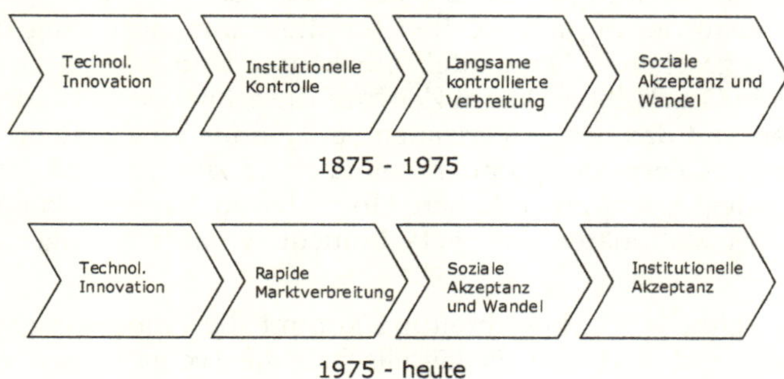

Abbildung 13: Soziale und regulative Akzeptanz von neuen Technologien[515]

Sicherheitsbedenken und der Schutz der Privatsphäre der Kunden können auf der Ebene der staatlichen oder institutionellen Regulierung oder durch Industrieabsprachen gesichert werden.[516] Als vierte Möglichkeit ist die Kontrolle und Sicherung durch die Kunden selbst gegeben. Während die sicherheitstechnische Ausgestaltung eher als Aufgabe der Industrie gesehen werden könnte, ist der Schutz der Privatsphäre eine Aufgabe von staatlichen Institutionen. Durch die in Abbildung 13 aufgezeigten Regelungslücken in der institutionellen Rahmenordnung kann aber die Verantwortung, verbindliche Regeln zum Schutz der Kunden zu entwickeln wieder an Unternehmen wie z.B. Mobilfunkprovider zurückfallen.[517] Bei einem Mangel an Verständnis der einzelnen Kommunikationskanäle besteht allerdings die Gefahr, dass ein Unternehmen allgemeingültige Lösungen für alle Kanäle zusammen sucht und damit den spezifischen Kundennutzen der Kommunikationskanäle im Einzelnen nivelliert.[518]

Um einem Vertrauensverlust beim Kunden entgegenzuwirken, gibt es verschiedene Methoden, die den Unternehmen helfen können, Kundenbedenken abzubauen. Dazu gehört die Teilnahme an Kontrollprogrammen. Um Vertrauen aufzubauen, wurde im stationären Internet vorgeschlagen, dass sich Unternehmen Programmen oder Organisationen anschließen, die eine einheitliche Vorgehensweise zum Schutz der Sicher-

515 Quelle: McKenna 1998, S. 34.

516 Vgl. Schnicke 2002, S. 35.

517 Vgl. Bing 2000, S. 85; Homann, Blome-Drees 1992, S. 126.

518 Vgl. Schögel, Sauer 2002, S. 27.

heit und Privatsphäre anbieten und dieses bei angeschlossen Unternehmen auch überwachen.[519] Die Teilnahme an solchen Kontrollprogrammen kann auch im mobilen Internet erfolgreich sein. Ein Anschluss an ein solches System macht speziell bei solchen Unternehmen Sinn, denen kein oder kaum Kundenvertrauen entgegengebracht wird. Innerhalb von Kooperationen rund um eine starke Marke, beispielsweise die eines Mobilfunkanbieters, kann Vertrauen sich auch einfacher entwickeln, da das Vertrauen, das eine starke Marke hervorruft, an angeschlossene Unternehmen abstrahlen kann.

Die Betrachtung der Sicherheitsbedenken im mobilen Internet ist Teil einer umfassend angelegten Diskussion, die verschiedene Kommunikationsformate und Netzwerke beleuchtet.[520] Auswertungen von Erhebungen aus dem stationären Internet machen deutlich, dass Sicherheits- und Privatsphärenbedenken ein Wachstumshindernis waren und auch in Zukunft bleiben werden.[521] Bereits im stationären Internet wurde dem Vertrauen, das Unternehmen genießen, mehr Bedeutung bei der Kaufentscheidung von Kunden beigemessen, als dem aktuellen Preis.[522] Kunden im stationären Internet wünschen sich auch nach Umfragen mehrheitlich eine gesetzliche Regelung im Privatsphärenschutz.[523] Im mobilen Internet treten die Fragen des Schutzes von Sicherheit und Privatsphäre, speziell auch durch die ermittelbaren Aufenthaltsdaten von Kunden, noch verstärkt auf. Von McGinity wurde sogar vorgeschlagen, Kunden für das Abschalten von Ortungstechnologien bezahlen zu lassen.[524] Gesetzgeber sollten wegen der besonderen Gefahr der Verletzung von Sicherheitsaspekten und dem besonderen Schutzbedürfnis im mobilen Internet anfangen, Regelungen zu entwickeln, die wie bei Fax und Direct Mail Sicherheitsstandards fordern und somit die Privatsphäre schützen. Unternehmen sollten aber nicht auf gesetzliche Regelungen warten und ihre Maßnahmen im mCRM nicht an gesetzlichen Grenzen ausrichten.

---

519 Vgl. Peeples 2002, S. 29. Siehe dazu beispielsweise eTrust (http://www.etrust.com).

520 So ist in den USA auch die Diskussion um unerwünschte Anrufe im Festnetz ein Problem. Vgl. Fahlman 2002, S. 759.

521 Vgl. z.B. Newell, Newell Lemon 2001, S. 147; Miyazaki, Fernandez 2001, S. 28.

522 „Price does not rule the web, trust does." Vgl. Reichheld, Schefter 2000, S. 107.

523 Vgl. Prabhaker 2000, S. 160.

524 Diese wird von McGinity (1999) als Killer Application für Mobilfunkanbieter beschrieben. Vgl. McGinity 1999, S. 21. Es kann aber vermutet werden, dass das Einzige, das „gekillt" wird, das Vertrauen von Kunden sein wird.

Die Abneigung der Kunden gegen jede Form der Überwachung setzt Geschäftsmodellen auch ohne Gesetze schon jetzt enge Grenzen.[525]

3.4.5.2 Kundenbedenken aufgrund von Sicherheitsproblemen

Sicherheit wird als eine der wichtigsten Voraussetzungen für eine Annahme mobiler Datenkommunikation verstanden.[526] Sicherheit ist aber eine schwer zu erfassende Variable, die stark vom individuellen Gefühl des Benutzers des mobilen Internets abhängt.

Das Sicherheitsgefühl im mobilen Internet kann nicht isoliert betrachtet werden, sondern steht in Beziehung zum Sicherheitsgefühl von Kunden in anderen Interaktionskanälen. In keinem dieser Kanäle ist vollständige Sicherheit zum Abbau von Bedenken für Kunden zu realisieren. Dennoch gibt es einzelne Bereiche des mobilen Netzes, bei denen eine Sicherheitsbetrachtung und eine Verbesserung von sicherheitsrelevanten Techniken erfolgen kann. Insgesamt werden fünf Bereiche unterschieden, die Beachtung finden müssen, um ein Sicherheitsgefühl auf Kundenseite zu generieren: 1. Endgeräte-Sicherheit, 2. Mobile Netze, 3. Gateway-Rechner, 4. Stationäre Netze und 5. Server-Sicherheit.[527] Die einzelnen Bereiche sind in Abbildung 14 aufgezeigt:

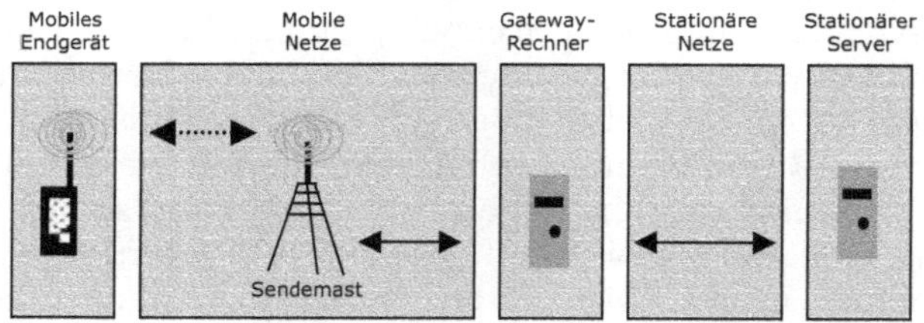

Abbildung 14: Sicherheitsrelevante Bereiche[528]

Mobile Endgeräte (Bereich eins) unterliegen stärker als stationäre Rechner der Gefahr, dass sie liegengelassen, zerstört oder gestohlen werden. Das ist durch den Verlust von persönlichen Daten auf dem Endgerät be-

525 Vgl. Müller et al. 2002, S. 366.

526 Vgl. Müller-Veerse et al. 2001, S. 75.

527 Vgl. Müller-Veerse et al. 2001, S. 76-77.

528 Quelle: Eigene Darstellung in Anlehnung an Müller-Veerse et al. 2001, S. 76-77.

sonders problematisch. Diesen Bedenken müssen die Hersteller und Mobilfunkanbieter durch gemeinsame Standards entgegensteuern und sie so zu einem Verkaufskriterium für ihre Geräte und Mobilfunknetze machen.[529] Die Gerätesicherheit gegen Diebstahl könnte durch das bereits vorhandene Geräteidentifikationsregister (Equipment Identity Register (EIR)) besser geschützt werden.[530] Diese Nummer ist unabhängig von der SIM-Karte und wird bei der Nutzung von Mobilfunkangeboten an Netzbetreiber mit übermittelt. Zurzeit wird aber diese Nummer nicht an andere Netzbetreiber übertragen, so dass es nicht zu einer automatischen Sperrung gestohlener Geräte kommen kann.[531]

Bei dem Schutz vor Dritten während der Übermittlung über alle Netzwerke (Bereich zwei und vier) ist bisher kein sicherer Standard gefunden worden, wobei das Abhören von Mobilfunkennetzen (Bereich zwei) mit einem hohen technischen Aufwand verbunden wäre. An sicheren Übertragungssystemen für alle Netze inklusive WLAN wird derzeit gearbeitet. Die verwendete Technologie wird als Wireless Transport Layer Security (WTLS) bezeichnet.[532] Durch die Anwendung von WTLS kann sichergestellt werden, dass nur diejenigen Daten zwischen den beiden Parteien ausgetauscht werden können, die dafür vorgesehen sind. Dieses System ist dem im stationären Internet nicht unähnlich und beruht ebenfalls auf einer Secure Socket Layer (SSL) Technologie.[533] Ein anderer Ansatz zur Schaffung von Sicherheit in den Mobilfunknetzen ist der einer Public Key Infrastructure (PKI). Entscheidend für den Einsatz von PKI ist die Generierung von Schlüsseln und deren Authentifizierung durch vertrauenswürdige Dritt-Organisationen, wie z.B. dem Mobilfunkanbieter. Denkbar wäre im mobilen Internet eine Verbindung mit der in Mobiltelefonen bereits vorhandenen SIM-Karten.[534] Die so einheitlich erhöhte Sicherheit der Bereiche eins bis vier würde die Basis für eine Sicherung der stationären Server (Bereich fünf) legen. Davon ist man zurzeit aber noch weit entfernt. Bei allen zukünftigen, sicherheitstechnischen Entwicklungen werden die Mobilfunkprovider zusammen mit den Endgeräteherstellern eine Schlüsselrolle einnehmen. Verhältnismäßig sicher ist bisher nur die Verbindung zwischen den Sendestationen und den nicht-öffentlichen Internet-Gateways (Bereich 3).

---

529 Vgl. Büllingen, Wörter 2000, S. 68.

530 Vgl. Doran 2001, S. 181.

531 Vgl. Schiller 2000, S. 151.

532 Vgl. Day et al. 2000, S. 4.

533 Vgl. Cassano 2000, S. 55.

534 Vgl. Pleil 2001, S. 29; Wiedmann, Buckler, Buxel 2000, S. 87.

Bedeutsam für den Erfolg des mobilen Internets ist, dass die Bearbeitung der fünf Sicherheitsaspekte das gleiche Gefühl der Sicherheit schafft, wie es aktuell bei der Nutzung der mobilen Kommunikation im Mobilfunk der Fall ist. Die Übertragung in den Netzwerken muss auch in dem Sinne sicher sein, dass der Sender davon ausgehen kann, dass die Daten den gewählten Empfänger unverändert und ungelesen erreichen. Wenn bei Nutzern dieses Gefühl bestehen bleibt, kann dieses zu einem entscheidenden Vorteil gegenüber dem stationärem Internet werden. Der Aspekt der Sicherheit kann aber nicht allein durch das Entwickeln von Standards und technischen Lösungen erreicht werden. Es ist vielmehr ein Prozess, in dem sich die Kunden langsam an die Möglichkeiten und Limitationen des mobilen Internets herantasten. So wie immer noch eine gewisse Unsicherheit besteht, ob eine klassische Email den Empfänger auch erreicht hat und er auch tatsächlich online war, um sie zu lesen, wird eine Unsicherheit im mobilen Internet vorhanden sein. Mobil übermittelte Informationen sollten deswegen nützlich, aber für den Kunden nicht entscheidend sein. Das Nutzungsverhalten ist in dieser Hinsicht nicht steuerbar und Verhaltensnormen werden sich nur langsam entwickeln. Daher ist eine Aufgabe von mCRM-Systemen, zu ermitteln, wie mit dieser Unsicherheit umgegangen werden soll.

3.4.5.3 Kundenbedenken bezüglich der Privatsphäre

Der Schutz der Privatsphäre im mobilen Internet wird derzeit in einer Reihe von Publikationen diskutiert. Die aktuelle Rechtslage zu personenbezogenen Daten wird im anschließenden Abschnitt besprochen.

Neue Technologien erwecken immer erst einmal das Gefühl einer Gefährdung der Privatsphäre. Bei der Einführung von Fotoapparaten und Telefonen wurde bereits über einen Einschnitt in die Privatsphäre geklagt.[535] Die Angst vor einem Verlust der Privatsphäre wurde in Umfragen auch im stationären Internet zusammen mit den Sicherheitsbedenken als häufigster Grund genannt, weswegen Kunden nicht online einkauften oder es ablehnten, Marketingkampagnen auch über das stationäre Internet zu empfangen.[536] Sogar das Mitübertragen der Rufnummer beim Telefonieren im Festnetz, wie es in Deutschland im digitalen Telefonnetz üblich ist, wurde in den USA schon als Eingrenzung der Privatsphäre empfunden.[537]

---

535 Vgl. Johnson 1997, S. 60.

536 Vgl. Godin 1999, S. 164.

537 Mehr zu dieser Diskussion in den USA siehe Ferguson 2001, S. 227ff.

Im mobilen Internet werden sich solche Bedenken verstärkt wieder finden. Die Verwendung von sensiblen Daten, wie dem Aufenthaltsort, zur Personalisierung von Leistungen im mCRM stellt einen Kern des mobilen Internets dar. Solche Daten wurden auch schon vorher erhoben, es gab aber immer Probleme, diese mit anderen Daten zu verbinden.[538] Im mobilen Internet können hingegen Daten durch die automatische Identifikation einfach zusammengeführt werden. Bereits wenn mobile Endgeräte eingeschaltet sind, produzieren sie einen permanenten Datenstrom über ihren Aufenthaltsort.[539] Ein unkontrollierter Zugang zu diesen Aufenthaltsdaten würde als inakzeptabler Eingriff in die Privatsphäre gewertet.[540] Es wird vermutet, dass wegen des mangelhaften Schutzes der Privatsphäre ebenso wie wegen der hohen Sicherheitsbedenken manche Kunden das mobile Internet nicht als Medium nutzen werden.[541] Wenn die Privatsphäre und die Kundenkontrolle über vom Unternehmen versendete Informationen nicht beachtet werden, kann es zu einem großen Rückschlag in der Akzeptanz des mobilen Internets als Ganzes kommen.[542]

Mobile Geräte werden als sehr persönliche Geräte bezeichnet und als Erweiterung der Individuen selbst.[543] Unternehmen, die das mobile Internet benutzen dürfen, um direkt mit Konsumenten Kontakt aufzunehmen, benötigen deswegen großes Vertrauen der Kunden.[544] Vertrauen wird neben der Beschäftigung mit Sicherheitsbedenken gerade durch den Schutz der Privatsphäre geschaffen. Das Verständnis innerhalb der Unternehmen für vorhandene Kundenbedenken ist so für die Ausgestaltungen von jeder Art der Leistungen im mobilen Internet wichtig. Nur in Kooperation mit den Kunden können die Daten, die bei der Leistungserstellung beispielweise zur Personalisierung bedeutsam sein können, auch erhoben werden. Je kritischer Konsumenten aber gegenüber der Datenerhebung und Datennutzung der Unternehmen sind, desto schwieriger wird es, korrekte Daten zu erhalten.[545] Das Bewusstsein auf Kundenseite, dass die eigenen Daten erhoben werden, unterliegt jedoch

---

538 Vgl. Buchholz, Rosenthal 2002, S. 34.

539 Vgl. IZT et al. 2001, S. 174.

540 Vgl. Spreitzer, Theimer 1996, S. 398.

541 Vgl. Nilsson et al. 2001, S. 14.

542 Vgl. Hayward et al. 2000, S. 3.

543 Vgl. Newell, Newell Lemon 2001, S. 140; Mehta et al. 2000, S. 5.

544 Vgl. Mehta et al. 2000, S. 5. Siehe dazu auch die Abschnitt 3.4.5 Kundenbedenken und Datenschutz im mobilen Internet, S. 132.

545 Vgl. Schwarz 2002b, S. 384.

Schwankungen, wie bereits im stationären Internet.[546] Für Unternehmen ergibt sich deswegen die Aufgabe, dieses Bewusstsein in ihrem Sinne zu beeinflussen.

Ansätze zum Privatsphärenschutz von Kunden folgen verschiedenen Prinzipien. Der Kunde sollte immer die Möglichkeit für ein Opt-in und ein Opt-out bei Maßnahmen haben.[547] Dabei wird ein mehrschichtig ausgestaltetes Opt-in-Verfahren eine große Rolle spielen, weswegen diese Form des Permission Marketing detailliert im Abschnitt über die Ausgestaltung des mobilen Marketings aufgegriffen wird.[548] Ein Unternehmen sollte es akzeptieren, wenn ein Kunde einzelne Angaben, z.B. über die Festnetztelefonnummer, nicht machen möchte.[549] Leistungen sollten daher prinzipiell so ausgestaltet sein, dass man zur Leistungsnutzung keine oder nur minimale Angaben zur Person machen muss.[550] Unternehmen müssen davon ausgehen, dass auch ein anonymer Kunde ein treuer Kunde sein kann.[551]

Unternehmen sollten grundsätzlich nie ohne die Zustimmung der Kunden im mobilen Internet agieren, da sich ein solchermaßen verspieltes Vertrauen nur schwer oder gar nicht wieder aufbauen lässt.[552] Als weiterer Schritt zur Gewinnung von Vertrauen sollten Kunden jederzeit die Verwendung persönlicher Daten untersagen oder eine Zustimmung zur Nutzung widerrufen können.[553] Dazu gehört, dass Unternehmen deutlich kommunizieren, wofür sie die Daten erheben wollen und dass sie die Abgabe an Dritte streng kontrollieren.[554] Zusätzlich sollte ein Kunde stets nachvollziehen können, welche Informationen gespeichert sind und wie diese erhoben wurden.[555] Indem die Kunden die Kontrolle über ihre Daten erhalten und selbst festlegen können, wer sie nutzen darf, kann das Spannungsverhältnis zwischen dem Schutz der Privatsphäre und den Anforderungen der Nutzung dieser Daten durch Unternehmen ab-

---

546 Vgl. Janetzko 1999, S. 158.

547 Unter dem Begriff des „Opt-in" wird die Möglichkeit einer bewussten Zustimmung von Kunden zu einzelnen Maßnahmen von Unternehmen, wie dem Versenden von Newslettern, verstanden.

548 Siehe dazu Abschnitt 4.4.3.3 Ausgestaltung des mobilen Marketings, S. 214.

549 Vgl. Link, Schmidt 2002a, S. 135.

550 Vgl. Greisiger 2001, S. 17-18.

551 Vgl. Lammers 2000, S. 23.

552 Vgl. Newell, Newell Lemon 2001, S. 120.

553 Vgl. Silberer, Wohlfahrt 2001, S. 95.

554 Vgl. Greisiger 2001, S. 17-18.

555 Vgl. Greisiger 2001, S. 17-18; Reischl, Sundt 1999, S. 124.

geschwächt werden.[556] Die einfachste Möglichkeit für Kunden, Kontrolle auszuüben, ist, die Daten auf dem mobilen Endgerät selbst zu ermitteln und zu speichern. Der Kunde könnte so selbst entscheiden, auf welche Weise und an wen diese Information dann übertragen wird.[557]

Schon 1994 wurde der Widerspruch zwischen dem Nutzen und dem Schutz der Privatsphäre gesehen.[558] Es könnten eventuell solche Maßnahmen gerechtfertigt sein, bei denen die Vorteile den vermuteten Schaden oder die Nachteile übersteigen.[559] Bei der Einhaltung von Privatsphäre ist so eine gute Balance zwischen zwei Abwägungen zu finden. Zum einen gibt es den Wunsch des Kunden nach Bequemlichkeit in der Nutzung von Leistungen im mobilen Internet, zum anderen die Kontrolle über die Daten der Kunden.[560] Es besteht so ein Spannungsverhältnis zwischen dem Willen von Kunden, Geschäfte bequem tätigen zu können, und dem Schutz der Privatsphäre. Dieses Spannungsverhältnis ist in der Tabelle 4 aufgezeigt. Vorschläge zum strikten Schutz von Persönlichkeitsrechten (Privacy Protection) würden ein Umfeld schaffen, das nicht nur schwierig für Unternehmen wäre, sondern auch für Kunden Unbequemlichkeiten mit sich bringen würde.[561]

Spannungsverhältnis Privatsphäre/Bequemlichkeit	
Bequemlichkeit	**Privatsphäre**
Personalisierung durch Daten	Gesetzlicher Schutz der Daten
Einfachere Produktgestaltung	Gefühl/Ängste der Überwachung
Einfachere Service-Gestaltung	Vollständige Übertragungssicherheit
Vereinfachte Zahlungsmöglichkeiten	Freiwillige Selbstabsprachen
Andere Bequemlichkeiten	

Tabelle 4: Spannungsverhältnis Privatsphäre/Bequemlichkeit

Prinzipiell sollte auch vor der Nutzung von bereits gespeicherten Daten bei den Kunden angefragt werden, ob auf diese Daten zugegriffen werden darf. In einem Beispiel griff ein Service-Mitarbeiter erst auf die be-

556 Vgl. Spreitzer, Theimer 1996, S. 398.

557 Vgl. Sakarya 2002, S. 5; Matskin, Tveit 2001, S. 31.

558 Vgl. Forman, Zahorjan 1994, S. 38-47.

559 Vgl. Charters 2002, S. 244.

560 Vgl. Langheinrich 2001, S. 281.

561 Vgl. Langheinrich 2001, S. 274.

reits gespeicherten, persönlichen Daten eines Kunden zu, als dieser explizit seine Erlaubnis dazu erteilt hatte.[562] Solche Methoden werden auch im mobilen Internet helfen, die Unsicherheit bei Kunden zu reduzieren. Trotzdem wird es immer wieder Kunden geben, die es in bestimmten Situationen vorziehen anonym zu bleiben und deswegen keine Datenübermittlung wünschen.[563] Schon im stationären Internet gab es Kunden, die für Services zahlten, die ihren Namen anonymisieren und eine Rückverfolgung unmöglich machten und damit in ihren Augen ihre Privatsphäre schützten.[564] Diese Anonymität schaffte aber das Problem der Integrität der Kommunikation, so dass man nicht mehr über die Identität seines Interaktionspartners sicher sein kann.[565] Dadurch wird für diese Kunden die Nutzbarkeit des mobilen Internets merklich reduziert werden. Um solche Probleme abfedern zu können, könnten sich Privacy Broker etablieren, die die Daten der Kunden verwalten und für die Konsumenten gute Kaufverträge abschließen.[566] Man kann auch Datenzwischenhändler einbeziehen, die Händler nur mit den nötigsten Informationen wie Körpermaße etc. versorgen und dann eine Transaktionsnummer vergeben. Erst das ausgewählte Transportunternehmen kann dann die Transaktionsnummer zu einer Adresse führen, weiß aber nicht, was gekauft wurde. Die Rechnungsstellung und alle damit verbundenen Informationen werden von einem Dritten übernommen.[567]

Der Schutz der Privatsphäre wird immer mehr zu einer internationalen Aufgabe, da zunehmend größere Datenmengen über Ländergrenzen hinweg geschickt werden.[568] Internationale Regeln werden auch für das internationale Roaming, der Mobilität von Mobilfunkbenutzern über ihre Landesgrenzen hinweg, benötigt.[569] Die nicht freie Verfügung von Kundendaten über Landesgrenzen hinweg kann gerade in der Reiseindustrie zu Problemen führen und eine Personalisierung der Leistungen

562 Vgl. Newell, Newell Lemon 2001, S. 276.

563 Vgl. Klein et al. 2000, S. 90.

564 Vgl. Nakra 2001, S. 273.

565 Vgl. Johnson 1997, S. 62.

566 Vgl. Kasrel 2000, S. 15.

567 Vgl. Riedl 2000, S. 1.

568 Vgl. Nilsson et al. 2001, S. 2.

569 Vgl. Reischl, Sundt 1999, S. 124.

gemäß der Kundenwünsche verhindern.[570] Durch die internationale Ausrichtung der Mobilfunkanbieter ist nicht immer eindeutig, aus welchem Land die nachgefragten Leistungen im Moment kommen. Wie im stationären Internet können Unternehmen ihre Angebote auch im mobilen Internet frei über Grenzen hinweg vermarkten. Während Kunden sich im stationären Internet ausführlich und bequem über den Standort und die geltenden Geschäftsbedingungen informieren konnten, ist das im mobilen Internet wegen der beschriebenen Limitationen nur begrenzt möglich.

Trotz all dieser Bedenken wird damit gerechnet, dass, wenn die Anwendungen von den Kunden als sehr nützlich empfunden werden, langsam eine Akzeptanz der Weitergabe der Informationen zu erwarten ist.[571] Für Unternehmen mit Endkundenkontakt ist es aber entscheidend, dass im Rahmen des mCRM den einzelnen Punkten Beachtung geschenkt wird und mCRM-Systeme flexibel mit unterschiedlichen Anforderungen und Bedenken von Kunden umgehen können.

3.4.5.4 Datenschutzrichtlinien

Das Gewinnen und Verwenden von Kundendaten ist für den Aufbau von Kundenbeziehungen ausgesprochen wichtig und gibt Unternehmen einen Vorteil in der Erfüllung der Wünsche ihrer eigenen Kunden gegenüber anderen Unternehmen im Markt.[572] In diesem Abschnitt werden kurz die entsprechenden datenschutzrechtlichen Richtlinien angesprochen, die für die Verwendung von Kundendaten allgemein in der Bundesrepublik Deutschland gelten.[573] Dabei ist anzumerken, dass die Rechtslage für das mobile Internet noch nicht eindeutig geklärt ist.[574] In den nächsten Jahren wird sich zeigen, wie die Gesetzgebung in die Ausgestaltung des mobilen Internets und die Datenverwendung eingreift.

Die in der deutschen Gesetzgebung vorgeschriebenen Grenzen und Anforderungen sind von den Unternehmen grundsätzlich für das Gewinnen des Kundenvertrauens zu befolgen und wurden deswegen schon

---

570 In einem Beispielfall war es einer schwedischen Fluggesellschaft durch einen Gerichtsbeschluss verboten worden, Informationen über die Diätwünsche ihrer Flugpassagiere von Schweden in die USA zur Leistungserstellung zu übermitteln. Vgl. Dalton 1998, S. 26.

571 Vgl. Zobel 2001, S. 42.

572 Vgl. Franzak et al. 2001, S. 632.

573 Eine ausführliche Literaturauswertung zum Thema Datenschutz in modernen Kommunikation kann bei Kussel (2002) gefunden werden.

574 Vgl. Silberer, Wohlfahrt 2001, S. 98.

aus wirtschaftlicher Sicht auch ohne den direkten Bezug auf Gesetzestexte im vorangestellten Kapitel angesprochen. Im Grunde ist eine Rahmenordnung Ländersache, wobei supranationale Organisationen wie die Europäische Union vermehrt eine Rolle spielen.[575] Dadurch wird auf die besprochenen Probleme der Länder übergreifenden Nutzung und Übermittlung von Daten eingegangen werden.

Die Leistung und die Nutzung von Daten im mobilen Internet unterliegen, wie alle personenbezogenen Daten, dem Bundesdatenschutzgesetz (BDSG). Die Telekommunikationsverbindungsdaten, die zur Aufrechterhaltung der Kommunikation erforderlich sind, unterliegen dem Telekommunikationsgesetz (TKG) und der Telekommunikationsdatenschutzverordnung (TDSV).[576] Aus dem Telekommunikationsgesetz (TKG) ergibt sich, dass eine Homepage im stationären Internet auch unter das engere und genauere Teledienstdatenschutzgesetz (TDDSG) fällt.[577] Durch die Ähnlichkeit des stationären mit dem mobilen Internet wird das Teledienstdatenschutzgesetz auch für weite Teile des mobilen Internets die relevante Rechtsvorschrift sein. Deswegen wird hier insbesondere auf das TDDSG näher eingegangen.

Durch die Gesetzesvorschriften des TDDSG ist geregelt, dass im Grunde jede Verwendung von Kundendaten verboten ist, es sei denn, sie ist explizit durch Gesetze erlaubt oder der Kunde hat ausdrücklich seine Zustimmung dazu erklärt (§3 Abs. 1 TDDSG 2001).[578] Wenn ein Unternehmen z.B. die Aufenthaltsdaten für andere Zwecke als die eigentlich angefragten benutzt, muss das Unternehmen erneut die Zustimmung beim Kunden einholen. Nach der Verwendung der Daten ist grundsätzlich eine Löschung dieser vorzunehmen.[579]

Eine Sonderstellung nehmen Daten ein, die zur Abrechnung von in Anspruch genommenen Leistungen benötigt werden. Diese dürfen auch ohne die explizite Zustimmung der Kunden nach §6 Abs. 1 TDDSG 2001 gespeichert und verarbeitet werden. Dabei haben Kunden nach §7 TDDSG 2001 ein umfassendes Auskunftsrecht über die gespeicherten

575 Vgl. Gentsch 2002, S. 173.

576 Vgl. Eckhardt 2001, S. 178.

577 Vgl. Gentsch 2002, S. 173. Siehe dazu auch §3, Art. 1 Bundesdatenschutzgesetz (BDG), i.V.m. §3-5 Teledienstdatenschutzgesetz (TDDSG). Weitere Informationen zum Datenschutz siehe auch Achenbach 1999, S. 94-105; Seidel 1998, S. 635-642.

578 Vgl. Schwarz 2002b, S. 412.

579 Vgl. Gentsch 2002, S. 174.

Daten.[580] Die Speicherung der sensiblen Aufenthaltsdaten erfolgt bereits jetzt, da die Aufenthaltsorte von Kunden für die Bestimmung des Mobilfunktarifs verarbeitet werden müssen. Eine weitere Verwendung über die Abrechnung hinaus erfolgt aber nicht. Für Untersuchungen von Kundenverhalten ist aber eine Vorkehrung getroffen worden. So dürfen in der Marktforschung anonyme Profile benutzt werden (§6 Abs. 3 TDDSG 2001). Sobald Ergebnisse aber mit personenbezogenen Daten zusammengeführt werden, muss die Einwilligung der Nutzer vorliegen. Diese Einwilligung wird eine entscheidende Bedeutung für den Einsatz der Daten in der im mobilen Internet nötigen Individualisierung haben. Eine einfache Form der Beachtung der Anforderungen des TDDSG ist es deswegen, Kunden im Rahmen einer Registrierung um die Zustimmung zur Erhebung und Nutzung seiner personenbezogenen Daten zu bitten.[581] Dabei ist nicht klar, wieweit eine solche Zustimmung allgemein gelten kann und welche besonderen Vorschriften für sie gelten.

Im mCRM sind die Datenschutzrichtlinien auch bei der konkreten Ausgestaltung von Leistungen bedeutsam. So ist es beispielsweise vom Design abhängig, ob ein einfacher Tastendruck schon als rechtlich verbindliche Zusage des Kunden gewertet werden kann, dass seine Daten verarbeit werden können.[582] Erst in der Zukunft werden sich Standards entwickeln, die auch über die Landesgrenzen hinweg Geltung haben. In der nahen Zukunft obliegt der Umsetzung von mCRM-Konzepten die Beachtung der gesetzlichen Regelungen sowie auch ein Eingehen auf Kundenbedenken in Bezug auf den Schutz der Sicherheit und der Privatsphäre.

580 Vgl. Gentsch 2002, S. 174.

581 Vgl. Ceyp 2002, S. 124.

582 Vgl. Eckhardt 2001, S. 179.

4 Mobile Customer Relationship Management

Das mobile Customer Relationship Management (mCRM) baut auf dem vorgestellten CRM-Gedanken aus Kapitel zwei und den Ausführungen über das mobile Internet aus Kapitel drei auf. Die Veränderungen der Kommunikation durch das mobile Internet, die im letzten Kapitel vorgestellt wurden, werden bedeutendere Auswirkungen auf die Art der Interaktion zwischen Endkunden und Unternehmen haben, als es schon im stationären Internet der Fall war. Zur mCRM-Entwicklung werden deswegen grundsätzliche Methoden und Ansätze des CRM und eCRM mit den neuen Überlegungen und Ansätzen des mCRM kombiniert. Viele Bereiche erfordern durch die neue Art der Interaktion auch eine Neuentwicklung von z.B. der Leistungserstellung oder Bewertungsmethoden zur Zielerreichung im mCRM. Neue Verfahren müssen sich an dem veränderten Zugang, den vorgestellten Besonderheiten des mobilen Internets und der mobilen Kommunikation orientieren.

In diesem Kapitel wird im ersten Abschnitt (Abschnitt 4.1) zuerst die Definition und Eingrenzung des mCRM-Ansatzes vorgenommen. Anschließend wird die Bedeutung des mCRM für Unternehmen mit Kundenkontakt besprochen. Im nächsten Abschnitt wird die neue Datenbasis, die eine Grundlage für das mCRM bildet, analysiert (Abschnitt 4.2). Der Schwerpunkt liegt dabei auf der Erörterung jener Daten, die den Aufenthaltsort und die Mobilität eines Kunden beschreiben. Hierfür wird ein vierschichtiges Datenmodell (Mobilitätsdatenklassen) entwickelt. Zusammen mit dem Grundverständnis des mobilen Internets kommt dieses Datenmodell für die Ausgestaltung des kommunikativen mCRM zum Einsatz (Abschnitt 4.3). Die Erkenntnisse des kommunikativen mCRM werden zusammen mit den Besonderheiten des mobilen Internets für die Leistungserstellung zur Erreichung der CRM-Ziele im operativen mCRM (Abschnitt 4.4) angewandt. Die Auswirkungen der neuen Fragestellungen für das analytische CRM werden abschießend vorgestellt (Abschnitt 4.5).

4.1 Grundlagen des mobile Customer Relationship Management

Die schrittweise Verbreitung des mobilen Internets eröffnet Kunden und Unternehmen einen neuen Kommunikationskanal, ohne dass andere Kanäle dafür wegfallen. Die grundsätzlichen Überlegungen zum Kundenbeziehungsmanagement behalten deswegen ihre Legitimität. Das mCRM kann als erweiternde Variante des CRM gesehen werden, die die Erreichung von CRM-Zielen auch im mobilen Internet ermöglicht. Wegen der weit gefächerten Anwendungsmöglichkeiten mobiler Technologien muss aber das mCRM im Verständnis eingegrenzt und die Bedeutung vom mCRM für die Erfüllung von Kundenerwartungen hervorgehoben werden.

4.1.1 Integration des mobile CRM in die CRM-Definition

Die im Abschnitt 2.1.1 aufgezeigte Definition von CRM ist umfassend genug, um auch neu entwickelte Kommunikations- und Vertriebswege zu integrieren.[583] Die Diskussion des mCRM hat aber einen technisch bedingten Betrachtungsschwerpunkt, daher wurde folgende mCRM-Begriffsbestimmung für diese Arbeit entwickelt:

> Unter mCRM werden alle Maßnahmen des CRM unter Zuhilfenahme von Technologien des mobilen Internets verstanden, was zu einem um den mobilen Kanal erweitertes CRM-Gesamtkonzept führen kann.

Die Unternehmensziele, die mit dem Einsatz von CRM verfolgt werden, also Profitabilität, Langfristigkeit, Individualisierung und Integration, behalten auch unter der Anwendung mobiler Technologien ihre Gültigkeit, womit die CRM-Unternehmensphilosophie weiterhin unverändert Bestand hat.

Die kommunikativen, operativen und analytischen Maßnahmen der unterschiedlichen Unternehmensfunktionen zur Zielerreichung müssen jedoch an das mobile Internet angepasst werden. Aufgrund der technischen Ausgestaltung und der stetigen Verbreitung des mobilen Internets, stehen Unternehmen besonders bei der Umsetzung der CRM-Ziele *Integration* und *Individualisierung* vor neuen Herausforderungen. Es setzt sich die Bedeutung von Kundendaten für die Individualisierung, wie schon im stationären Internet beim eCRM zu beobachten war, fort. Je mehr Aufenthaltsdaten und weitere Kontextvariablen im mCRM integriert werden, desto wahrscheinlicher ist es, dass spezielle Überlegungen in Bezug auf das mCRM auch für weitere Aktivitäten außerhalb des mobilen Internets Gültigkeit erlangen.[584]

---

583 Siehe dazu Abschnitt 2.1.1 Definition des Customer Relationship Management, S. 24.

584 Siehe dazu Abschnitt 2.1.3 Neuere Entwicklungen im Customer Relationship Management, S. 30.

4.1.2 Abgrenzung des mobile CRM zum wireless CRM

Da das mobile Internet und das mCRM auf vielfältige Weise in den operativen Unternehmensfunktionen Marketing, Vertrieb und Service eingesetzt werden können, ist für diese Arbeit eine Eingrenzung des zu diskutierenden Bereiches notwendig. Die Diskussion über Customer Relationship Management im mobilen Internet wird derzeit für zwei unterschiedliche Bereiche geführt, die häufig nicht voneinander abgegrenzt werden. Die in diesem Zusammenhang genannten Begriffe des *wireless CRM* und des *mobile CRM* werden nicht eindeutig getrennt. Besonders bei der mobilen Anbindung von Mitarbeitern ist in der Literatur häufig vom „wireless CRM" die Rede.[585] Dasselbe wird hingegen in manchen Veröffentlichungen und speziell in der Industrie als „mobile CRM" bezeichnet.[586] Manche Autoren bezeichnen auch Verfahren für schnellere Rechnungsstellung über mobile, integrierte, unternehmensinterne Prozesse noch als mCRM.[587] Ein Schwerpunkt dieser Diskussion liegt in der Entwicklung eines mobilen Zugriffs auf kundenrelevante Informationen.[588] Die dafür benötigten Schnittstellen und Funktionalitäten werden zurzeit von vielen CRM-Software-Anbietern in ihre Systeme integriert.[589]

Diese interne Optimierung von Prozessen im Vertrieb, speziell mit Außendienstmitarbeitern, ist wegen mangelnder Kundennähe nicht Betrachtungsgegenstand der vorliegenden Arbeit und im Kerngedanken auch kein mCRM. Es handelt sich gleichwohl um einen der am stärksten wachsenden Bereiche im CRM-Umfeld und könnte als wireless CRM bezeichnet werden.[590] Die Überlegungen der genannten Autoren, die sich mit dem wireless CRM auseinandersetzen, sind dennoch teilweise verwendbar, da sie sich auch mit der Problematik der kabellosen Kommunikation auseinandersetzen. Analog zum stationären Internet sollten aber die Begrifflichkeiten klar definiert werden. So werden mit dem Begriff electronic Customer Relationship Management (eCRM) auch nur die Bereiche bezeichnet, die direkte Hilfe und Zusammenarbeit mit Kunden

---

585 Um mit den internationalen Begriffen konform zu bleiben, wird hier der Begriff „wireless" statt „kabellos" gewählt, wie er auch z.B. bei Hoffmann 2000a, S. 40, Chiem 2001, Apicella 2001 verwendet wurde.

586 Diese Unternehmen sind z.B. Softbow Systems (Vgl. Softbow Systems 2000), SAP mit dem mySAP.com (Vgl. Ennigrou 2002, S. 236) oder IDC (Versleijen-Pradhan, Menzigian 2001). Siehe auch z.B. Zwick (2001, S. 64) oder Güc (2001, S. 49).

587 Vgl. Hubschneider 2001, S. 52.

588 Vgl. Petersmann, Nicolai 2001, S. 18; AvantGo 2001, S. 1.

589 Vgl. Sherman 2000, S. 1f.

590 Vgl. Pastore 2001, S. 1-2.

im eCommerce und dem stationären Internet allgemein beinhalten.[591] Aus diesen Überlegungen ergibt sich, dass auch im mobilen Internet der Begriff des mCRM die Bereiche der Kommunikation mit dem Kunden meinen sollte, während der ebenfalls eingeführte Begriff des wireless CRM alle Anstrengungen der mobilen Anbindung von Vertriebsmitarbeitern und Angestellten aus anderen Unternehmensbereichen aufzeigen könnte. In dieser Arbeit wird nur das mCRM weiter betrachtet.

4.1.3 Ziele des mobile CRM für Unternehmen

Die Beschreibung des mobilen Internets hat die Vielschichtigkeit dieses Mediums hervorgehoben. Die Anwendung der Ideen des mCRM wird in der Zukunft für Unternehmen hohe Bedeutung besitzen, um mit dieser Vielschichtigkeit umzugehen und momentane und zukünftige Erwartungen von Kunden zu erfüllen. Mit dieser Art der Veränderung der Technik mitzuhalten wird als die größte Herausforderung für Unternehmen gesehen.[592]

Durch ein darauf angepasstes mCRM kann eine größere Nähe zu Kunden geschaffen werden. Zusammen mit dem kommunikativen und analytischen mCRM können neuartige, individualisierte Leistungen in Marketing, Vertrieb und Service geschaffen werden, die Kunden eher eine dauerhafte und profitable Beziehung mit einem Unternehmen eingehen lassen, als es bereits im stationären Internet der Fall war. Damit wird zukünftig den CRM-Zielen der Individualisierung und Integration besondere Aufmerksamkeit bei der Leistungserfüllung zuteil. Der Einsatz des mCRM wird in der Zukunft durch eine erhöhte Individualisierung von Leistungen eine gestiegene Zahlungsbereitschaft von Kunden schaffen, die der Erreichung des übergeordneten Unternehmensziels, der Profitabilität, dient. Durch die besondere Nähe zum Kunden entsteht aber auch eine Verantwortung und Gefahr für Unternehmen, da Fehler von Unternehmen schneller durch den Kunden wahrgenommen und geahndet werden können. Ein einfaches Anwenden von vorhandenen CRM- oder eCRM-Strategien wird dabei den Anforderungen des mobilen Internets nicht gerecht.

Durch die zunehmende Nutzen bringende Verwendung der mobilen Kommunikation werden die Kundenerwartungen steigen. Kunden haben Leistungen von Unternehmen schon im stationären Internet nicht nur an vergleichbaren Konkurrenten, sondern auch an brachenfremden

591 Vgl. Frielitz et al. 2002b, S. 686-687.

592 Vgl. Allen 2001, S. 1.

Unternehmen gemessen.[593] Gleiches kann auch im mobilen Internet erwartet werden, was die Unternehmen zwingen wird, Leistungsmerkmale zügig an die Erwartungen anzupassen. Durch die Nutzung von Technologien über einen längeren Zeitraum hinweg kommt es zu einem Anstieg des Niveaus der Kundenerwartungen, was in Abbildung 15 durch die Steigerung der Wachstumsrate der oberen Linie gezeigt ist.[594] Die Erwartungen der Kunden steigen proportional zu der Zunahme von Möglichkeiten.[595] Durch die Verwendung moderner Technologien in dynamischen Märkten mit hoher Wettbewerbsintensität werden Leistungsmerkmale schnell von einer Besonderheit zu einem Industriestandard und einer Basisanforderung.[596] Dabei ist die Erwartungserfüllung, und damit die Angleichung der oberen und unteren Linie, der Kern zur Schaffung von Zufriedenheit - auch im mobilen Internet.[597] Eine Enttäuschung dieser Erwartungen führt zur Unzufriedenheit der Kunden.[598] Das bisherige Nicht-Agieren führte bereits zu einer sich vergrößernden Lücke (Erwartungslücke) zwischen den zusätzlich mobil-geprägten Kundenerwartungen und einem fast gleichbleibenden Leistungserfüllungsniveau der Unternehmen.[599]

---

593 Vgl. Bachem 2002, S. 500-501.

594 Diese Beobachtung an technische Steigerungen wurde z.B. in Bezug auf Bankautomaten gemacht. Nach ersten Kundenbedenken, kommt heute keine Bank mehr ohne derartige Systeme aus. Vgl. McKenna 1998, S. 74.

595 Vgl. Clark 2001, S. 178.

596 Vgl. Schögel, Schmidt 2002, S. 30-31; Herrmann et al. 2000, S. 48.

597 Zufriedenheit oder vielmehr das Fehlen von Unzufriedenheit ist das Ergebnis eines komplexen Informationsverarbeitungsprozesses auf Kundenseite, in dessen Kern ein Soll-Ist-Vergleich steht, indem Leistungserfüllungserwartungen (Soll) und die tatsächlich erlebte Produkterfahrung (Ist) verglichen werden. Vgl. dazu eine Reihe von Autoren z.B. Andersen et al. 1994, S. 54; Lingenfelder, Schneider 1991, S. 110 –112; Stauss 1999, S. 6-8 oder Fischer et al. 2001, S. 1163.

598 Vgl. Fischer et al. 2001, S. 1163. Dazu kommt, dass ein Erfüllen des technisch Erwarteten nicht zu einer Steigerung der Zufriedenheit führen wird, obwohl das Weglassen eine Unzufriedenheit generieren kann. Als Beispiel für eine solche technisch entwickelte Basisanforderung wird das Vorhandensein eines Airbags in Neuwagen genannt. Vgl. Herrmann et al. 2000, S. 47.

599 Eine gewisse Untererfüllung ist immer der Fall, da es nicht mit dem Ziel der Profitabilität vereinbar ist, wenn alle Erwartungen aller Kunden immer erfüllt werden.

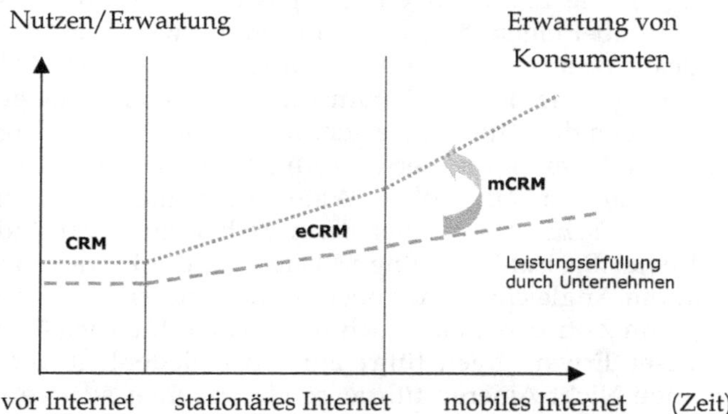

Abbildung 15: Die Erwartungslücke und die Aufgabe des mobile CRM[600]

Innerhalb der Leistungserfüllung der Unternehmen, durch die untere Linie symbolisiert, gibt es Handlungsbedarf, der nur mit Hilfe des mCRM angegangen werden kann. Wie in der Abbildung gezeigt, ist es Aufgabe eines mCRM-Systems, die Leistungserstellung dichter an den Kunden anzupassen und damit eine Lücke, die sich zwischen der Erwartungshaltung des Kunden und dem Leistungsspektrum des Unternehmens ergibt, schließen zu helfen. In der Abbildung ist diese Aufgabe durch den Pfeil symbolisiert. Ein solches Entsprechen von Erwartungen, auch mit modernen Technologien, wird als eine der Kernaufgaben des CRM gesehen.[601]

Die langfristige Befriedigung der Kundenbedürfnisse erfordert zwar ein rechtzeitiges Vorgehen von Unternehmen, dennoch sollte ein Vorstoß in das mobile Internet sorgfällig geplant werden, um Fehler aus dem stationären Internet zu vermeiden.[602] Für andere Unternehmen würde sich durch Fehler oder zögerliches Handeln, wie es auch im stationären Internet zu beobachten war, eine Möglichkeit zum Handeln auftun, die auch als Gelegenheitsfenster bezeichnet werden kann.[603] Ein zögerlicher und falscher Eintritt hat schon im stationären Internet in manchen Berei-

600 Quelle: Eigene Darstellung.

601 Vgl. Akhgar et al. 2002, S. 4.

602 Vgl. Karnani et al. 2002, S. 1.

603 Vgl. Ringlstetter, Oelert 2001, S. 27-28.

chen das Entstehen von neuer Konkurrenz, wie z.B. Amazon.com, begünstigt. Eine Gefahr für die Kundenbeziehung kann auch leicht durch gutgemeinte, aber schlecht umgesetzte Bedarfserfüllung entstehen. Im mobilen Internet ist diese Gefahr höher, da die Kosten beim Kunden durch eine falsche oder ungewollte Kommunikation, die z.B. zu falschen Uhrzeiten gesandt wird, ebenfalls höher sind.[604] Deswegen ist die Bewertung der Auswirkungen von Maßnahmen auf die Kundenbeziehung ein kritischer Faktor.[605]

Unternehmen, denen es gelingt, den Kunden mit personalisierten und nützlichen Inhalten durch ein neues mCRM zu versorgen, werden es aber schaffen, eine dauerhafte Beziehung aufzubauen und die Möglichkeiten des mobilen Internets zu ihren Gunsten zu nutzen. Unternehmen, denen dieses nicht gelingt, werden das Vertrauen der Kunden verlieren oder schlimmstenfalls missbrauchen und die Kunden letzten Endes verlieren.[606] Zentrales Hilfsmittel für alle Anwendungen im mCRM sind die mobilspezifischen und nicht-mobilspezifischen Kundendaten, die im Anschluss vorgestellt werden. Diese Daten werden zur Leistungserstellung in Marketing, Vertrieb und Service eingesetzt.

4.2 Datenbasis im mobile Customer Relationship Management

In einem Unternehmen, das Customer Relationship Management als Unternehmensphilosophie konsequent einsetzt, ist das Verständnis über die eigenen Kunden ein zentraler Ansatzpunkt zur Leistungserstellung. Moderne digitale Medien und die daraus generierten Kundendaten stellen Unternehmen vor große Herausforderungen, wie etwa bei der Zuordnung, Speicherung und Verarbeitung der Daten.[607]

Im mobilen Internet werden aber digitalisierte und automatisierte Prozesse, die auf Kundenangaben und Kundenprofilen basieren, eine besondere Rolle bei der Zielerreichung im mCRM einnehmen. Aus diesem Grunde werden die Kundendaten zur Anpassung von Leistungen in einem gesonderten Abschnitt noch vor dem operativen und dem analytischen mCRM vorgestellt. Es wird dabei zwischen bekannten Kunden-

604 Siehe dazu Abschnitt 4.3.2 Kundenkosten der mobilen Kommunikation, S. 188.

605 Vgl. Zwick 2001, S. 62.

606 Vgl. Mehta et al. 2000, S. 5.

607 Vgl. Hippner et al. 2002a, S. 8.

daten, den nicht-mobilspezifischen Daten, und neuartigen Daten des mobilen Internets, den Mobilitätsdaten, unterschieden. Beide Datengruppen bilden die Basis für eine permanente Anpassung von Unternehmensleistungen an den aktuellen Kontext eines Kunden. Moderne mCRM-Systeme werden auch durch die neuen Spezifika der Kundendaten „kontextsensibel". Das Konzept der Kontextsensibilität wird nach den beiden Datengruppen vorgestellt.

4.2.1 Nicht-mobilspezifische Daten im mobile CRM

Die klassischen, nicht-mobilspezifischen Kundendaten stellen den Kern eines jeden CRM-Systems dar, auf den sich die CRM-Maßnahmen, kontextoptimiert oder nicht, von Unternehmen gründen. Auch bei einer langsamen Integration des mobilen Internets werden eine Reihe von Anwendungen und Überlegungen im mCRM auf diesen Daten basieren, weswegen diese Daten an dieser Stelle vor den neuen Mobilitätsdaten eingeführt werden. Die Nutzung und Analysen von Kundendaten wurden bereits in verschiedenen Publikationen diskutiert. Daher werden Kundendaten in dieser Arbeit nur kurz vorgestellt.[608]

4.2.1.1 Grundlagen von nicht-mobilspezifischen Daten im mobile CRM

Kundendaten, die nicht exklusiv im mobilen Internet auf Unternehmensseite erhoben werden können, werden seit langem digital gespeichert und verarbeitet. Diese Daten stehen in keinem besonderen Bezug zur Mobilität der Kunden.

Für Unternehmen mit Kundenkontakt ist die Einrichtung einer zentralen Kundendatenbank Voraussetzung für die Zielerreichung im CRM und mCRM. Mit einer solchen Datenbank können langfristig profitable Kundengruppen identifiziert, Leistungen und Kommunikation für Kunden individualisiert und alle Kontaktkanäle integriert werden. Daten über Kunden spielen aber nicht nur für das CRM eine Rolle, sondern bilden auch häufig die Grundlage für weitere Unternehmensleistungen, wie z.B. die Produkterstellung. Je größer der digitale oder anpassbare Leistungsanteil von Services, Diensten oder Produkten ist, desto größer ist die Bedeutung der Kundendaten bei der Leistungserstellung. Im mobilen Internet wird die Bedeutung auch nicht-mobilspezifischer Daten weiter zunehmen.

---

608 Siehe dazu auch Berry, Lindoff 1997; Berry, Lindoff 2000; Hippner, Wilde 2001b; Hippner et al. 2002a; Bensberg 2002a.

Bisher kommt es aber selten zu einer vollständigen Nutzung dieser Kundendaten in Unternehmen.[609] Dabei spielen eine Reihe von Problemen eine Rolle. Ein Problem ist z.B. die Zusammenführung einer klassischen Datenbank mit Kundeninformationen und der im Internet erhobenen Besuchsinformationen.[610] Data Mining und die richtige Auswertung von Daten stellt auch mit neuer Software immer noch eine Herausforderung für Unternehmen dar, da die zugrundeliegenden mathematischen Verfahren immer noch ein hohes Spezialwissen der Anwender voraussetzen.

4.2.1.2 Beschreibung nicht-mobilspezifischer Daten

Diese klassischen, nicht-mobilspezifischen Kundendaten fallen in Unternehmen täglich an unterschiedlichen Stellen mit Kundenkontakt, wie Call Centern, an. Solche Daten werden auch als „statische Daten" bezeichnet.[611] Ein Merkmal dieser statischen Daten ist, dass sie über einen längeren Zeitraum unverändert bleiben können.

Neue Technologien, wie Scanner-Kassensysteme in Verbindung mit Kundenkarten in Supermärkten, vermehren das potenzielle Wissen über die eigenen Kunden.[612] Andere Daten, wie Klassifizierungen des Wohngebiets eines Kunden, können zur Anreicherung ihrer Kundendatenbank von Daten-Händlern zusätzlich zugekauft werden.[613] Neben den schriftlich und telefonisch erhobenen Daten sind seit den neunziger Jahren auch die reaktiv (auch explizit oder aktiv) und nicht-reaktiv (auch implizit oder passiv) erhobenen Daten des stationären Internets dazugekommen.[614] Bei nicht-reaktiven Erhebungen oder Messungen wird auch von einer quasi-biotischen Situation gesprochen, bei der der Kunde nicht über eine Messung explizit informiert wird und sich ihr deshalb auch nicht entziehen kann.[615] Aus diesem Grunde ist durch den Messvorgang

609 Vgl. Hippner et al. 2002c, S. 88.

610 Vgl. Hippner et al. 2002a, S. 8-9.

611 Die Location Information sind dann dynamisch.

612 Ein solches „Datensammelsystem" ist von der Firma http://www.payback.de eingeführt worden.

613 Vgl. Hippner et al. 2002a, S. 14-16.

614 Die Unterscheidung in aktive und passive Daten teilt im Internet erhobene Daten danach ein, ob sie von einem Benutzer bewusst, z.B. in einem Online-Fragebogen, zur Verfügung gestellt wurden, oder ob sie automatisch ohne das Wissen oder die explizite Zustimmung eines Seitenbesuchers, durch z.B. die Logfiles, aufgezeichnet werden. Vgl. Janetzko 1999, S. 157.

615 Vgl. Bensberg, Weiß 1999, S. 431.

nicht mit einer Veränderung des Kundenverhaltens zu rechnen, was die Qualität der Ergebnisse positiv beeinflussen kann.[616]

Die bekannten und die in neuen Medien erhobenen Daten können nach verschiedenen Kriterien unterschieden werden. Man kann diese Datengruppe in Stammdaten, der Kaufhistorie und Interaktionsdaten unterscheiden.[617] Anderseits könnte z.B. nach Datenart, -herkunft, -ermittlungsverfahren oder dem Speicherplatz, unterschieden werden, was hier aber nicht erfolgt.

Stammdaten, auch „Profildaten"[618] genannt, stellen den Grundeintrag in einer Kundendatenbank dar, dem weitere Datenarten zugeordnet werden können. Unter Stammdaten von Kunden und Interessenten werden im Kern der Name und die Adressdaten verstanden. Die Bereiche der Stammdaten, die eine Identifikation von Kunden erlauben, werden als Identifikationsdaten bezeichnet, während zusätzliche Bereiche der Stammdaten zur darüber hinausgehenden Beschreibung von Kunden als Deskriptionsdaten charakterisiert werden.[619] Beispielsweise können Unternehmen den Identifikationsdaten weitere sozioökonomische oder von dritten Unternehmen zugekaufte Daten als Deskriptionsdaten zuordnen. Die Stammdaten haben relativ lange Bestand und können über Jahre unverändert bleiben.

Bei den Daten zur Kaufhistorie, ursprünglich auch Potenzialdaten genannt, hingegen sind häufiger Änderungen möglich. Die Kaufhistorie beinhalten Informationen darüber, was ein Kunden bisher gekauft hat und wie oft, wann und auf welchem Kanal der Kauf stattfand. Aus der Bestellhistorie lassen sich direkt die Kaufgewohnheiten ablesen. Mit Hilfe der Verfahren des analytischen CRM können auch aus großen Kundendatenbanken zukünftige Potenziale von einzelnen Kunden, wie Cross Selling und Upselling-Möglichkeiten, ausgelesen werden.[620]

Die Interaktionsdaten oder auch Kontaktdaten setzen sich aus Aktionsdaten und Reaktionsdaten zusammen. Unter Aktionsdaten werden jene Informationen verstanden, die zeigen, wann ein Kunde auf welche Art und Weise vom Unternehmen angesprochen wurde. Es beinhaltet neben den Daten aus dem Vertrieb und dem Service auch die gesamte Marketinghistorie eines Kunden. Die Reaktionsdaten umfassen entsprechend

---

616 Vgl. Reips 1999, S. 277.

617 Siehe dazu auch Abschnitt 2.3.3 Analytisches Customer Relationship Management, S. 49.

618 Vgl. Homburg, Sieben 2000, S. 8.

619 Vgl. Hippner et al. 2002a, S. 17.

620 Vgl. Hippner, Wilde 2001b, S. 225.

die Antworten des Kunden. Gespeichert wird auch die weitere Korrespondenz, wie z.B. eingegangene Beschwerden. In Verbindung mit der Kaufhistorie können diese Daten den Grundstein zur Optimierung des kommunikativen CRM legen.

Nicht-mobilspezifischen Kundendaten werden genau wie die anschließend vorgestellten Mobilitätsdatenklassen in der Zukunft des mobilen Internets eine besondere Rolle spielen. Zum einen kann auf ihrer Grundlage eine Anpassung von Leistungen mit mCRM auch im mobilen Internet erfolgen. Zum anderen bilden die Daten die Basis für die Ermittlung von Inhalten der Mobilitätsdatenklassen, die erst durch Informationen, z.B. der Stammdaten, in Verbindung mit den Daten aus dem mobilen Internet generiert werden können. Beide Datenarten sollten zusammen zentral gespeichert werden. Eine Trennung würde dem CRM-Ziel der Integration widersprechen und die Leistungserstellung in Unternehmen unnötig erschweren.

4.2.2 Mobilitätsdaten im mobile CRM

Im mobilen Internet werden, wie bereits beschrieben, eine Reihe neuartiger Kundendaten anfallen, mit denen sich ein mCRM-System auseinander setzen muss. Da aus dem lokalen Kontext auch die Fortbewegung eines Kunden ermittelt werden kann, wird auf die Aufenthaltsdaten ein besonderer Fokus gelegt.

Die Mobilitätsdaten in Verbindung mit anderen Kontextvariablen werden zur Optimierung aller Bereiche des mobilen Internets eingesetzt.[621] Andere Daten, wie die erhobenen Sendeformate und Zeitpunkte, werden speziell im kommunikativen mCRM zum Einsatz kommen. Der Einsatz dieser dient schwerpunktmäßig der Optimierung der Kommunikation, wie es schon im stationären Internet der Fall war.

Wie bereits beschrieben, unterliegen diese neuen Daten einer starken Anbindung an bereits vorhandene Datengruppen, wie den Stammdaten, um den Mobilitätsdaten kundenindividuelle Zusatzinformationen zuspielen zu können. Zum besseren Verständnis werden hier die Gestalt und die verschiedenen Ausprägungen der Mobilitätsdaten erläutert.

4.2.2.1 Grundlagen von Mobilitätsdaten im mCRM

Als nicht-statische Neuerung werden in dieser Arbeit Mobilitätsdaten eingeführt, die in verschiedenen Klassen z.B. den Aufenthaltsort von Kunden und seine Bewegung für mCRM-Systeme handhabbar machen.

621 Siehe dazu auch Abschnitt 4.2.7 Kundendaten als Kontextvariablen, S. 181.

Bisher wurde das Bild eines Kunden aufgrund von Daten entwickelt, die über längere Zeiträume unverändert Bestand haben konnten. Das Profil, auf dessen Basis Maßnahmen für das kommunikative und operative CRM optimiert wurden, beruhte auf den vorgestellten Stammdaten oder der Kaufhistorie. Differenzierte Analysen der Kunden, die mit Data Mining-Verfahren durch das analytische CRM erstellt wurden, waren mehr oder weniger statisch, was eine längere Validität der Ergebnisse der Analysen bedeutete.

Durch die neuen digitalen Medien haben sich die einfach ermittelbaren Daten über Kunden vermehrt, wobei gleichzeitig eine kostengünstige Nutzung dieser Informationen möglich wird. Ca. 85% aller Computerdaten lassen bereits jetzt Rückschlüsse auf die geographische Herkunft einer Meldung zu. Diese könnten über Postleitzahl, Telefonnummern, IP-Adressen, Transportweg oder einer Auswertung der Domains ermittelt werden.[622] Im mobilen Internet können die neuartigen Daten Unternehmen für die Analyse und Optimierung des mCRM zur Verfügung gestellt werden. Der Aufenthaltsort ist für einen Benutzer des mobilen Internets eine der wichtigsten Kontextvariablen.[623] Neben den anderen anschließend vorgestellten Kontextvariablen bilden die Aufenthaltsdaten die Grundlage für eine ganze Reihe von unterschiedlichen Services im mobilen Bereich.[624]

Ganz entscheidend für die Nutzung der Mobilitätsdaten im mCRM ist deren Verfügbarkeit für Unternehmen. Aktuell fallen die Aufenthaltsdaten bei Mobilfunkanbietern an. Es wird aber gefordert, dass diese Daten allen im mobilen Internet aktiven Unternehmen zur Verfügung gestellt werden.[625] Zum einen haben die aktuellen „Besitzer" ein Interesse daran, in ihren Übertragungsnetzen durch die Nutzung der Aufenthaltsdaten für Umsatz zu sorgen. Zum anderen ist davon auszugehen, dass Regulierungsbehörden eine „Freigabe" von diesen Daten oder die Übertragung der Verwaltung der Daten an unabhängige Kontrollinstanzen fordern. Theoretisch ist bei jeder Interaktion denkbar, dass der Kunde selbst seinen Aufenthaltsort seinem Interaktionspartner verbal mitteilt.[626] Grundsätzlich wird sich die Lösung durchsetzen, die vom Kun-

---

622 Vgl. o. V. (MapInfo) 2001, S. 1.

623 Vgl. Ratsimor et al. 2001, S. 1.

624 Vgl. Riihimäki 2001, S. 20.

625 Vgl. Espinoza et al. 2001, S. 3.

626 Dieses Verhalten ist beim persönlichen mobilen Telefonieren zu beobachten. Die Antwort auf die Frage „Wo bist du denn gerade?" hilft dem Gesprächpartner für das Gespräch relevante Umgebungs- oder Kontextvariablen einzubeziehen.

den als die beste empfunden wird. Nur so lassen sich Umsätze für Unternehmen maximieren und eine dauerhafte Zahlungsbereitschaft in diesem Medium erhalten.

Die Umsetzung der durch Aufenthaltsdaten gewonnenen Erkenntnisse in konkrete Anwendungen war bislang jedoch problematisch.[627] Deswegen wurde bisher auch nicht der aktuelle Aufenthaltsort eines Kunden mit der vom Kunden empfundenen Werthaltigkeit einer Leistung und seinen Erwartungen in Zusammenhang gebracht.[628] Im mobilen Internet und durch die hier entwickelte Systematik der Mobilitätsdatenklassen wird das vereinfacht. Die vorliegende Arbeit wird sich auf die Bewegung und die Mobilitätsdaten konzentrieren und in diesem Abschnitt einen Zusammenhang zwischen Kunden und Orten herstellen. Unterschieden wird der Aufenthaltsort eines Kunden (4.2.3 Mobilitätsdatenklasse 1, ab Seite 164), seine Bedeutung für einen bestimmten Kunden (4.2.4 Mobilitätsdatenklasse 2, ab Seite 168), wie sich der Kunde bewegt (4.2.5 Mobilitätsdatenklasse 3, ab Seite 172) und das Ziel der Bewegung (4.2.6 Mobilitätsdatenklasse 4, ab Seite 176). Mit dieser neuen Systematik soll bei Unternehmen mehr Verständnis für die Möglichkeiten dieser Daten geschaffen werden. Diese logisch hergeleiteten Typologien werden in der vorliegenden Arbeit vorgestellt und im kommunikativen, operativen und analytischen mCRM zur besseren Erreichung der CRM-Ziele angewandt.

4.2.2.2 Ausprägungen der Mobilitätsdaten

Die Nutzung von geographischen Daten im Umgang mit Kunden ist nicht neu. Geoinformationssysteme (GIS) kommen bisher schwerpunktmäßig in der öffentlichen Verwaltung, bei Transportsystemen, für Fragen des Militärs und des Umweltschutzes zum Einsatz.[629] GIS sind Computersysteme, die speziell für die Verwaltung von Geoinformationen und deren Wiedergabe genutzt werden. Auch Marketingabteilungen und Teile der Industrie haben sie über Jahre benutzt, aber immer nur vereinzelt, nicht dynamisch und nicht im Versuch, ganzheitlich mehr über den Kunden zu erfahren.[630] Im mobilen Internet wird eine punktuelle Betrachtung nicht zielweisend sein. Vielmehr kann Geowissen an verschiedenen Stellen bei der Leistungserstellung genutzt werden. Es wird deswegen in der Industrie davon ausgegangen, dass CRM und Geoin-

627 Vgl. Ferscha et al. 2000, S. 3.

628 Vgl. Samsioe, Samsioe 2002, S. 2.

629 Vgl. Rigaux, Scholl, Voisard 2002, S. XXIV.

630 Vgl. Hoyle 2000, S. 107.

formationssysteme schon bald eine enge Verbindung eingehen werden.[631] Mehr zur Speicherung und Anreicherung von Mobilitätsdaten wird auch im Abschnitt 4.5 über das analytische mCRM ausgeführt. Zur Erhöhung des Verständnisses der neuen Mobilitätsdatenklassen wird die Natur von Aufenthaltsdaten zuerst allgemein vorgestellt.

Eine mögliche Aufenthaltsermittlung als Ursprung der Kontextvariable „Ort" kann auf unterschiedliche Arten unterteilt werden. So wird nach einer relativen und einer absoluten Aufenthaltbestimmung unterschieden.[632] Relative Daten sind solche, die den Aufenthaltsort eines Objekts im Verhältnis zu anderen Objekten beschreiben. Absolute Daten können am besten mit realen Koordinaten wie Längen- und Breitengraden verglichen werden. Solche Daten sind die der anschließend vorgestellten Mobilitätsdatenklassen eins und zwei. In dieser Arbeit wird ein Fokus auf die absoluten Daten gelegt. Das Verhältnis von Objekten zueinander kann über die zuvor ermittelten absoluten Aufenthaltsdaten bestimmt werden. Auf diese Weise kann das relative Ziel einer Bewegung für die Mobilitätsdatenklassen vier berechnet werden.

Die Informationen, die Geodaten liefern, können in zwei Gruppen unterteilt werden. Die eine Gruppe von Aufenthaltsinformationen ist objektorientiert und bezeichnet einen bestimmten Ort in Bezug auf vorher bestimmte Faktoren, wie z.B. Name, Größe, Einwohneranzahl oder soziales Milieu. Die zweite Gruppe von Aufenthaltsinformationen ist beobachter- und situationsabhängig.[633] Sie bezeichnet Variablen in Abhängigkeit von einem Betrachter. In den für das mCRM gemachten Unterscheidungen von Aufenthaltsdaten, den unten vorgestellten Mobilitätsdatenklassen, wird diese Unterscheidung auch vorgenommen. Zum einen gibt es allgemeingültige Informationen zu Objekten in der Mobilitätsdatenklasse eins, an denen sich ein Kunde aufhält. Wenn Informationen zu Kunden und ihren Bezug zu den Aufenthaltsorten vorliegen und diese beobachterabhängig sind, wird in dieser Arbeit von Mobilitätsdatenklasse zwei gesprochen.

Mobilitätsdaten, bzw. Geo- oder Ortsdaten, können allgemein unterschiedliche Ausdehnungen beschreiben. Dabei kann man zwischen Punktdaten, Linienbezügen, Flächen und dreidimensionalen Räumen unterscheiden.[634] Objekte ohne Ausdehnung sind mit einem Punkt beschrieben. Objekte, die am besten mit einer Linie beschrieben werden

631 Vgl. Flinton 2002, S. 3.

632 Vgl. Bergqvist et al. 1999, S. 5.

633 Vgl. Lang, Carstensen, Simmons 1991, S. 4.

634 Vgl. Nikolai 2000, S. 9.

und eindimensional sind, sind z.B. Straßen. Eine Fläche wäre beispielsweise die Ausdehnung einer Stadt und kann als zweidimensional beschrieben werden.[635] Ein mCRM-System muss zukünftig mit allen Arten umgehen können.

4.2.2.3 Datenerhebungsverfahren und Datenumwandlung

Die Grundlage aller anschließenden Überlegungen zu den Mobilitätsdaten bilden die Datenerhebungsverfahren und die Umwandlung der Aufenthaltsdaten in für GIS und mCRM-Systeme verarbeitbare Informationen. Im Bereich der Datenübermittlung der vorgestellten Lokalisierung von Endgeräten kann ein großer technologischer Fortschritt erwartet werden. Da das Modell der vier Mobilitätsdatenklassen auf der Lokalisierung des Kunden und den damit assoziierten Daten basiert, wird hier auch auf die technischen Aspekte des mobilen Internets eingegangen, die bislang ausgeklammert blieben. In dieser Arbeit werden jedoch nur die Verfahren vorgestellt, die bereits jetzt die Ermittlung der vorgestellten mobilspezifischen Aufenthaltsdaten ermöglichen.

Bei der Ermittlung der Aufenthaltsorte von mobilen Endgeräten können theoretisch drei Arten der Ermittlungsmethode unterschieden werden. Diese sind die vom Mobilfunkbetreiber abhängige und die unabhängige Methode.[636] Nicht vorgestellt wird die theoretisch mögliche dritte Form einer vom Mobilfunkanbieter unterstützten Ermittlung. Die Wahl der Methode hat Einfluss auf die Batterieleistung des mobilen Endgeräts sowie auf die Qualität der Daten. Die einfachste großflächig einsetzbare Erhebungsform beruht auf der *Cell Global Identity-Method* (CGI), einer vom Mobilfunkbetreiber abhängigen Ermittlungsmethode. Eine andere Bezeichnung für das gleiche Verfahren ist *Cell of Origin* (COO).[637] Als Aufenthaltsort des mobilen Endgerätes wird der Standort des Sendemastes einer Funkzelle angenommen.[638] Da sich das mobile Endgerät bei den derzeit vorherrschenden GSM-Systemen meistens automatisch bei der stärksten Empfangs- und Sendeeinheit anmeldet, besteht ein direkter Zusammenhang zwischen dem Aufenthaltsort des Endgeräts und dem

---

635 Diese Unterscheidung wird „Entity-Based Model" genannt und besagt, dass jedes Geographische Objekt sich aus seiner Ausdehnung und einer Beschreibung zusammensetzt. Vgl. Rigaux, Scholl, Voisard 2002, S. 31-32. Andere Modelle zur Beschreibung gehen über die Anforderungen im mCRM hinaus.

636 Vgl. Tretjakov 2002, S. 1-2.

637 Vgl. Röttger-Gerigk 2002, S. 419.

638 Vgl. Silberer, Wohlfahrt 2002, S. 571.

des ausgewählten Sendemasts.[639] Der Aufenthalt des Benutzers wird zum einen im *Visiting Location Register* (VLR) eingetragen und zum anderen zusätzlich im *Home Location Register* (HLR) der Mobilfunkanbieter zentral gespeichert.[640] Die Aufenthaltsdaten können anschließend dort ausgelesen werden. Gerade in Städten mit vielen Sendemasten bzw. kleinen Funkzellen wird eine Genauigkeit erreicht, die schon für viele Anwendungen nutzbar ist.[641] Eine Ortsbestimmung ist in dichter besiedelten Gegenden bis zu einer Genauigkeit von 50m erreichbar.[642] Denkbare Beispiele wären personalisierte Stadtteilinformationen oder aktuelle, ortsbezogene Wetterinformationen. Die durchschnittliche Größe der Zellen nimmt im mobilen Internet durch den Aufbau des UMTS-Netzes weiter ab.[643] Damit nimmt die Genauigkeit der einfach zu erhebenden Aufenthaltsdaten zu. Wenn der Zugang statt über ein zellulares Mobilfunknetz über ein WLAN erfolgt, kann durch die Adresse des „Access Point" ebenfalls durch die geringe Zellengröße der Aufenthaltsort ausgesprochen genau ermittelt werden.

Weitere, vom Mobilfunkanbieter abhängige, Verfahren beruhen ebenfalls auf Methoden, die auf der Sendetechnik aufbauen. Unabhängig von den Einschränkungen der Endgeräte können vom Mobilfunkanbieter auch die Messung der Signalstärke, Empfangsrichtung *(Angle of Arrival)* und Laufzeiten der Signale *(Time of Arrival oder auch Time Difference of Arrival)* einzeln oder in Kombination verwendet werden.[644] Am häufigsten werden die Laufzeiten der Signale zur Ortsbestimmung benutzt, wie in Abbildung 16 dargestellt.[645] Dabei ist in der Abbildung der Sendemast drei jener, über welchen auch ein Gespräch abgewickelt werden würde. Die anderen Sendemasten sind weiter weg, schlechter erreichbar oder

---

639 Eine Ausnahme besteht wenn eine Sendemast ausgelastet ist.

640 In einem regionalen VLR eines Mobilfunkanbieters werden die Mobilfunknummern aller in einem Gebiet über dieses Netz angemeldeten Mobilfunkgeräte gespeichert. Dazu gehört auch die genaue Sende- und Empfangsantenne, über die ein Mobilfunktelefon angemeldet ist und ein Telefonat abgewickelt werden würde. Die Telefonnummern der angemeldeten Geräte werden an das jeweilige HLR eines Mobilfunkvertrages übermittelt. Eingehende Anrufe werden immer über das HLR abgewickelt und dafür an das zuständige VLR überwiesen. Vgl. Walke 2001, S. 259-260; Dornan 2001, S. 181.

641 Vgl. Ververidis, Polyzos 2002, S. 4.

642 Vgl. Müller-Veerse et al. 2001, S. 60. Auf dem Lande kann die Genauigkeit auf unter 20km sinken.

643 Vgl. IZT et al. 2001, S. 93.

644 Vgl. Levijoki 2000, S. 4-5; Stüber, Caffery 1999, S. 2-3.

645 Vgl. Medianka 2000b, S. 2.

ausgelastet, wobei sie zur Ortspeilung immer noch in der Reichweite des Endgerätes liegen müssen. Dieses Verfahren hat den Nachteil, dass drei Sendemasten erreichbar sein müssen, was in dünn besiedelten Gebieten nicht unbedingt der Fall ist. Mit diesen Verfahren ist eine Ortbestimmung des Mobilfunknutzer bis zu einer Genauigkeit von ca. 200m *(Angle of Arrival)* bis 15m *(Time Difference of Arrival)* möglich.[646]

Theoretisch können auch Zugangspunkte zum mobilen Internet mobil sein, was eine Messbarkeit erschweren würde. So können Empfangsstationen in Zügen und Flugzeugen installiert werden. Zusätzlich sind es bei einem Zugang über Satelliten die Funkzellen, die sich bewegen.[647] Diese Bereiche stellen aber Sonderfälle dar und werden deswegen nicht in die Betrachtung einbezogen.

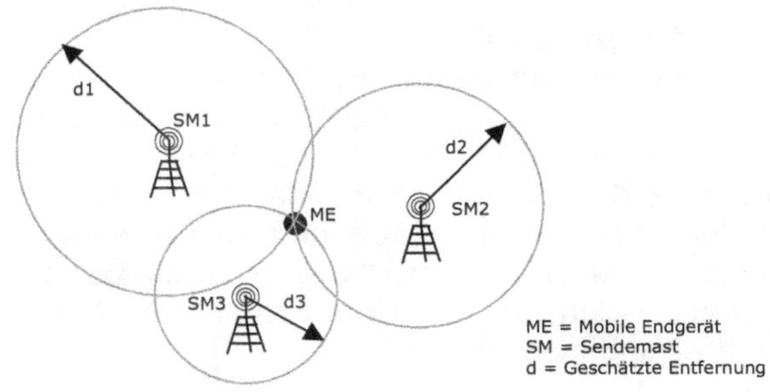

Abbildung 16: Bestimmung des Aufenthaltsortes mit Nutzung der Signallaufzeiten[648]

Alternativ können Aufenthaltsdaten auch direkt beim Kunden ermittelt werden, wobei der Kunde theoretisch seinen Aufenthaltsort selbst mitteilen könnte. Verfahren, die auf Technologie der mobilen Endgeräten beruhen und unabhängig vom Mobilfunkbetreiber erfolgen können, wie das GPS-Verfahren, brauchen im Vergleich eine höhere Batterieleistung, und um bei einer größeren Anzahl von Kunden diese Daten zu erhalten, müssten die neuen Endgeräte mit einer solchen Technologie ausgerüstet

646 Vgl. Müller-Veerse et al. 2001, S. 60.

647 Vgl. Couderc, Kermarrec 1999, S. 69.

648 Quelle: Stüber, Caffery 1999, S. 3.

werden.[649] Mit einer Integration von GPS-Empfängern in mobilen Endgeräten kann jedoch eine Genauigkeit der Ortsbestimmung von 10m erreicht werden.[650] Eine große Verbreitung dieser Technologie in den Endgeräten ist aber unwahrscheinlich.

Grundsätzlich müssen bei dem Einsatz von Aufenthaltsinformationen (engl. Location Information) potenziell große Mengen von Daten gefiltert und gemanagt werden.[651] Zum Einsatz kommen hierbei die Geoinformationssysteme (GIS). Als Grundlage einer Zusammenführung verschiedener daten-geografischer Quellen wird bereits in der Praxis der Universal Spatial Locator (USL) verwendet.[652] Schritte, die zur Umwandlung der rohen, nicht interpretierbaren Daten in den GIS ablaufen müssen, sind zuerst die Übertragung der reinen Information der Funkzelle oder deren Registrierungsnummer in eine GPS- oder andere Koordinate. Diese Daten müssen im zweiten Schritt in Koordinaten innerhalb einer Karte oder des ausgewählten digitalen Systems übertragen werden.[653] Innerhalb dieses Systems kann dann die Anreicherung des Punktes mit zusätzlichen Informationen erfolgen, wie z.B. Städte oder Straßennamen. In einem letzten Schritt können zu den Orten auch persönliche Informationen über die Kunden hinzukommen. Diese einzelnen Schritte werden im Anschluss innerhalb der Mobilitätsdatenklassen diskutiert. Sie können innerhalb des mCRM auch von externen Unternehmen übernommen werden. Es sind bereits Unternehmen am Markt, die eine solche Umwandlung anbieten wollen.[654]

In der Zukunft werden genauere Lokalisierungsverfahren auf Mobilfunkanbieterseite zu einer Verbesserung der Datenqualität führen. Die Grundlage der ersten Ermittlung der Aufenthaltsdaten in dem System der Mobilitätsdatenklassen, die die Basis aller weiteren Mobilitätsdatenklassen bildet, wird dadurch ebenfalls verbessert.

4.2.3 Mobilitätsdatenklasse 1 (Geoinformationen)

Im ersten Schritt wird der Aufenthaltsort ohne kundenbezogene Zusatzinformationen betrachtet. Es handelt sich bei der Mobilitätsdaten-

649 Vgl. Bager 2001, S. 170. Siehe dazu auch http://www.benefon.com/eng/.

650 Vgl. Müller-Veerse et al. 2001, S. 60.

651 Vgl. Naguib, Coulouris 2001, S. 36.

652 Vgl. MacMillan 2001, S. 16.

653 Siehe dazu auch im analytischen mCRM Abschnitt 4.5.2 Informationssammlung im mobile CRM, S. 235.

654 Vgl. Gregory 2000, S. 1.

klasse eins um eine Kontextvariable zur Optimierung von Kundenbeziehungen. Die Ermittlung dieser Daten basiert auf den vorangestellten Überlegungen zur Aufenthaltsermittlung.

4.2.3.1 Beschreibung der Mobilitätsdatenklasse 1

Durch die oben vorgestellten Verfahren zur Bestimmung eines Aufenthaltsortes während der mobilen Kommunikation können Personen, die mit mobilen Endgeräten mit einem Unternehmen in Kontakt stehen, geortet werden. Bei dieser Datengruppe liegen Informationen zu einem ausgewählten Ort in einer Datenbank bereit. Es liegt allerdings kein Wissen darüber vor, wie die Person und der Ort, an dem sie sich befindet, in Verbindung stehen. So wüsste bei Nutzung dieser Mobilitätsdatenklasse ein Unternehmen zwar, dass aus einem Wohngebiet kommuniziert wird, nicht aber, ob die kommunizierende Person dort auch tatsächlich wohnt. Die Abbildung 17 zeigt den Aufenthalt einer Person an einem fiktiven Ort über die Zeit. Dabei stellt die liegende Fläche die räumliche Ausdehnung dar. Die Person hält sich am Ort A auf. Die Zeit ist in der vertikalen Achse abgetragen. Die Linie, die dem Ort A entspringt, zeigt die Dauer des Aufenthaltes der Person am Ort A vom Zeitpunkt t_0 bis t_1 an.

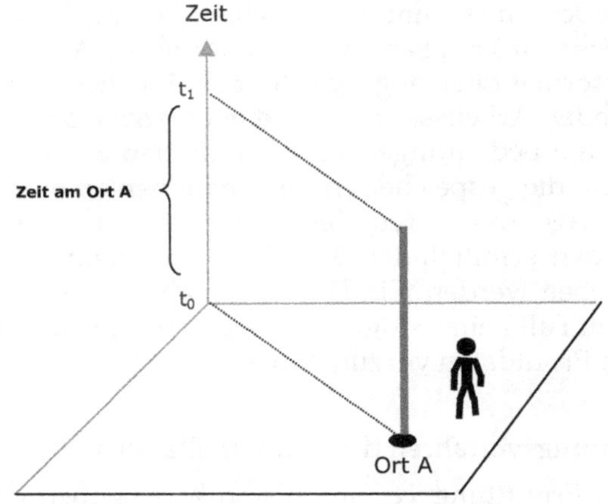

Abbildung 17: Standort im mehrdimensionalen Raum[655]

655 Quelle: Eigene Darstellung in Anlehnung an Hagerstrands Modell über Time-Geography. Entnommen Peet 1998, S. 151.

Das Wissen über einen Ort kann in verschiedene Ausprägungen unterteilt werden. Zum einen können verschiedene Regionen in unterschiedlichen Variablen verstanden werden. So kann grob eingeteilt werden, ob ein Ort auf dem Wasser oder auf dem Land ist. Andere genauere Einteilungen könnten in verschiedene Wohngebietstypen sein.[656] Analog dazu kann in Gewerbegebiete und Nutzungsarten unterschieden werden. Im nächsten Schritt können einzelne Objekte mit Namen versehen werden, was das Verständnis über die Kundensituation weiter erhöht. Die genaueste Information könnte die physikalische Adresse sein, die sich in Angaben wie Straßennamen, Bezirk, Ort oder Land aufgliedert. Neben Straßen kann auch die Bezeichnung für relevante öffentliche Räume, wie z.B. Flughäfen oder Bahnhöfe, eingetragen werden. In Zukunft wären Unternehmen denkbar, die zentral alle ortsbezogenen Daten zusammen mit Veranstaltungsterminen, Verkehrshinweisen und anderen temporären Daten zur Verfügung stellen. Alle diese Informationen gelten für alle Personen an einem Ort und sind nur auf genau diesen Ort bezogen. Datenschutzbedenken beim Speichern dieser Informationen gibt es deswegen nicht.

Dass kein Wissen über das Person-Ort-Verhältnis vorliegt, kann unterschiedliche Gründe haben. Zum einen kann es sein, dass die Person dem Unternehmen noch unbekannt ist. Denkbar wäre auch der Fall, dass die Person zwar bekannt ist, aber zu ihrem aktuellen Aufenthaltsort keine zusätzlichen Informationen abgespeichert sind. Je nachdem welche Orte, wie Wohnort oder Arbeitsstätte, von einer Person bekannt sind, kann man aber einzelne Bedeutungen und Funktionen ausschließen. Ähnlich ist es auch, wenn die gespeicherten Informationen zu einem Ort nur von begrenzter Aussagekraft wären. Ferner ist denkbar, dass die Ortsinformationen von den ermittelnden Mobilfunkunternehmen nur anonymisiert weitergegeben werden. Ein Unternehmen im Kundenkontakt hätte in einem solchen Fall keine Möglichkeiten, eine Zuordnung von Kunden zu Stamm- und Profildaten vorzunehmen.

4.2.3.2 Ermittlungsverfahren des Aufenthaltsortes

Die technischen Ermittlungsverfahren sind bereits oben vorgestellt worden.[657] Bei der Frage der Ermittlungsmethode wird nachfolgend besprochen, wann und wie eine Aufenthaltsermittlung ausgelöst wurde. So kann die Ermittlung und Übermittlung von Mobilitätsdaten punktuell

656 Vgl. Hippner, Wilde 2001b, S. 227.

657 Siehe dazu Abschnitt 4.2.2.3 Datenerhebungsverfahren und Datenumwandlung, S. 161.

oder permanent erfolgen, sowie entweder vom Kunden oder von Unternehmen ausgelöst werden.[658] Beispiele für einzelne Ermittlungsverfahren sind in Tabelle5 dargestellt.

Bei der punktuellen Übermittlung der Ortsinformation bleibt der Aufenthaltsort unbekannt, bis die Übermittlung eingeleitet wird. Bei Portalen kann beispielsweise vor der Aufenthaltsortübermittlung angefragt werden, ob in jedem einzelnen Fall die Aufenthaltsdaten übermittelt werden dürfen. Die kundeninitiierte Übermittlung der Aufenthaltsorte ist die aus datenschutzrechtlichen Aspekten die unbedenklichste, da es jedem Kunden freigestellt ist, einem Unternehmen seinen aktuellen Aufenthaltsort mitzuteilen. Ähnlich ist es gelagert, wenn eine Einwilligung vom Kunden im Vorfeld für einen speziellen Dienst und die Aufenthaltsdatenübermittlung abgegeben wurde und das Unternehmen daraufhin selbständig die Ermittlung auslöst.[659] Eine Einwilligung von Dritten muss vorliegen, wenn z.B. die Aufenthaltsorte der Endgeräte von Freunden oder Kindern gesucht werden sollen.[660] Die Idee, dass Kunden entscheiden können, wie viele und welche Informationen sie über ihren Aufenthaltsort übermitteln, wird als sehr wichtig betrachtet.[661]

Zukünftig ist es denkbar, dass eine große Anzahl von Anfragen nach dem Aufenthaltsort von Unternehmen ausgehen werden. Dieses Wissen kann, wenn die entsprechenden vertraglichen Voraussetzungen gegeben sind, zur automatischen oder optimierten Leistungserstellung genutzt werden. Ein Schwerpunkt kann in der kundenindividuellen Gestaltung von Kommunikations- und Informationsdiensten liegen. Auch hier ist eine anonyme Übermittlung denkbar. Ein Beispiel wäre, wenn ein Marketingunternehmen über einen Mobilfunkprovider eine Meldung an alle seine Vertragskunden in einer bestimmten Region verschickt, ohne dass das Marketingunternehmen zeitgleich weiß, wer sich zu dem Zeitpunkt dort aufhält. Dieses Verfahren wird von Mobilfunkanbietern bereits angewandt.[662] Bei der Auskunft von Vodafone werden bei diesem Verfahren die Geodaten nur anonymisiert an die Content-Anbieter weitergereicht.

---

658 Ein Sonderfall sind die Mobilfunkanbieter, die über das Home Location Register permanent über den Aufenthaltsort von Kunden informiert sind.

659 Die Ausgestaltung einer solchen Einwilligung (Permission) wird im 4.4.3 Mobile CRM im Marketing, S. 210 besprochen.

660 Siehe dazu auch MOBILOCO GmbH (http://www.mobiloco.de/html/index.jsp).

661 Vgl. Vittore 2001, S. 31.

Wenn die Abstände zwischen den von einem Unternehmen punktuell erhoben Ortsinformationen immer kleiner werden, kann man auch von einer permanenten Übermittlung sprechen. In diesem Fall kann ein Unternehmen die Bewegung des Kunden detailliert nachvollziehen und diese Informationen für die Leistungserstellung nutzen. Denkbar wäre auch die Überwachung einer speziellen Region. Begibt sich ein Endkunde mit seinem Mobiltelefongerät in diesen Bereich, wird dies automatisch dem Unternehmen gemeldet, wie dies beispielsweise beim International Roaming der Fall ist. Sobald man den Bereich eines Mobilfunkanbieters betritt, der außerhalb des eigenen Landes liegt, wird diesem Tabelle 5: Beispiele für Ermittlungsverfahren „Meldung" darüber gemacht, wenn das Gerät eingeschaltet wird.

Ermittlungsverfahren (Beispiele)		
	Punktuelle Übermittlung	**Permanente Übermittlung**
Kundeninitiiert	Anfrage beim lokalen Wetterdienst	Routenplanung per Handy
Unternehmensinitiiert	„Wo ist mein Kunde?"	International Roaming

Tabelle 6: Beispiele für Ermittlungsverfahren

Auch Kunden können eine permanente Übermittlung ihres Aufenthaltsortes wünschen. Als gängigstes Beispiel könnte ein Routenplaner dienen, der sich, wie beim GPS-Navigationssystem im Auto, auf die permanente aktuelle Position bezieht, nicht aber über ein Satellitensystem, sondern über ein Mobilfunknetz realisiert wird. Als Ersatz für eine permanente Übermittlung oder zum Ausgleich von Funklöchern kann die Berechnung durch Zwischenwerte ersetzt werden. Eine permanente Übermittlung kann die notwendige Grundlage besonders für Applikationsdienste schaffen.

4.2.4 Mobilitätsdatenklasse 2 (Bedeutungsgruppen)

In dieser Datenklasse kommt es zu einer weiteren Anreicherung der Aufenthaltsdaten aus der vorangestellten Mobilitätsdatenklasse. Dafür werden die allgemeinen Geoinformationen mit Informationen von oder über einen bestimmten Kunden verbunden. So kann eine Datenbasis geschaffen werden, die im Rahmen des mCRM bestimmte Dienste stärker

662 Vgl. Frey 2000, o.S.

individualisieren kann. Beispielsweise kann für einzelne Kunden eine Anpassung der Leistungen vorgenommen werden, je nach dem, ob sie sich in ihrem Heimatort oder in einer fremden Stadt bewegen.

4.2.4.1 Beschreibung der Mobilitätsdatenklasse 2

In dieser Mobilitätsdatenklasse werden analog zu der vorangestellten Mobilitätsdatenklasse allgemeine Informationen über den Aufenthaltsort oder die Region zur Bewertung des Kontextes der Kunden hinzugezogen. Der Unterschied besteht aber darin, dass in diesem neuen Fall einem Unternehmen oder einem Interaktionspartner mehr Wissen zu der Beziehung zwischen dem Ort und dem Kunden vorliegen. Die Verknüpfung kann auf bereits innerhalb von Unternehmen vorliegenden Kundendaten, wie den Stammdaten, beruhen.

Ausprägungen dieses Informationslevels, die für die Anpassung von Leistungen benutzt werden könnten, wären Informationen darüber, ob sich jemand zu Hause, im Büro, in einer ihm unbekannten Stadt oder im Ausland aufhält. Aus diesen Beispielen wird deutlich, dass Kundendaten der Mobilitätsdatenklasse zwei zum Teil nur einen zeitlich sehr begrenzten Einsatz haben können. Informationen wie eine Urlaubsadresse verlieren ihre Gültigkeit nach einem gewissen Zeitraum, wobei dieser zu ermitteln ist. Längerfristig verwendbar sind hingegen Informationen wie die Heimatadresse.

4.2.4.2 Umwandlung der Geodaten zu Bedeutungsgruppen

Die Anreicherung von reinen Geoinformationen mit einer bestimmten Bedeutung für einen Kunden scheint bei Millionen von Mobilfunkbenutzern und damit potenziellen Nutzer des mobilen Internets nicht möglich zu sein, da für jeden Kunden eine theoretisch unbegrenzte Menge von Ortsinformationen eingegeben werden können. Bei dieser Mobilitätsdatenklasse ist es für Unternehmen auch nicht so einfach möglich, die benötigten Daten extern dazuzukaufen. Es ist unwahrscheinlich, dass es jemals eine zentrale Datenbank in der Bundesrepublik geben wird, die solche sensiblen Daten zu einer relevanten Anzahl von Bürgern bereithält.[663] Eine zentrale Ermittlung oder Bereitstellung ist daher nicht möglich. Ein Kunde muss vielmehr in jedem einzelnen Fall bestimmen, welche Informationen welchem Unternehmen zur Verfügung gestellt werden. Diese Entscheidung wird unter anderem von dem erwarteten Nut-

---

663 Eine Ausnahme bildet das Telefonbuch, in dem die Privatadresse der Bundesbürger oftmals vermerkt ist, und so eine Personalisierung auf dieser Basis zulassen würde.

zen der stärker angepassten Leistung, den Kosten einer solchen Übermittlung und den empfundenen Sicherheitsbedenken abhängen. Am wahrscheinlichsten ist deswegen die Übermittlung solcher Informationen vom Kunden an Unternehmen. Andere Methoden sind die Ermittlung aus vorhandenen Kundeninformationen, die statistische Ermittlung oder die Annäherung über die Ortsinformationen.

Die Ermittlung von Orts-Kundenbeziehungen erfolgt vermutlich durch Unternehmen anhand bereits vorhandener Kundeninformationen, wie etwa den Stammdaten. Die Aufenthaltsdaten können durch die Verwendung von Kundeninformationen, wie z.B. Rechnungsadresse, Büroadresse, Lieferadresse etc., angereichert werden. Alternativ können die Informationen zu jedem Kunden statistisch ermittelt werden. Dabei müsste ein Bewegungsmuster der Kunden aufgezeichnet und analysiert werden. So kann die Annahme getroffen werden, wo der Kunde zu Hause ist und wo sich z.B. das Büro befindet. In Abbildung 18 wird ein Beispiel auf vorhandenen Karten gegeben, um aufzuzeigen, wie eine solche Trennung zwischen Arbeits- und Privatsphäre selbst auf engstem Raum vorgenommen werden kann. Statistisch und mit Verfahren des Data Mining könnte erhoben werden, dass sich in dem Bereich, der als „Zuhause" bezeichnet werden kann, der Besitzer der Farm in der Abbildung samstags, sonntags sowie wochentags von 17:00 bis 7:30 zu vielleicht 75% aufhält. Folglich kann die Vermutung aufgestellt werden, dass es sich um einen privaten Raum handelt.[664] Bei den so statistisch ermittelten Geodaten kann eine Einteilung der Kunden in verschiedene Mobilitätsklassen helfen. Denkbar wären hoch mobile Kunden wie Taxifahrer oder so genannte *Low Mobility User* wie Arbeitnehmer oder Hausfrauen.[665] Die Abbildung 18 zeigt auch beispielhaft, dass bereits genaues Datenmaterial für solche Untersuchungen vorliegt.

---

664 Bei diesem Beispiel müssten vollständigkeitshalber auch die regionalen und berufspezifischen Kalenderinformationen einbezogen werden, da sich der Farmer z.B. während der Erntezeit auch am Wochenende nicht vom Ernten abhalten ließe.

665 Zwei dieser Klassen wurden für andere Zusammenhänge von Gold (1999) vorgeschlagen. Vgl. Gold 1999, S. 66.

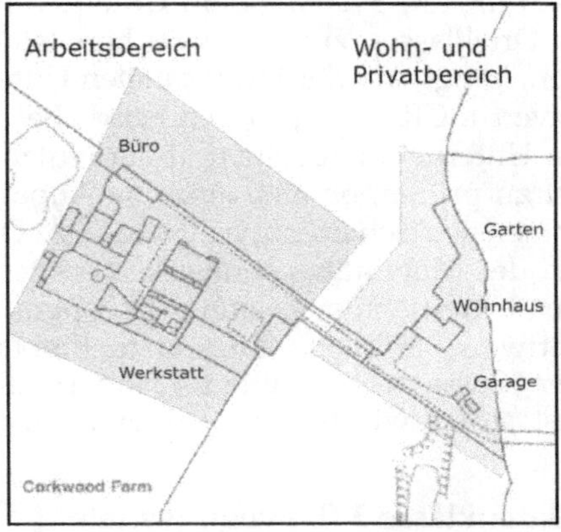

Abbildung 18: Beispiel einer Arbeitsplatz/Heim-Trennung[666]

In mCRM-Systemen kann das Fehlen von Mobilitätsdaten der Klasse zwei zum Teil durch die allgemeinen Geoinformationen zu einem Ort angenähert werden. Dabei sind unterschiedliche Nutzbarkeiten zu erwarten. Die Ergebnisse können von „Aufenthalt im Fußballstation oder auf einem Golfplatz" bis hin zu „Innenstadt" reichen. Dabei sind für den Kunden und das Unternehmen nicht der Ort und seine Bedeutung an sich interessant, sondern vielmehr die Auswirkungen, die ein Aufenthalt für das Kunden-Unternehmensverhältnis hat. So kann der Aufenthalt auf einem Fußballplatz einerseits bedeuten, dass der Kunde sich ein Spiel als Zuschauer ansieht und deswegen ein großes Interesse an den Zwischenständen anderer Fußballspiele der Bundesliga hat. Andererseits ist denkbar, dass der Kunde selbst Sport treibt und nicht gestört werden möchte. In einem Profil könnte der Kunde einem Unternehmen solche Informationen übermitteln und allgemeine Zeit-Ort-Kombinationen mitteilen, bei denen eine Störung unerwünscht ist.[667]

666 Quelle: Eigene Darstellung auf Basis des Crown Copyright Ordnance Survey. Die Karte zeigt Corkword Farm in Iden nr. Rye, East Sussex, Großbritannien.

667 So könnte ein Emailprovider angewiesen werden, Nachrichten des direkten Vorgesetzten eines Nutzers auch am Wochenende auf dessen mobiles Endgerät weiterzuleiten, solange man sich nicht im Ferienhaus aufhält.

Für eine einfache Übermittlung von Ort- und Kundenbeziehungen durch den Kunden müssen mCRM-Systeme dem Unternehmensleistungsangebot entsprechende Ortsklassen zur Auswahl bereitstellen. Welche Klassen gebildet werden, hängt von der individuellen Unternehmensleistung ab, die im operativen mCRM besprochen wird. Bei der Anreicherung sind die Kosten auf Unternehmensseite und der Nutzen auf Kundenseite zu bewerten. Es ist zu prüfen, ob eine einzelne Anpassung der Leistungen von Unternehmen wirtschaftlich vertretbar ist. Die Datenerhebung für das Anreichern der Mobilitätsdatenklasse könnte langsam erfolgen. Die Anpassung der Unternehmensleistung im operativen mCRM kann analog dazu schrittweise erfolgen. Eine erste Einbeziehung einfacher Mobilitätsdaten der Klasse zwei könnte folgendermaßen aussehen: „Solange er Zuhause ist, stören wir ihn nicht mit Stauwarnungen."

4.2.5 Mobilitätsdatenklasse 3 (Bewegungsdaten)

Für die kundengerechte Ausgestaltung einer Geschäftsbeziehung im mobilen Internet ist es von Interesse, welche Form der Fortbewegung ein Kunde für die Realisierung seiner Mobilität einsetzt. Zu den aktuellen Aufenthaltsdaten der Klassen eins und zwei werden in der Mobilitätsdatenklasse drei auch die Bewegung und das Verkehrsmittel vermerkt. Aufgrund dieser Informationen können im kommunikativen mCRM z.B. die Sendeformate so gewählt werden, wie es dem Kontext des Kunden am besten entspricht. Außerdem kann das operative mCRM den CRM-Zielen der Individualisierung und der Profitabilität besser gerecht werden, indem z.B. einem reisenden Kunden passende Angebote gemäß seiner Reisemethode gemacht werden. Die hierfür vorgestellten Ermittlungsverfahren sind bereits heute einsetzbar, sind aber noch nicht integrativer Teil von mCRM-Systemen.

4.2.5.1 Beschreibung der Mobilitätsdatenklasse 3

Ein Einsatzschwerpunkt des mobilen Internets wird außerhalb des Büros und der eigenen vier Wände liegen. Innerhalb dieser Mobilitätsdatenklasse werden deswegen jene Informationen ermittelt, die mit der aktuellen Fortbewegung des Interaktionspartners zusammenhängen. Die technische Möglichkeit außerhalb des mobilen Internets, Position, Bewegung und Richtung festzustellen, gibt es bereits und wird für verschiedene neue Anwendungen als Grundlage genutzt. So werden solche Daten z.B. für die Routenplanung genutzt.[668] Mögliche Ausprägungen des Verkehrsmittels können unter anderem die Bewegung von Kunden zu

668 Vgl. Shek et al. 1999, S. 134.

Fuß, im Auto, mit dem Fahrrad, Flugzeug, in der Bahn oder dem öffentlichen Nahverkehr sein. Diese Verkehrsmittel werden auch *Mobilisatoren* genannt.[669] Mobile Kommunikation und Interaktion während einer Bewegung spielen eine besondere Rolle bei Transporten mit verschiedenen Verkehrsmitteln, was in der Telematik als „intermodale Vernetzung von Verkehrsmitteln" bezeichnet wird.[670] Es wird von einer dynamischen, stochastischen Natur dieser Reise und der Methodenwechsel gesprochen.[671] Insbesondere wenn ein Kunde das Verkehrmittel wechselt (intermodale Reise), gibt es Planungsbedarf und dadurch Optimierungspotenzial. Durch den Einsatz des mobilen Internets kann ein Kunde seine Reise seinen aktuellen Bedürfnissen gemäß planen, auch während er unterwegs ist.[672]

Diese Informationen werden auch eine Rolle bei der Ausgestaltung der Kommunikation und Leistungen mit Hilfe des mCRM im mobilen Internet spielen. Wenn z.B. ein potentieller Kunde sich im öffentlichen Nahverkehr befindet, ist dieser wegen der „Langeweile" eventuell offener, allgemeine Informationen und Werbung zu konsumieren.[673]

---

669 Vorgestellt werden das Auto und die Bahn bei Geer, Gross 2001, S. 95-97.

670 Vgl. Chlond, Manz 2001, S. 3.

671 Vgl. Zografos, Madas 2002, S. 2.

672 Vgl. Zografos, Madas 2002, S. 2.

673 Vgl. Kölmel, Alexakis 2002, S. 3.

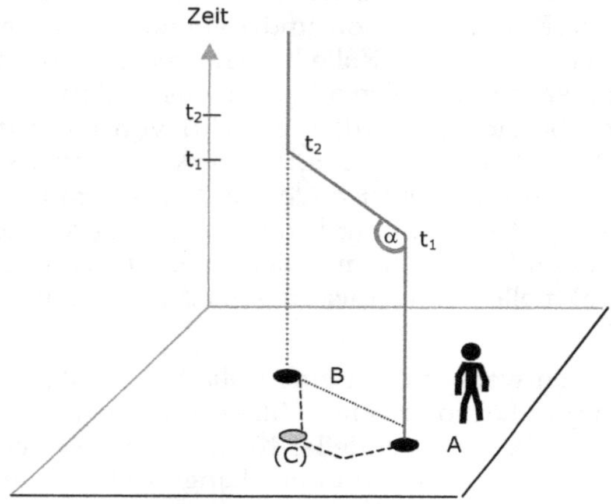

Abbildung 19: Bewegungen im mehrdimensionalem Raum[674]

Abbildung 19 stellt die direkte Bewegung einer Person von Punkt A nach Punkt B dar. Der Winkel „α" der Verbindungslinie zwischen t_1 und t_2 hängt von der Geschwindigkeit der Fortbewegung ab, während die gepunktete Linie zwischen den beiden Punkten die Bewegung auf der Ebene nachzeichnet. Die Zeit auf der vertikalen Achse zwischen dem Punkten t_1 und t_2 wird zur Bewegung von A nach B benutzt.

4.2.5.2 Ermittlungsverfahren und Bewertungsverfahren von Bewegungsdaten

Durch die technische Entwicklung gibt es eine Reihe unterschiedlicher Methoden der Ermittlung des Fortbewegungsmittels. Neue Geräte können mit Bewegungssensoren ausgestattet werden, um die aktuelle Art der Bewegung ermitteln zu können. So könnte darauf geschlossen werden, ob eine Person mit dem Gerät gerade zu Fuß unterwegs ist oder nicht.[675] Diese Technik müsste sich allerdings erst bei den Geräten durchsetzen. Da dieses jedoch ebenso unwahrscheinlich wie eine verbreitete Anwendung von GPS-Mobilfunkgeräten ist, werden in dieser Arbeit nur

---

674 Quelle: Eigene Darstellung in Anlehnung an Hagerstrands Modell über Time-Geography (entnommen Peet 1998, S. 151) und Pfoser, Jensen 1999, S. 115.

675 Vgl. The Economist Technology Quarterly 2003b, S. 29.

Verfahren vorgestellt, die auf die vorhandenen Mobilitätsdatenklassen eins und zwei zurückgreifen. In dieser Arbeit werden auch nicht Systeme oder Verfahren wie das GPS-Navigationssystem diskutiert, die z.B. nur in einem Verkehrsmittel wie dem Auto verwendbar und nicht in ein weiter reichendes System integriert sind. Es kommt bei solchen Systemen zu keiner Verknüpfung der konkreten Situation der Kunden mit anderen Informationen.[676] Zusätzlich werden solche Systeme im Vergleich zu mobilen Endgeräten nur eine geringe Verbreitung haben. Denkbar ist jedoch, dass sich die Einstellungen auf den mobilen Endgeräten automatisch ändern, wenn sich das Gerät über eine Schnittstelle wie Bluetooth etwa im Auto anmeldet. Dieser Zustand könnte je nach Übertragungsformat automatisch bei jeder Interaktion mit übermittelt werden. Da dies aber bisher nicht erfolgt ist, wird dieser theoretische Sonderfall nicht weiter diskutiert.

Zur unkomplizierten Ermittlung dieser Mobilitätsdatenklasse werden Messungen der Art, wie sie zu Ermittlung der Mobilitätsdatenklasse eins verwendet werden, herangezogen. Die Genauigkeit der Messung spielt bei dieser Mobilitätsdatenklasse eine größere Rolle, da von ihr abhängt, wann kleine Bewegungen der Kunden registriert werden können.[677] Für die Messung von Bewegungen über einen längeren Zeitraum kann aber die Genauigkeit von mehreren Metern ausreichend sein. Diese kann auf den einfachen Methoden zur Ortsbestimmung erreicht werden. Sogar die relativ grobe CGI-Methode kann auf längeren Strecken zu einer Ermittlung der Fortbewegungsmethode ausreichen. Durch den Verlauf der Funkzellenwechsel kann schon mit der heute existierenden Technologie in vielen Fällen das gewählte Verkehrmittel, wie Straßen oder Schiene, ermittelt werden. Dazu sind detailliertere Karten mit den Funkzellen sowie Grundinformationen über das Verkehrsnetz in der Region nötig. In der Bewegung von Abbildung 19 werden durch das mobile Endgerät alle Funkzellen gestreift, die z.B. entlang der Hauptstraße liegen. Würde die Verbindung von Punkt A nach B mit der Bahn erfolgen (in diesem Beispiel über die Strecke A-C-B) wären mit hoher Wahrscheinlichkeit andere Funkzellen betroffen. Es gibt auch Orte, an denen das Verkehrmittel direkt mit dem aktuellen Aufenthaltsort in Zusammenhang steht. Das könnte an Flughäfen, großen Bahnhöfen oder Fähranlegern der Fall sein.

Die Ermittlung der Verkehrmittel der Mobilitätsdatenklasse drei könnte mit dieser Methode unabhängig vom Kunden erfolgen. Bei einer genaueren Ermittlung des Aufenthaltsorts werden Karten, wie in Abbildung 20

676 Vgl. Hamano et al. 1999, S. 368-369.

677 Vgl. Spreitzer, Theimer 1996, S. 398.

gezeigt, zu einer Bestimmung zum Einsatz kommen müssen. Durch das Beispiel in der Abbildung wird deutlich, dass auch hier für die Ermittlung keine allzu große Genauigkeit benötigt wird. Der Raum, in dem sich die Messungsgenauigkeit bewegen könnte, ist durch die Fläche links und rechts der Verkehrswege angedeutet.

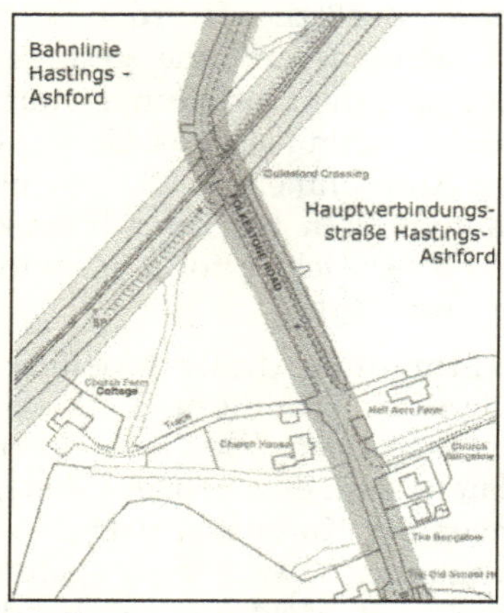

Abbildung 20: Verkehrsmittel-Ermittlung mit Funkzellen[678]

Die Nutzen sind vielfältig: Wenn beispielsweise ein Kunde einen automatische Stauwarnungsservice abonniert hat, könnte ein Content-Anbieter die „permanente Überwachung" durchführen und den Kunden auf Staus in seiner Fahrtrichtung hinweisen, sobald er sich in sein Auto setzt. Solch ein Service könnte auch vom Kunden initiiert werden, indem er für einen bestimmten Zeitraum die Überwachung seiner Bewegung erlaubt.

4.2.6 Mobilitätsdatenklasse 4 (Bewegungsdaten inklusive Ziel)

In dieser Datenklasse werden der aktuelle Aufenthaltsort, die Bewegung und das Verkehrmittel sowie das Ziel der Bewegung zusammengefasst. Als Kontextvariable hat die Mobilitätsdatenklasse vier dadurch besonderen Wert, dass sich Unternehmen nicht nur auf die aktuellen Bedürfnisse

678 Quelle: Eigene Darstellung auf Basis des Crown Copyright Ordnance Survey. Die Karte zeigt Guldeford nr. Rye, East Sussex, Großbritannien.

des Kunden einstellen können, sondern auch noch Anpassungen gemäß zukünftigen Bedürfnissen vornehmen können, wie sie an Zielen von Bewegungen wahrscheinlich sind. Damit kann zum Beispiel ein proaktiver Reiseservice ermöglicht werden.

4.2.6.1 Beschreibung der Mobilitätsdatenklasse 4

Einem Unternehmen bieten sich, wie beschrieben, im mobilen Internet besondere Optimierungsmöglichkeiten, wenn neben der Art der Fortbewegung auch das Ziel der aktuellen Bewegung bekannt ist.[679]

Bei dieser besonderen Form der Kundendaten können neben dem gewählten Verkehrsmittel verschiedene Zielarten, wie regelmäßige und unregelmäßige Bewegungsziele, unterschieden werden. Zu der Gruppe der regelmäßigen Ziele gehören der Arbeitsplatz oder die Ausbildungsstätte. Unregelmäßige Ziele können Besuchsziele oder Reiseziele sein. Zusätzlich unterscheiden sich Ziele nach der Art ihrer Erreichbarkeit oder Ausdehnung. Ziele können permanent erreichbar sein, wie das Ulmer Münster, das rund um die Uhr da ist. Ein solches Ziel ist in Abbildung 21 als *Ort B* eingetragen. Andere Ziele können an bestimmte Zeiten gebunden sein, wie es beispielsweise bei einem Laden mit bestimmten Öffnungszeiten der Fall ist. Ein solches Ziel ist durch die grob gestrichelte Linie verdeutlicht. Eine andere Art der Fragestellung setzt ein Objekt mit anderen, sich bewegenden Objekten in Beziehung. Solche Systeme sind in der Lage, Treffpunkte zu berechnen.[680] Als Beispiel ist das Ziel eingetragen, das sich vom Punkt C ebenfalls nach Punkt B bewegt. Ein solches System wurde beispielsweise in Finnland programmiert, um auf einem PDA dem Benutzer anzuzeigen, ob er im Büro packen, losgehen oder laufen muss, um einen Nahverkehrszug als ein bewegliches Ziel zu erreichen.[681] Ein anderes Beispiel wäre ein Freunde-Suchdienst in Deutschland, der Schweiz oder Südkorea.[682]

---

679 Das Verständnis über die Beweggründe eines sich bewegenen Kunden wurde bei Geer, Gross (2001) „Mobilitätsanlass" genannt. Vgl. Geer, Gross 2001, S. 97-98.

680 Vgl. Hohl et al. 1999, S. 5; BCG 2000, S. 25.

681 Vgl. Lunde, Larsen 2001, S. 234-235.

682 Solche Dienste werden allgemein „Buddy Finding Application" genannt. Vgl. Siau et al. 2001, S. 6. Siehe auch MOBILOCO GmbH (http://www. mobiloco.de/html/index.jsp) oder FriendZone von Swisscom (http://www .swisscom-mobile.ch/sp/84TAAAAA-de.html).

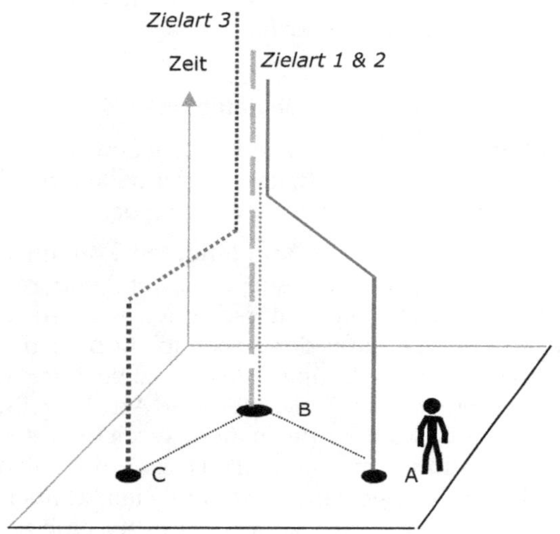

Abbildung 21: Bewegungen im mehrdimensionalem Raum mit einem bestimmten Ziel[683]

Die Ausdehnung von Zielen kann auch wieder in Punkten, Linien oder Flächen dargestellt werden. Dabei kann die Zielvorgabe entweder durch ein Unternehmen vorgegeben sein (z.B. Reichweite einer Marketingkampagne) oder durch den Kunden (z.B. Suchauftrag für nächstliegende geöffnete Tankstelle). Die runden Flächen in Abbildung 22 sind als Zielräume zu interpretieren. Die Linie auf dem Punkt A zeigt den Aufenthaltsort der Person über die Zeit. Die Linie ausgehend vom Punkt A zeigt, wie eine Person sich in Flächen hineinbewegen kann.

683 Quelle: Eigene Darstellung in Anlehnung an Hagerstrands Modell über Time-Geography. Entnommen Peet 1998, S. 151.

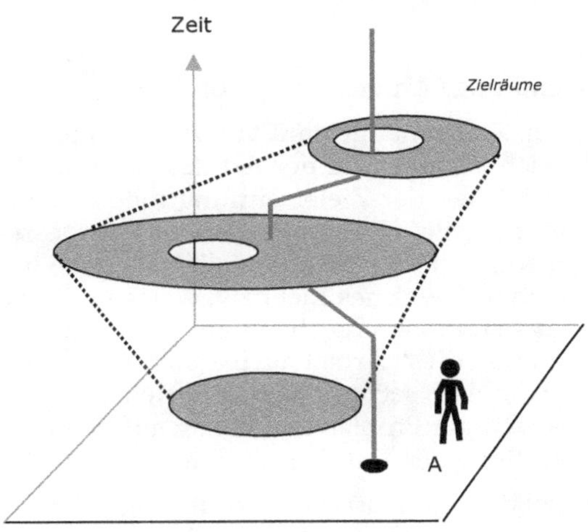

Abbildung 22: Zielerreichung ohne Bewegung (Passive Mobilität)[684]

Man könnte die Bewegung innerhalb dieser Flächen sowie das Verlassen eines vordefinierten Zielraums als *Event* definieren. Ein Beispiel hierfür wäre das System von Phonetracker, das per SMS anzeigt, wenn ein mobiles Gerät einen solchen vordefinierten Raum verlässt.[685] Die Zielräume können ihre Ausdehnung über die Zeit verändern. Dieses kann zu einer Veränderung einer mit dem Aufenthaltsort verbundenen Kontextvariable führen, was einer eigenen Mobilität gleichkommen würde. Dieser Fall könnte als „passive Mobilität" gezeichnet werden, da sich ortsbezogene Kontextvariablen verändern, ohne dass der Kunde sich bewegt.[686] Die ausgesparten Öffnungen in den Flächen können auch als Ruhezonen beschrieben werden, die z.B. durch Frequenzscanner oder andere Ab-

684 Quelle: Eigene Darstellung in Anlehnung an Erwig et al. 1999, S. 284.

685 Vgl. Bager 2001, S. 169 und unter http://www.phonetracker.de

686 Als Beispiel könnte die Ermittlung der nächstgelegenen Tankstelle dienen. Diese Information ist deutlich vom Aufenthaltsort eines Kunden abhängig. Durch die Einarbeitung eines aktuellen Staus auf der Strecke zur Tankstelle kann sich das Ergebnis der Suche nach der nächsten Tankstelle ändern, ohne dass sich der Kunde bewegt hat.

schirmung geschaffen werden und eine mobile Kommunikation verhindern.[687]

4.2.6.2 Umwandlung/Anreicherung von Bewegungsdaten mit Zielen

Das Ermitteln von Zielen hängt stark von Art des Fortbewegungsmittels, der Person, die sich bewegt, und der Art des Zieles ab. In einem mCRM-System sind zwei Arten der Zielermittlung möglich, zum einen die automatische Ermittlung des Ziels und zum anderen dessen manuelle Eingabe durch den Kunden. Bei der manuellen Eingabe teilt ein Kunde einem Unternehmen mit, welches Ziel bzw. welchen Zielraum er erreichen möchte. Wenn es sich um ein regelmäßiges Ziel handelt, kann ein Unternehmen dem Kunden diese Arbeit auch abnehmen und automatisch dieses in eine Auswahlliste setzen oder einbeziehen.[688] Bei der manuellen Methode gibt es weniger Probleme in Bezug auf den Datenschutz, wobei sie aber eine Handlung des Kunden erfordert.

Anders ist das bei der automatischen Ermittlung oder Abschätzung eines Ziels durch Unternehmen. Aus alten Bewegungen kann man die neuen Bewegungen eines Kunden berechnen.[689] Ein Beispiel wäre der tägliche Weg zur Arbeit. Mitteilungen wie Stauwarnungen oder Verbindungshinweise im öffentlichen Nahverkehr würden dann ausschließlich für den relevanten Bereich übermittelt werden.[690] Wenn ein Kunde sich am Flughafen befindet, ist der Fluggesellschaft in der Regel zumindestens ein Teilziel bekannt und kann einbezogen werden. Gleiches ist auch bei anderen Verkehrsmitteln denkbar. Auch könnten Zielinformationen wie Wettervorhersagen oder Unwetterwarnungen nur an Personen geschickt werden, die sich in dieser Region aufhalten und entsprechend betroffen wären.

Selbst wenn eine vollständige Ermittlung oder Abschätzung des Zieles nicht möglich ist, können Zwischenziele ermittelt werden. So kann man auf einer Autobahn vermuten, dass ein Kunde sich auch weiterhin mit

---

687 Vgl. IZT et al. 2001, S. 96-97.

688 Im T-D1 NaviGate-System zur Navigation von Autos wird auf dem mobilen Endgerät die Speicherung von Zielen sowie die Suche nach Sonderzielen, wie der nächsten Tankstelle, angeboten. Vgl. T-Mobile o.D., S. 14.

689 Vgl. Sakarya 2002, S. 6.

690 Die Berechnung der temporär optimalen Route erfolgt im T-D1 NaviGate-System aufgrund von aktuellen Verkehrsdaten, wie z.B. Staus. Nach der Berechnung der aktuell besten Route wird diese auf das mobile Endgerät übermittelt. Vgl. T-Mobile o.D., S. 4.

hoher Wahrscheinlichkeit geradeaus bewegt.[691] In der Informatik werden dafür Algorithmen zur Bewegungsvoraussage entwickelt. Eine Annahme ist u.a., dass Bewegungen nicht zufällig erfolgen und dass sich Bewegenden häufig wieder zum Ausgangspunkt zurückkehren.[692] Dennoch stellt es Datenbanken vor Probleme, aus räumlichen-zeitlichen Daten sinnvolle Muster auszulesen.[693] Die Leistungsoptimierung stellt mCRM-Systeme in der Zukunft vor große Herausforderungen. Im Gegenzug bieten diese Daten, nicht nur der Mobilitätsdatenklasse vier, bei einem Einsatz im mobilen Internet bisher unerreichte Möglichkeiten, ein Unternehmen bei der Erreichung von CRM-Zielen zu unterstützen. Mobilitätsdatenklassen können als Kontextvariablen oder Kontextdaten bezeichnet werden, die allgemeiner im Folgenden Abschnitt vorgestellt werden.

4.2.7 Kundendaten als Kontextvariablen

Ziel des Einsatzes der Mobilitätsdaten im mCRM ist, Bedürfnisse und Erwartungen so zu bedienen, dass langfristig individuelle, profitable Geschäftsbeziehungen aufgebaut werden können. Zur Bestimmung der Bedürfnisse kann so das Umfeld oder der Kontext des Kunden einbezogen werden. Unter Kontext wird *„any information that can be used to characterize the situation of an entity"*[694] verstanden. Das Umfeld, in dem sich die Geschäftbeziehung befindet, wird ebenfalls als ein Kontext bezeichnet. Schon jetzt sind die meisten Informationen, die von Menschen produziert werden, vom Kontext anhängig.[695] Die Beschreibung des Kontexts, der für Unternehmen im mCRM interessant ist, erfolgt im Allgemeinen über die Kundendaten, wie den vorgestellten Mobilitätsdaten, die in digitalen Medien bei jeder Interaktion anfallen können. Diese Kontextvariablen wurden bisher in der modernen Informationstechnologie kaum benutzt.[696]

---

691 Theoretisch könnte eine solche Rechnung so aussehen, dass wenn sich eine Person seit 15 Minuten in einem Auto auf der A9 von Ingolstadt Richtung München bewegt, diese Person sich auch noch in 10 Minuten mit Wahrscheinlichkeit von z.B fiktiv 85% in dieselbe Richtung mit demselben Verkehrsmittel bewegt.

692 Siehe dazu beispielhaft Liu et al. 1998; Scourias, Kunz 1999.

693 Vgl. Tsoukatos, Gunopulos 2001, S. 425.

694 Dey 2001, S. 5.

695 Vgl. Mills 1999, S. 2.

696 Vgl. Dey 2001, S. 4.

Schon immer wurden Kontextvariablen bewusst oder unbewusst zur Bewertung einer Kundenbeziehung oder Kaufhandlung herangezogen. So kann ein Ladenbesitzer im Gespräch spüren, ob ein Kunde nur schnell etwas kaufen möchte oder bereit ist, durch Zusatzinformationen an ein anderes Produkt herangeführt zu werden. Auch in modernen Medien wie dem stationären Internet stehen Kontextvariablen einem CRM-System zur Verfügung. Heutzutage werden von einem Kunden durch die Internet-Serverprotokolle, z.B. der Browser-Typ, die Uhrzeit, die vorher besuchte Internetseite und das Betriebssystem eines Computers mitgeschrieben.[697] Zusätzlich kann mit relativer Sicherheit angenommen werden, dass die Person zum Zeitpunkt des Surfens sitzt, über einen Farbbildschirm verfügt, innerhalb eines Gebäudes ist und sich mehr oder weniger vollständig auf die Aktivität auf den Webseiten konzentrieren kann. Das Umfeld des Kunden im stationären Internet wird auch „customer scenario" genannt.[698] Solche Annahmen zum stationären Internet zusammen mit gegebenenfalls „zugespielten" Profildaten legen die Grundlagen für Bedürfnisermittlungen und Leistungsanpassungen zur Zielerreichung des electronic CRM.[699]

Die Kundenbedürfnisse haben sich schon immer im Laufe der Zeit gewandelt, z.B. kurzfristig während des Tagesablaufs. Solche Bedürfnisänderungen hängen häufig mit der aktuellen Situation oder Aktivität eines Kunden zusammen. Die Aktion, die ein Kunde in einem bestimmten Moment ausübt, kann am einfachsten im mobilen Internet über seinen Aufenthaltsort ermittelt werden. So ist der Aufenthalt auf einem Golfplatz vermutlich mit dem Golfspielen verbunden. Als erster Schritt wurden deswegen die Nutzung der Aufenthaltsdaten (Mobilitätsdatenklassen eins und zwei) eingeführt, obwohl die Art der Daten eine relativ einfache Form der Information darstellt.[700] Früher lagen solche Kontextdaten aber nicht vor, konnten von Unternehmen nicht ermittelt werden oder waren in ihrer Ermittlung und Nutzung unwirtschaftlich. Im mobilen Internet können solche Daten mit der Zustimmung der Kunden einfach erhoben werden.[701] Im Rahmen des mobilen Internets kann, angenähert durch den Aufenthaltsort, so im analytischen mCRM untersucht

697 Vgl. Hippner et al. 2002d, S. 92; Mena 1999, S. 198-201.

698 Seybold 2001, S. 82.

699 Vgl. Hippner et al. 2002d, S. 14

700 Vgl. Lankhorst et al. 2001, S. 120; Salber et al. 1998, S. 7.

701 Bei der Ermittlung und der Verwendung von solchen Daten sind datenschutzrechtliche Bestimmungen zu beachten. Siehe dazu auch Abschnitt 3.4.5 Kundenbedenken und Datenschutz im mobilen Internet, S. 132.

werden, in welchem Aktionskontext, also wann und wo, ein Kunde bestimmte Bedürfnisse entwickelt.[702]

Im mobilen Internet können auch weitere Kontextvariablen für das mCRM zu Einsatz kommen. Zusätzlich zu dem *lokalen* Kontext ist theoretisch die Anpassung von Services nach *aktionsbezogenen Kontextvariablen,* also entsprechend der Tätigkeit, die ein Kunde gerade ausübt, und nach *zeitlichen Kontextvariablen, also* entsprechend der aktuellen Uhrzeit, möglich. Zusätzlich gibt es *persönliche Kontextvariablen* (oder auch interessenspezifische Kontextvariablen) nach den angegebenen Kundenpräferenzen.[703] Dazu können Kalender- und Wetterinformationen sowie soziale Umstände mit einbezogen werden.[704] Über alle Kontextbereiche hinweg kann das persönliche Profil in Bezug zur der aktuellen Uhrzeit auf alle flexiblen Prozesse Einfluss nehmen. Theoretisch sind noch viele andere Kontextvariablen automatisch ermittelbar. Manche Autoren gehen in der Kontextbeschreibung noch weiter und schließen an das „Wer macht was, wo und wann" auch noch die Frage nach dem „warum" an.[705] Bei solchen Kontextvariablen ist keine automatische Erhebung möglich, denn sie wären von der permanenten individuellen Eingabe der Kunden abhängig. Als am wichtigsten werden neben der Uhrzeit und den Profildaten nur die reinen Aufenthaltsdaten betrachtet, denn sie sind tatsächlich automatisch ermittelbar und werden deswegen auch weiter verfolgt.[706] Ortsabhängige Dienstleistungen stellen so ein Querschnittsthema dar, das in vielen Anwendungen eine wichtige Basis legen kann.[707]

Für einen erfolgreichen Einsatz der Kontextvariabeln ist neben den reinen Informationen immer ein Hintergrundwissen über den Kunden und seine Erreichbarkeit notwendig.[708] Dieses Hintergrundwissen wurde beispielsweise für die Mobilitätsdatenklasse zwei benötigt. Das Wissen über die laufenden Bedürfnisveränderungen allein hätte einen reduzierten Wert für Unternehmen, wenn dieses keine Möglichkeiten zur laufenden Nutzung über permanent offene Kommunikationskanäle, wie im mobilen Internet, hätte. Es ist deswegen bedeutsam, dass Kunden prinzipiell die Kommunikation über ihre mobilen Endgeräte zulassen. Mit dem

702 Vgl. Reichwald, Schaller 2002, S. 278.

703 Vgl. Scheer et al. 2002, S. 100, Zobel 2001, S. 51; Link, Schmidt 2002a, S. 148.

704 Vgl. Sadeh et al. 2001, S. 3.

705 Vgl. Abowd, Mynatt 2000, S. 37.

706 Vgl. Wilent 2001, S. 1.

707 Vgl. IZT et al. 2001, S. 7.

708 Vgl. Pascoe et al. 1999, S. 215.

mobilen Internet steht dann erstmalig für Unternehmen und Kunden ein Interaktionsmedium zur Verfügung, durch das über den ganzen Tag hinweg kommuniziert werden kann. Plötzlich sind ein Unternehmen und ein Kunde tatsächlich „24/7" erreichbar. Aus diesem Grunde spielen die Kundendaten als Basis eine entscheidende Rolle bei der Einführung des aus der Informatik bekannten *Context-Aware Computing*.[709] Es besteht jetzt die Möglichkeit, die aktuelle Leistungserstellung von Unternehmen aufgrund dieser permanent erhobenen Kontextdaten dynamisch an die Kundenwünsche anzupassen. Erst die Kombination des Wissens mit der neuen Möglichkeit der Reaktion darauf machen den Einsatz der Kontextvariablen für Unternehmen im kommunikativen und operativen mCRM ausgesprochen interessant.

4.3 Integration des mobilen Internets ins kommunikativen CRM

Die Ausgestaltung des kommunikativen mCRM im mobilen Internet ist durch die hohe Anzahl möglicher Variationen und Einsatzmöglichkeiten geprägt. Diese übertrifft andere Kommunikationskanäle wie das Telefon. Andere Kommunikationskanäle setzten sich langsam, über Jahrzehnte in weiten Bevölkerungsschichten durch. In diesem Zeitraum konnten sich Methoden und Regeln entwickeln, die einem Unternehmen jetzt bei der Ausgestaltung und Nutzung eines Kanals als Richtwerte dienen können.

Im mobilen Internet liegen solche Erfahrungen sowie spezielle gesetzliche Richtlinien nicht vor. Unternehmen sind aber bereits jetzt schon gefragt, Mobilität und die erwartenden Nutzen einzusetzen. Da das mobile Internet aufgrund seiner Technik tiefer in die natürliche Umwelt der Menschen eindringen wird, ist eine Diskussion der theoretisch möglichen neuen Kommunikationsausprägungen losgelöst von konkreten Anwendungen als Grundlage aller Ausgestaltungen notwendig. Damit wird das Verständnis für mobile Kommunikation erhöht und Anwendungsmöglichkeiten im operativen mCRM ermöglicht, sowie die Grundlage für das analytische mCRM gelegt. Der Schwerpunkt wird auf die Betrachtung der Kommunikation zwischen Unternehmen und Endkunden (B2C) gelegt. Dabei wird der Fokus auf die Ausgestaltung der Kommunikation des Unternehmens zum Kunden gelegt. Die Inhalte der

709 „Context-Aware Computing" ist die englische Bezeichnung für kontextsensible Technologien.

einzelnen Maßnahmen werden erst im anschließenden Abschnitt über das operative mCRM eingeführt.

4.3.1 Grundlagen des kommunikativen mobile CRM

Im kommunikativen mCRM werden Fragestellungen zur Anpassung der technischen und theoretischen Ausgestaltung der mobilen Kommunikation und Interaktion besprochen, die im mobilen Internet für Kunden vorgenommen werden müssen. In diesem Kapitel wird ein anderer Schwerpunkt gesetzt als im Abschnitt 3.2.2, in dem die Kommunikationsdienste im Allgemeinen betrachtet werden.

Schon früher gab es ein hohes Kommunikationsbedürfnis innerhalb von Teilen der Bevölkerung, das über unterschiedliche Kanäle, wie zum Beispiel die Post, bedient wurde.[710] Diese einfache Art der Informationsübermittlung wurde von vielen Unternehmen genutzt, wobei die Methoden aber ausgesprochen unflexibel und häufig asynchron waren. Im letzten Jahrhundert stellten Unternehmen ihren Kunden häufig nur einen Kommunikationskanal, zum Beispiel die ausschließlich schriftliche Bestellannahme bei Versandhäusern, zur Verfügung. Über diesen Kanal mussten die Kunden kommunizieren oder sie waren von einer Interaktion mit dem Unternehmen ausgeschlossen.[711] Dem Kunden wurde so das Empfangs- und Sendeformat für die Interaktion durch das Unternehmen vorgegeben. Früher bestimmten Unternehmen auch das Zeitfenster, in dem Kunden einkaufen und interagieren konnten.[712] Während des größten Teil des Tages war eine Interaktion für den Kunden aber nicht möglich.

Heute bieten Unternehmen ihren Kunden eine Reihe von möglichen Kommunikationskanälen. Der Kunde kann zwischen verschiedenen Kommunikationskanälen wählen und sich einen oder mehrere aussuchen, die seinen Wünschen oder Vorstellungen am besten entsprechen. CRM-Systeme müssen deswegen um ein Vielfaches kompliziertere Schnittstellenprogrammierungen aufweisen, um dem CRM-Ziel der Integration gerecht zu werden. Dieses führt neben anderen Probleme auch zu höheren Kosten.[713] Häufig variieren bei modernen Kommunikationsformaten die Antwortzeiten von Kunden auf einzelne Meldungen je nach Medium, wobei zur Zeit aber in der Regel noch das Empfangsformat dem des Sendemediums gleicht. Der Sender kann mit seiner Aus-

710 Vgl. Naisbitt 2001, S. 160.

711 Vgl. Baldwin 2000, S. 156.

712 Vgl. Newell, Newell Lemon 2001, S. 13.

713 Vgl. Tillett 2000, S. 10.

wahl so das Empfangsformat beim Empfänger bestimmen. Heute sind die wichtigsten Kommunikationsmittel im Marketing vorwiegend solche Sendekanäle wie das Fernsehen. Es wird von ca. 3000 Werbebotschaften ausgegangen, die einen Kunden jeden Tag zu erreichen versuchen.[714] Eine direkte Interaktion wird auf diesen vorherrschenden Medien aber immer noch nicht ermöglicht.

Eine Trennung des Empfangsformats vom Sendeformat erfolgt auf Kundenseite nur, wenn zentrale Empfangsverfahren eingesetzt werden, die u.a. als Unified Messaging (UM) bezeichnet werden. Dabei werden eingehende Nachrichten verschiedener Formate, wie Sprache, Email oder Fax, zentral gespeichert und können von dem UM-Server dann wiederum auf unterschiedliche Weise, meistens jedoch über ein Web-Interface, abgerufen werden.[715] Eine SMS, die aber erst an einen zentralen Server geschickt wird, verliert schnell ihren Nutzen, wenn sie erst vom Empfänger explizit abgerufen werden muss. Privatkunden haben sich vielleicht auch deswegen bis auf einzelne, kostenlose Weblösungen nicht für UM entscheiden können und UM-Nutzer stellen nur eine kleine Benutzergruppe dar.[716] Aus diesem Grund und wegen der Verzögerung durch das Zwischenschaltens eines zentralen Servers wird hier auf UM-Lösungen nicht weiter eingegangen.

In dem Bereich der Empfangs- und Sendeformate wird eine entscheidende Veränderung im mobilen Internet deutlich. Die computergestützte oder computergenerierte Kommunikation im mCRM hilft Unternehmen, eine großen Anzahl von Kunden auf verschiedenen Sendekanälen anzusprechen, was Effizienzvorteile bringt. Ohne eine IT-Unterstützung wäre ein Anbieten der verschiedenen Kommunikationskanäle für eine größere Anzahl von Kunden prinzipiell nicht möglich. Mit den neuen Medien wird über Kanäle kommuniziert, die zusätzlich als Zugangskanäle zu Unternehmen von Kunden genutzt werden können.[717] Neu ist auch, dass im CRM oder beziehungsorientierten Marketing die Kommunikation nicht einseitig, sondern ein Dialog ist.[718] Durch die Ausdehnung der Möglichkeiten, wie ein Kunde mit dem Unternehmen in Kontakt tritt, ergeben sich neue Formen der Kundenansprache mit einem höheren Wert für Kunden, da die neuen Kanälen besser den

714 Vgl. Schmich, Juszczyk 2001, S. 3; Godin 1999, S. 29.

715 Vgl. Glückstein, Schuster 2001, S. 155-156.

716 Vgl. Glückstein, Schuster 2001, S. 161.

717 Vgl. McKenna 1998, S. 67.

718 Vgl. Kunze 2000, S. 4.

Bedürfnissen angepasst werden können.[719] Senden und Empfangen kann in Echtzeit erfolgen. Kunden können in der Zukunft auch selbst steuern, wie Informationen empfangen werden sollen.

Während Fernsehwerbung abgeschaltet und Handzettel ignoriert werden können, erfordert das mobile Internet immer auf die eine oder andere Art die Aufmerksamkeit der Kunden.[720] All dieses erfordert eine explizite Steuerbarkeit von Unternehmensseite. So sollte den Kunden durch das Unternehmen mitgeteilt werden, wann und auf welchen Kanälen eine Meldung zu erwarten ist, damit dieser sich darauf einstellen kann. Bereits jetzt wird von einem eher unsympathischen Beigeschmack gesprochen, der durch den Einsatz von moderner Technologie entsteht.[721] Dieser beruht auf der Angst vor schlechter Ausgestaltung der Kommunikation.

Zusätzlich wird es als bedrohlich empfunden, dass Unternehmen zum Überkommunizieren tendieren.[722] Die Qualität und Intensität einer Kundenbeziehung wird aber nicht über die Kontakthäufigkeit geschaffen.[723] Deswegen sollte jede Push-Kommunikation einen messbaren Nutzen für den Kunden bringen.[724] Manager müssen sich im kommunikativen mCRM überlegen, welche Informationen wirklich im mobilen Internet übertragen werden sollten. Dieses Abwägen ist notwendig, um eine Überladung der Kunden mit Nachrichten zu vermeiden. Vielleicht wird es in Zukunft einen „Chief Communication Officer" (CCO) geben, der jegliche Kommunikation eines Unternehmens mit seinen Kunden steuert.[725] Auf die einzelnen Dimensionen der Steuerung muss in allen Bereichen des mCRM zusammen mit den Kosten der Kommunikation eingegangen werden.

---

719 Vgl. Möhlenbruch, Schmieder 2002, S. 72.

720 Vgl. van Ackeren 2002, S. 352.

721 Vgl. Gieske 2000, S. 5.

722 Vgl. Kölmel, Alexakis 2002, S. 2.

723 Eggert (2001) sieht diese Gültigkeit im Einsatz von eCRM im Internet. Vgl. Eggert 2001, S. 100.

724 Vgl. Gieske 2000, S. 7-8.

725 So wurde nach Kundenprotesten bei DoubleClick, einem Online-Vermarkter, ein Chief Privacy Officer (CPO) berufen, der aber weniger Einfluss hatte und nur als Ombudsmann für Kunden agierte. Vgl. Charters 2002, S. 251. Weitergehende Vorstellungen zum Tätigkeitsbereich eines CPO wurden bei Cohen (2001) formuliert.

Die Bewertung der Kanäle erfolgt speziell in Bezug auf die Kosten, die auf Kundenseite entstehen, und wird im folgenden Abschnitt näher erörtert.

4.3.2 Kundenkosten der mobilen Kommunikation

In der Interaktion kann über Inhalte einer Maßnahme Kundennutzen geschaffen werden. Die Wahrscheinlichkeit, Kundennutzen zu schaffen, kann durch gezielte Ausgestaltung des kommunikativen und operativen mCRM, wie etwa sorgfältig ausgewählte Sendezeitpunkte, erhöht werden. Die orts-, zeit- und formatungebundene Nutzung kann in allen Bereichen des operativen mCRM neue Möglichkeiten eröffnen, da Maßnahmen feiner auf den einzelnen Kunden abgestimmt werden können. Innerhalb der Leistungserstellung von Unternehmen wird die Leistung in Kernnutzen und Zusatznutzen unterschieden.[726] Speziell beim Zusatznutzen, zum Beispiel nach einem Produktkauf, kann das mobile Internet Werte für Kunden durch zusätzliche Service-Leistungen schaffen.

Bisher sollten direkte Kommunikationsmaßnahmen speziell vor dem Produktkauf, wie Werbekampagnen, so optimiert werden, dass z.B. der Umsatz bei möglichst niedrigen Kosten für das Unternehmen erhöht wird.[727] Dabei ergab sich eine Grenze des Umfangs einer Kampagne durch die Kosten der Maßnahme. Trotz einer hohen Ablehnung in der Zielgruppe konnte eine Mailing-Aktion mit einer Ablehnungsquote von z.B. 98% im klassischen Marketing immer noch als finanzieller Erfolg gewertet werden.[728] Eine Response-Rate unabhängig von Kommunikationsmedium von 2% bedeutete aber umgekehrt, dass 98% der Kunden mit der Maßnahme nichts anfangen konnten. Bereits das stationäre Internet machte es möglich, potenzielle Kunden, deren Emailadresse bekannt war, zu vernachlässigbaren Kosten zu erreichen.[729] Damit fiel die finanziell vorgegebene Begrenzung des Umfanges von Maßnahmen weg. Doch gleichzeitig hat sich im stationären Internet eine ungewollte Kommunikation in Form von so genannten Spam-Emails zum Problem ent-

---

726 Satt der Bezeichnung „Zusatzleistung" bei Körner, Zimmermann (2002) wurde hier der Begriff des „Nutzens" gewählt. Vgl. Körner, Zimmermann 2002, S. 464.

727 Vgl. Leitzmann 2000, S. 45.

728 Vgl. Godin 1999, S. 34.

729 Es wird angenommen, dass man 10.000 Kunden für den Preis einer Direktmail per Post erreichen kann. Vgl. Prabhaker 2000, S. 166-167. Andere Schätzungen setzen die Kosten für eine Millionen Werbe-Emails bei ca. 200 US-$ an. Vgl. Schwartz 2003, S. 53.

wickelt.[730] Konsumenten, die mit Verkaufsangeboten überhäuft werden, ignorieren sie oder reagieren zunehmend mit Verärgerung.[731] Auch für angemessen agierende Unternehmen entstehen durch ein solches Verhalten Probleme, da das Medium nach Kundenansicht negativ besetzt ist.

Während die klassische Post schnell und einfach entsorgt und auch im stationären Internet eine Email relativ leicht gelöscht werden kann, ist das, wie beschrieben, im mobilen Internet nicht mehr der Fall, und Kundenkosten fallen, wie in Tabelle 6 aufgezeigt, an unterschiedlichen Stellen an. Durch die Nutzung von neuen, viel direkteren Kommunikationskanälen kann das vom Kunden empfundene Risiko zunehmen. Dieses moderne Medium kann also Kosten einer Kampagne auf Unternehmensseite einsparen, lässt aber dann diese *Kundenkosten*, die auch als indirekte Kosten auf Kundenseite bezeichnet werden, außer Acht.[732] Störungen, z.B. der Privatsphäre, durch eine Kommunikationsmaßnahme werden aber aufgrund der Besonderheiten im Zugang im mobilen Internet größer und vielschichtiger als im stationären Internet sein.[733] Die Kommunikation über das mobile Endgerät ist persönlicher und direkter, als es bei Fax oder Email der Fall ist.[734] Dementsprechend direkt erfolgt aber auch die Störung. In der Tabelle 6 wird eine mögliche Unterteilung verschiedener Kostenarten aus Kundensicht vorgenommen. Dabei können die Kosten in monetäre und nicht monetäre Bereiche untergliedert werden. Die aufgezeigten persönlichen nicht monetären Kosten haben dabei in dieser entwickelten Untergliederung eine besondere Bedeutung.

730 So blockte AOL als Internet-Provider Anfang 2003 täglich weltweit über 780 Millionen vermutlich ungewollte Emails. Siehe dazu auch Galinowski 2003, S. 16. Insgesamt wird von rund 13 Milliarden Spam-Emails täglich ausgegangen, die alleine in den USA in Jahr 2003 bis zu 10 Milliarden US-$ an verlorener Arbeitsproduktivität kosten. Vgl. Schwartz 2003, S. 51.

731 Vgl. McKenna 1998, S. 57.

732 Vgl. Klang, Lindström 2000, S. 4.

733 Vgl. Zobel 2001, S. 105.

734 Dieser direkte Zugang zum Empfänger wird in Bezug auf den Einsatz von Werbe-SMS bei Schwarz (2002a) diskutiert. Vgl. Schwarz 2002a, S. 291-292.

Kundenkosten (monetäre und nicht-monetäre)	
Monetäre Kosten	Übertragungsentgelte (Gebühren) Empfangsressourcen (z.B. Faxpapier) Kosten einer Abbestellung (Gebühren)
Persönliche Kosten	Blockade von Empfangskanälen Störung der Privatsphäre - Unterbrechung durch Empfang - Zeitaufwand der Betrachtung - Zeitaufwand der Bearbeitung Aufwand der Löschung Aufwand einer Abstellung
Technischbedingte Kosten	Verwendung von Speicherplatz Blockade von Sendekapazitäten Batterieverbrauch

Tabelle 7: Empfangsbezogene Kundenkosten

Die Höhe der Kosten kann dazu führen, dass allzu aktive Unternehmen von Kundenseite nicht mehr positiv wahrgenommen werden. Diese Gefahr macht es notwendig, dass Unternehmen permanent die Wirkung ihrer Maßnahmen überwachen. Es sind folglich umfassende Methoden nötig, um beispielsweise die Werbewirkung zu messen.[735] Eine genaue Bewertung der Kundenkosten von Unternehmensseite ist wegen der individuellen Wahrnehmung durch den Kunden eine besondere Herausforderung. Die tatsächlich anfallenden Kosten hängen zusätzlich vom aktuellen Kontext eines Kunden sowie der Gestaltung der Kommunikation ab. Eine Entwicklung von solchen Messwerten ist Aufgabe des analytischen mCRM.[736]

Dabei sollte nicht immer die einzelne Maßnahme betrachtet werden, sondern das analytische mCRM sollte vielmehr eine Kampagne über einen längeren Zeitraum betrachten. Ein Kunde kann zwischenzeitlich einen Newsletter als überflüssig erachten, ihn langfristig unter Einbeziehung des von ihm erwarteten Kundennutzens jedoch insgesamt als positiv bewerten. Entscheidend dabei ist die Kontakthäufigkeit zwischen den Phasen der Kommunikation und der Kontaktstille. Unternehmen müssen einen Balanceakt zwischen Nicht-Kommunikation und Kommu-

735 Vgl. Silberer et al. 2002, S. 317.

736 Siehe Fragestellungen dazu in Abschnitt 4.5.3.1 Fragestellungen des kommunikativen mCRM, S. 242.

nikation vollbringen. So kann im mobilen Internet auch die Kontaktstille (Nicht-Kommunikation) einen strategischen Verkaufvorteil schaffen. Wenn ein Kunde etwa bei einem Online-CD-Händler die Erfahrung gemacht hat, dass dieser persönliche Kundendaten nicht weitergibt und außerdem gar nicht oder nur sehr wenig störend mit ihm kommuniziert, kann durchaus Vertrauen aufgebaut werden. Damit werden Wechselbarrieren zu anderen Unternehmen aufgebaut, zu denen der Kunde dieses Vertrauen noch nicht hat. Somit kann auch Nicht-Kommunikation zu einem Wettbewerbsvorteil in den neuen Medien werden.

Die einzelnen Kundenkosten einer von Unternehmen geschickten Meldung variieren je nach Gestaltung der Maßnahme des operativen mCRM. Speziell bei den monetären Kosten können Unternehmen versuchen, die Kosten auf Kundenseite zu reduzieren. Beispielsweise kann eine Abbestellung eines Newsletters über eine kostenlose 0800-Telefonnummer angeboten werden. Es kann auch durch die Ausgestaltung besonders wann, wie und wohin eine Meldung geschickt wird, Einfluss auf die Kundenkosten genommen werden. Daher werden diese Dimensionen im Folgenden besprochen.

4.3.3 Ausgestaltung des kommunikativen mobile CRM

In diesem Abschnitt werden die Besonderheiten der Ausgestaltung der Kommunikation im mobilen Internet in ihren Auswirkungen diskutiert. In dem Kapitel über die Besonderheiten des mobilen Internets wurden die Freiheiten, die ein Kunde im mobilen Internet hat, erläutert. Aus dem Zugang ergibt sich die mögliche Nutzung jederzeit, an jedem Ort und in verschiedenen Formaten. Darauf aufbauend soll in diesem Abschnitt gezeigt werden, wie ein Unternehmen mit den verschiedenen Möglichkeiten der Ausgestaltung der Kommunikation umgehen sollte. Es geht darum, ein Verständnis auf Unternehmensseite für die Gestaltungsmöglichkeiten der Kommunikationsmaßnahmen zu schaffen. Dabei soll nicht der inhaltliche Nutzen einzelner Leistungen für Kunden besprochen werden, sondern es wird jeder einzelne der drei Faktoren Ort, Zeit und Format in seinem Einfluss auf das Nutzenempfinden bzw. Kostenempfinden von Kunden diskutiert.

Das Verständnis der drei Besonderheiten im Zugang des mobilen Internets bildet dann Entscheidungsräume für das operative mCRM. Die Nutzung der Besonderheiten für die inhaltliche Gestaltung der kommunikativen Maßnahmen wird im nachfolgenden Kapitel über das operative mCRM besprochen.

4.3.3.1 Dimension „Ort" im kommunikativen mCRM

Die Dimension „Ort" beschreibt die ortsungebundene und damit mobile Nutzung der Kommunikationsmöglichkeiten, wie sie auch schon im Abschnitt über den ortsungebundenen Zugang aus Kundensicht vorgestellt wurde.[737] Unter „Ort" wird der aktuelle und zukünftige Aufenthaltsort von Kunden verstanden. Den besonderen Nutzen dieser Dimension schafft hierbei aber nicht allein die Ortsungebundenheit, sondern zusätzlich auch das Wissen um den Ort. Das bedeutet, dass in dieser Dimension auch Vorteile der Lokalisierbarkeit für die Leistungserstellung bedeutsam sind und zusammengefasst werden. Deswegen sind für diesen Bereich die bereits vorgestellten Mobilitätsdatenklassen von besonderer Bedeutung. Eine Steuerbarkeit der Kommunikation und der Leistungen von Unternehmen ergibt sich erst durch das Wissen um den Ort in Verbindung mit der Gewissheit, einen Kunden auch an diesem Ort erreichen zu können. Ortsinformationen spielen so auch bei der Auswahl der Inhalte eine Rolle. In diesem Zusammenhang wird häufig der Begriff Location-Based Services (LBS) verwendet.[738]

Es kann vermutet werden, dass das Leistungs- und Störungsempfinden des Kunden stark von seinem aktuellen Aufenthaltsort abhängt. Damit wird es Aufgabe des analytischen mCRM zu ermitteln, welche Orte welchen Einfluss auf die empfundenen Kundenkosten und dabei speziell auf die persönlichen Kosten und das Kommunikationsbedürfnis haben. So kann man verschiedene Orte oder Zonen mit jeweils unterschiedlichen Anforderungen an das kommunikative mCRM definieren. Mögliche Klassifizierungen von Orten sind in Tabelle 8 dargestellt, wobei in diesem Beispiel zwischen Ruhe-, Bewegungs- und Aktivitätszonen unterschieden wurde. Die Tabelle hat dabei keinen Anspruch auf Vollständigkeit, sondern soll nur der Verdeutlichung dienen, wie ein Unternehmen Einteilungen vornehmen könnte. Unternehmen müssen dabei individuell überlegen, ob eine Meldung von einem Kunden an bestimmten Orten, wie in der Ruhezone, nicht als zu große Störung empfunden wird. Umgekehrt kann aber auch eine Meldung an einem bestimmten Ort einen besonderen Nutzen für einen Kunden schaffen, wie z.B. Reiseinformationen bei einem Aufenthalt in einer Bewegungszone.

---

737 Wenn der Ort eine Rolle spielt, wird in diesem Zusammenhang auch von „Location-Based Services" gesprochen. Siehe auch Abschnitt 3.4.1.1 Ortsungebundener Zugang, S. 117.

738 Vgl. Pippow, Strüker 2002, S. 3; Darrow, Harding 2000, S. 40.

Beispiele der Ort-Störungs-Kombinationen	
Ruhezonen	Wohnbereiche (Zuhause) Kultureinrichtungen (Theater/Kino/Oper) Freizeitorte (Tennisplatz/Golfplatz) (...)
Bewegungszonen	Warteräume (Bahnsteig/Flughafenlounge) Verkehrsmittel (Bus/Bahn/Auto) Reisebereiche (Bahnhof/Flughafen) (...)
Aktivitätszonen	Büro (Arbeitsplatz) Fabrikhalle (Arbeitsplatz) Urlaub Einkaufen (...)

Tabelle 8: Orte der Kommunikation

Die Ergebnisse des analytischen mCRM können anschließend für die Steuerung von Maßnahmen eingesetzt werden. Unternehmen können so versuchen, speziell die persönlichen Kosten für Kunden zu reduzieren und den Nutzen einer Maßnahme zu maximieren. Bei der Bewertung sind noch andere Faktoren einzubeziehen. An manchen Orten, wie z.B. im Fußballstadion, kann man mit großer Wahrscheinlichkeit davon ausgehen, dass ein Kunde sich nicht konzentrieren kann. An solchen Orten sollte ein Unternehmen auf eine Kommunikation vollständig verzichten. Falls eine externe Steuerbarkeit der Empfangsbestätigung oder Eingangsmeldung möglich sein sollte, kann ein Unternehmen auch eine Anpassung dieser nach dem aktuellen Ort und einer Annäherung des sozialen Kontexts vornehmen. Gleiches wird auf Kundenseite vorgenommen werden, indem an bestimmten Orten das mobile Endgerät stumm- oder sogar ausgeschaltet wird.

Grundsätzlich sollte ein Unternehmen langsam anfangen, alle Kommunikationsmaßnahmen nach Orten zu klassifizieren, um so ein Verständnis für diese Dimension zu gewinnen. Auch wenn der Ort noch nicht sofort als Kontextvariable im mobilen Internet zur CRM-Zielerreichung zur Verfügung steht, können diese Überlegungen zusätzlich Anregungen für nicht mobile Kommunikation und ihre Ausgestaltung geben.

4.3.3.2 Dimension „Zeit" im kommunikativen mCRM

Unter der Dimension „Zeit" wird der tatsächliche Empfangszeitpunkt einer Meldung verstanden.[739] Zusammen mit dem Ort spielt die Zeit eine besondere Rolle bei der Entstehung von persönlichen Kosten.[740] Für die Bewertung von Kommunikationsmaßnahmen ist es bedeutsam, ob eine Maßnahme oder Interaktion zu einem Zeitpunkt von einem Kunden oder einem Unternehmen initiiert wurde. Schwerpunkt in diesem Abschnitt sind wieder jene Maßnahmen, die von Unternehmen ausgehen.

Vergleichbar mit dem vorangestellten Abschnitt wird auch die Dimension Zeit zweigeteilt betrachtet. Der Nutzen „Zeit", den die ständige Verfügbarkeit des mobilen Internets für Kunden schafft, kann unterteilt werden in „jederzeit" und „zu einer bestimmten Zeit".

Bei vielen klassischen Kommunikationsmaßnahmen mit asynchronen Formaten spielte der Absendezeitpunkt keine wesentliche Rolle. Erst seit dem Einsatz moderner, synchroner Formate, die einen direkten Kontakt zum Kunden herstellen, wie zum Beispiel einem Telefon ohne Anrufbeantworter, kann der Absendezeitpunkt einer Nachricht auch mit dem Eingangszeitpunkt beim Empfänger zusammenfallen. Beim Einsatz des mobilen Internets wird dies ebenfalls zutreffen. Unternehmen müssen sich also verstärkt mit dem Absendeformat und dem -zeitpunkt auseinandersetzen. Beispielsweise wäre ein Anruf nachts auf einem mobilen Endgerät von einer Bank bei leichten Aktiendepotwertschwankungen eine nicht hinzunehmende Störung der Nachtruhe. Genau eine solche Störung wäre hingegen wünschenswert, wenn ohne einen sofortigen Verkaufsauftrag der Totalverlust der Ersparnisse droht. Wo sich der Kunde aufhält, spielt dabei keine Rolle, nur dass ihn die Nachricht sofort erreicht.[741] Die empfundene Notwendigkeit, eine bestimmte Leistung, ein Produkt oder einen Service zu einem bestimmten Zeitpunkt in Anspruch zu nehmen, kann dabei von „nicht zeitkritisch - egal wann" bis „zwingend sofort" abgestuft werden. In diesem Zusammenhang wird auch von „Situation-Based" Services oder Leistungen gesprochen.[742]

Um eine bessere Handhabbarkeit der Dimension „Zeit" zu erlangen, könnte es für Unternehmen sinnvoll sein, den Tagsablauf in unterschiedliche Zeitzonen einzuteilen. In der Soziologie wird von der Bewegung durch verschiedene temporäre Zonen über einen Tag gespro-

---

739 Siehe auch Abschnitt 3.4.1.2 Zeitungebundener Zugang, S. 118.

740 Siehe dazu Tabelle 6.

741 In diesem Zusammenhang wird auch von der Gruppe der "Zeit-kritischen" Services gesprochen. Vgl. Darrow, Harding 2000, S. 40.

742 Vgl. Pippow, Strüker 2002, S. 3.

chen.[743] In ähnliche Zonen kann auch der Tag für die Bewertung von Kommunikationsmaßnahmen eingeteilt werden. Es ist die Aufgabe des Unternehmens, die generellen Strukturen oder Zonen zu erkennen. Ein optimaler Zeitpunkt zur Kommunikation wird auch „Zeitfenster" genannt.[744] Einzelne Zeitfenster können für die wesentlichen Einsatzgebiete des mobilen Internets gefunden werden. Um ein Zeitfenster beispielsweise bei Reisen zu finden, kann die Bewegung von Kunden untersucht werden. Bei dem Einsatz in der Mobilität wird auch zwischen „Ruhephasen" und „Eilphasen" unterschieden, die bei Reisen oder Mobilität generell auftreten können.[745] Für Kommunikationsmaßnahmen, die eine größere Aufmerksamkeit des Kunden benötigen, könnte versucht werden, den Kunden in Ruhephasen zu erreichen. Unmittelbar vor jeder Kommunikationsmaßnahme, die einseitig von Unternehmen ausgeht, sollte prinzipiell eine Prüfung stattfinden, ob innerhalb der aktuellen Zeitzone eine solche Maßnahme in Bezug zu den Kundenkosten als möglich oder sinnvoll zu betrachten ist. Bei zeitkritischen Leistungen wird dabei eine Durchbrechung von Zeitzonen Seitens des Unternehmens eher vom Kunden akzeptiert, als bei nicht dringenden Anwendungen. Kunden sollten in der Lage sein, bei unternehmensseitiger Kommunikation, wie z.B. Newslettern, Zeitpunkte und auch Zeitabstände von Maßnahmen nach ihrem eigenen Empfinden frei wählen zu können.[746] Aufgestellte Zeitzonen könnten in einer Menüführung die Auswahl der gewünschten Einstellung von Kunden erleichtern. Ein solches Wissen über die Uhrzeit kann auch helfen, die Reihenfolge festzulegen, auf welche Art und Weise mit jemandem Kontakt aufgebaut werden soll.[747] Beispielsweise kann eine bestimmt Reihenfolge von Telefonnummern zum „Durchprobieren" angeboten werden. Denkbar ist auch eine Restriktion, die durch den Kunden vorgegeben wird, wie z.B. „Benachrichtigung niemals am Sonntag".[748] So könnten in Abhängigkeit von den Zeitzonen, theoretisch abends Firmentelefonate direkt an eine Mailbox geleitet werden, während Anrufe von privaten Bekannten durchgestellt werden.[749]

Abbildung 23 zeigt verschiedene Zeitzonen und wie sie über den Tag verteilt liegen könnten. Dieses theoretische Beispiel müsste von Unternehmen in Abhängigkeit von der Leistung an die einzelnen Kunden an-

743 Vgl. Giddens 1993, S. 106.

744 Vgl. Schwarz 2002a, S. 306.

745 Vgl. Geer, Gross 2001, S. 90-91.

746 Vgl. Klein et al. 2000, S. 91; Schwarz 2002b, S. 400-401.

747 Vgl. Badrinath, Imielinski 1996, S. 149.

748 Vgl. Richardson 2001, S. 4.

749 Vgl. Reischl, Sundt 1999, S. 55.

gepasst werden. Befragungen und Auswertungen von Kundenkontakten können zu einer Annäherung genutzt werden, die mit Hilfe des analytischen mCRM erstellt werden kann.

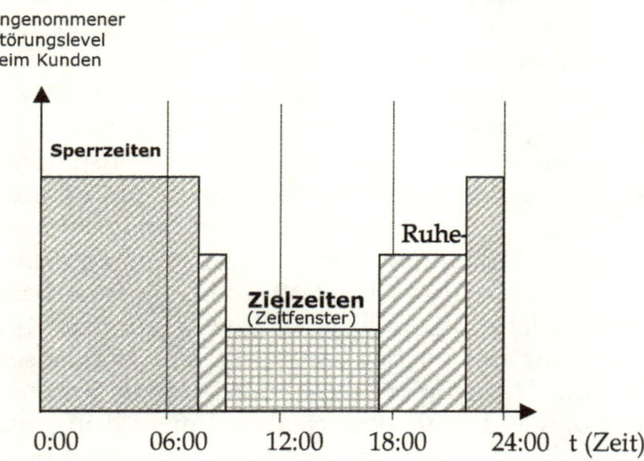

Abbildung 23: Zielzeiten der Kommunikation[750]

In der Bewertung der unterschiedlichen Produkte und Leistungen, die von Unternehmen an Kunden herangetragen werden, ist das Zeit-Empfinden der Kunden ausschlaggebend. Aus Abbildung 23 wird wegen der starren Zeitzonen nicht deutlich, dass ein Kunde immer wieder im Laufe eines Tages durchaus über Zeitfenster verfügen kann und so für eine Interaktion im mobilen Internet zwischenzeitlich zur Verfügung steht. Unternehmen sollten aber generell bei der Ausgestaltung von mCRM-Systemen die Bedeutung der Zeit bei einzelnen Anwendungen und die Idee der Zeitzonen in ihre Überlegungen einbeziehen. Unternehmen sollten diese Zwischenzeiten erkennen und Produkte oder Leistungen zur genauen Füllung dieser Zwischenzeiten entwickeln. Erste Anwendungen, die sich im mobilen Internet entwickeln, werden deswegen aus den Bereichen Reise und Finanzindustrie erwartet.[751] Das mobile Internet kann in diesen Branchen dafür genutzt werden, Pausen sinnvoll zu überbrücken.[752] Entwickler von Leistungen im mobilen Internet müssen dieses bei der Gestaltung von Anwendungen berücksich-

750 Quelle: Eigene Darstellung.

751 Vgl. Sundararajan 2002, S. 46-47; Lewis 2000, S. 55.

752 Vgl. MSDW 2000, S. 8.

tigen und ihren Kunden individuell den Zugriff auf Leistungen ermöglichen.

4.3.3.3 Dimension „Format" im kommunikativen mCRM

Unter der Dimension „Art des Zugangs" oder „Format" wird das Kommunikationsformat verstanden, für das sich ein Interaktionspartner zum Versenden seiner Nachricht entscheidet. Unternehmen können bei der Auswahl von Formaten eine Steuerung nach dem Kontext von Kunden und dem Inhalt von Maßnahmen vornehmen. Die Auswahl des Formats ist maßgeblich an den monetären Kosten der Kommunikation auf Kundenseite beteiligt.[753] Kunden werden neben einer räumlichen und zeitlichen Steuerung auch eine Ablehnung oder Abschaltung nach Kommunikationsformaten vornehmen. Die Wahl des Formats hat deswegen, neben anderen Gründen, eine hohe Bedeutung im mCRM. Bei der konkreten Ausgestaltung von Kommunikations- und Informationsdiensten hat beispielsweise auch die reduzierte Batterieleistung mobiler Endgeräte einen Einfluss auf die Möglichkeiten, die zur Verfügung stehen. So wird z.B. empfohlen, stromaufwändige Anwendungen wie Audio als Wiedergabemethode nicht einzusetzen.[754]

Die Konvergenz der Medien führt zu einer reduzierten Kontrollierbarkeit von wählbaren Medienformaten durch Unternehmen und langfristig zur Aufhebung von Formaten.[755] Das Empfangsformat ist im mobilen Internet langfristig so losgelöst vom Sendeformat. Das gewählte Absendeformat ist aber von Bedeutung, da Kunden auch trotz der Konvergenz bestimmten Absendeformaten bestimmte Empfangsformate zugeordnet haben können.[756] Gleichzeitig hat das Format auch einen Einfluss darauf, wie ein Kunde über den Empfang einer Nachricht informiert wird. Bisher erfolgt die Steuerung der Empfangsbenachrichtigung einer asynchronen Meldung anhand entsprechender Einstellungen auf dem Endgerät durch den Kunden selbst. Langfristig könnten Kommunikationsformate in die Lage versetzt werden, dass mit dem Versand einer Nachricht

753 Siehe auch Tabelle 6 : Empfangsbezogene Kundenkosten.

754 Vgl. Gaedke et al. 1999, S. 206.

755 Siehe dazu auch Abschnitt 3.1.4.3 Konvergenz der Medienformate, S. 66.

756 So kann es sein, dass MMS, SMS und Emails auf einem mobilen Gerät empfangen werden, Faxe aber automatisch auf ein stationäres Gerät umgeleitet werden. Ein Kunde kann darüber hinaus die Einstellungen so gewählt haben, dass er nur bei einer eingehenden SMS akustisch über den Empfang benachrichtigt wird.

ebenfalls eine Steuerung der Empfangsbenachrichtigung möglich ist, um Störungen und Nutzen für Kunden zu kontrollieren.

Unternehmen müssen beachten, dass Antwortzeiten zurzeit je nach Format variieren. So kann ein Brief länger unbeantwortet bleiben als z.B. eine Email. Prinzipiell wird die Bedeutung einer Mitteilung auch an der Form gemessen, in der eine Mitteilung übermittelt wird.[757] Einer Email wird eine geringere Bedeutung zugemessen als einem Brief. Dieser Zusammenhang ist aber nicht zwingend. Besonders von Unternehmensseite muss jedem Kommunikationsversuch von Kunden, unabhängig auf welchem Kanal oder auf welche Art dieser erfolgt, unter dem CRM-Ziel der Integration eine gleich hohe Bedeutung beigemessen werden, um Kundenenttäuschungen zu vermeiden, falls eine andere Wahrnehmung vorliegt. Dieses ist vielfach bei Unternehmen nicht der Fall, wie Untersuchungen über Antwortzeiten auf Emailanfragen belegen.[758]

Freunde und Bekannte haben aufgrund ihres Kontextwissens die Möglichkeit, passende Medienformate auszuwählen.[759] Sie können zusätzlich während des Telefonats aus verschiedenen Umgebungsvariablen, wie der Stimme, der Uhrzeit, der gewählten Nummer, Hintergrundgeräuschen und anderen Kontextvariablen weiteres Kontextwissen generieren.[760] Diese Variablen ermöglichen den Bekannten, ihr Kommunikationsverhalten der Situation flexibel anzupassen und so Verständnis für die Situation auf Empfängerseite zu zeigen. Unternehmen verfügen bisher nicht über dieses besonders tiefe Wissen und müssen auf die vorgestellten Kontextdaten, wie die Mobilitätsdatenklassen, zurückgreifen.

Mobilität in der Bevölkerung wird häufig durch Automobile erreicht. Die Kommunikation kann durch die Kontextvariablen, wie die Mobilitätsdaten der Klasse drei, angepasst werden. Durch geschickte Formatsteuerung ist auch im Auto eine Kommunikation möglich. Hilfreich in diesem speziellen Fall sind Sprachsteuerungen.[761] Es gibt bereits Portale, die Kunden die Navigation und Steuerung von Angeboten mithilfe ihrer Stimme erlauben.[762] Diese basieren auf dem VoiceXML-Format.[763]

---

757 Vgl. Horx 2001, S. 118.

758 Vgl. Englbrecht et al. 2002, S. 119-120.

759 Je nach Bedeutung und Inhalt der Mitteilung, kann es schon sein, dass man „lieber nicht stört" und z.B. stattdessen eine SMS schickt.

760 Zur Einordnung erfolgt häufig zusätzlich bei mobilen Telefonen am Anfang eines Gespräches die Frage, nach dem aktuellen Aufenthaltsort des Gesprächspartners: „Wo bist Du denn gerade?"

761 Vgl. Zastrow 2001, S. 29; Michelsen, Schaale 2002, S. 127.

762 Vgl. Christ, Juschkus 2001, S. 67.

Auch erfolgt die Wahrnehmung durch das Gehör schneller als wenn man eine Information beispielsweise via WAP erst lesen muss.[764] Auf diesem Wege können Kommunikationsmaßnahmen bequem und sicher im Auto abgerufen werden. So wird zum Teil von einer natürlichen Verbindung von CRM und Spracherkennungssoftware gesprochen.[765]

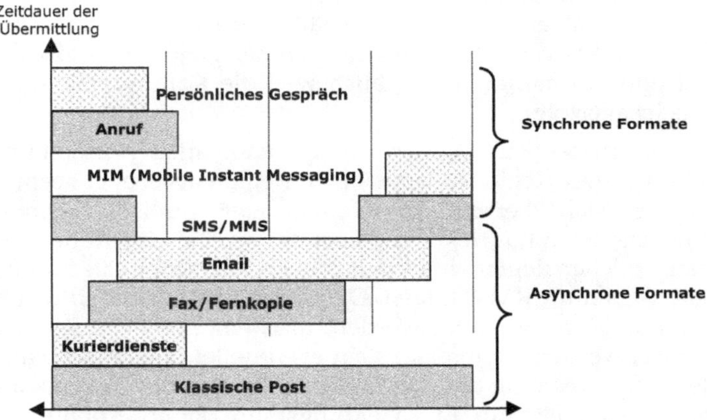

Abbildung 24: Sendeformate in Abhängigkeit von Nutzenwerten[766]

Abbildung 24 zeigt die Auswahl von ganz unterschiedlichen Kommunikationsformaten in Abhängigkeit von dem vom Kunden empfunden Nutzen oder der Bedeutung einer Maßnahme. Die Auswahl steht in einem engen Zusammenhang mit den durch die Kommunikation entstehenden Kosten. Während ein persönliches Gespräch für Kunden nur dann sinnvoll ist, wenn sie einen hohen Nutzen aus dem Gespräch zu erwarten haben, kann die klassische Post für eine weite Reihe von Nutzenwerten eingesetzt werden. Die Abbildung zeigt, dass zur Bewertung von Kommunikationsmaßnahmen Informationen über die Inhalte von Meldungen bei Entscheidungen über die Kommunikationsformate einbezogen werden müssen.

763 Vgl. Zastrow 2001, S. 26.

764 Vgl. Zastrow 2001, S. 24.

765 Vgl. Grygo 2000, S. 34.

766 Quelle: Eigene Darstellung (Werte geschätzt).

4.3.3.4 Kombination der Dimensionen im kommunikativen mCRM

Unternehmensentscheidungen bezüglich einer Mitteilung oder Kommunikationsmaßnahmen werden nie nur auf einer Ebene, wie Ort, Zeit oder Format, gefällt. Untersuchungen haben gezeigt, dass Konsumenten häufig nicht ein bestimmtes Empfangsgerät, wie z.B. einen Computer, für eine bestimmte Aufgabe generell vorziehen, sondern dass die Entscheidung für ein Gerät oft vom Zeitpunkt abhängt.[767] Die Entscheidungen stehen so in einem engen Verhältnis zueinander. Entscheidungen im kommunikativen mCRM werden immer gleichzeitig alle Bereiche, Zeit, Ort und Format, betreffen, auch weil die Kommunikation in der Regel synchron erfolgt.

Es wird in der Soziologie bei einer Kombination von Zeit und Raum von Bildung von Regionen oder einer Regionalisierung gesprochen, deren Grenzen sich über den Tag verändern.[768] Ähnliche Regionen im mehrdimensionalen Raum können auch im mCRM eine Rolle spielen. Die Bildung solcher Regionen kann auf Basis der Mobilitätsdatenklassen im analytischen mCRM erfolgen. Dabei sollte mit dem Kunden die Kommunikation so ausgestaltet werden, dass einerseits die Kundenkosten minimiert werden, andererseits ein eventueller Nutzen, der auch gerade in der Unterbrechung des Tagesablaufs des Kunden liegen kann, nicht ausgeschlossen ist. Ein Entscheidungsraum ist in Abbildung 25 gezeigt worden.

767 Vgl. Sonderegger et al. 1999, S. 2.

768 Vgl. Giddens 1993, S. 106 und 109.

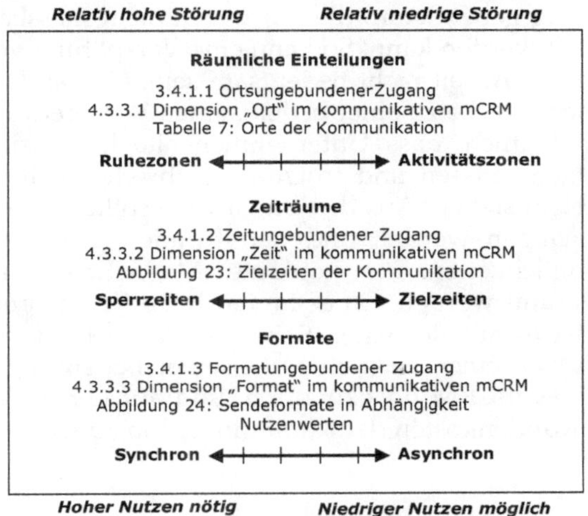

Abbildung 25: Entscheidungsraum des kommunikativen mCRM[769]

Die Personalisierung der Interaktion mit mCRM, die bereits erfolgreich im stationären Internet als Option im eCRM angeboten wird, ist im mobilen Internet nicht mehr optional, sondern zwingend notwendig. Erst in der Beachtung der verschiedenen Besonderheiten und Dimensionen der Kommunikation kann ein Unternehmen im mCRM den jeweils individuellen Anforderungen der Kunden gerecht werden. Diese Vielschichtigkeit wird auch bei der Abfrage der Zustimmung des Kunden zu bestimmten Maßnahmen eine Rolle spielen.[770] Dabei kann im Grunde der Kunde die Zustimmung zur Störung in Regionen des Tages geben.

Eine allgemeingültige Bewertung von Kommunikationsmaßnahmen und das Schaffen von generell gültigen Regionen ist nicht möglich. Während ein Anruf eines Call Centers um 22:00 an einem Samstag Abend auf einem Handy, während ein Kunde in der Oper sitzt, eindeutig unpassend ist, kann eine SMS mit dem Hinweis auf eine Taxi-Rabatt-Aktion am Münchner Flughafen, während man an der Gepäckausgabe wartet, zwar stören, aber durchaus willkommen sein. An einem anderen Tag oder Ort kann hingegen auch der Besuch eines Vertreters durchaus willkommen sein, auch wenn es sich um eine nicht dringliche Besprechung handelt. Erschwerend kommt hinzu, dass es eine Unterscheidung von Dingen der

769 Quelle: Eigene Darstellung.

770 Siehe dazu Abschnitt 4.4.3.3 Ausgestaltung des mobilen Marketings, S. 214.

gleichen Gattung geben kann, die nur durch nicht messbare Kontextvariablen ermittelt werden kann. So kann eine Verspätung von 30 Minuten auf dem Weg zur Arbeit nicht bedeutsam sein, eine andere Verspätung auf der gleichen Strecke zu einer bedeutsamen Verabredung durchaus.[771] Daraus wird deutlich, dass Unternehmen alle Dimensionen und alle Daten betrachten müssen und trotzdem wahrscheinlich vor einem Bewertungsproblem stehen. Aus diesem Grunde sollte ausgesprochen vorsichtig vorgegangen werden und den Kunden größtmögliche eigene Steuerungsmöglichkeiten für konkrete Maßnahmen im operativen mCRM eingeräumt werden. Da es immer hohe Kosten auf Kundenseite geben wird, ist es auf der einen Seite das Beste für den Kunden, den Wert oder Nutzen einer Maßnahme in seiner Bedeutung durch zielgenaues operatives mCRM hochzufahren, und auf der anderen Seite, die vorgestellten Kundenkosten der Kommunikation zu reduzieren.

4.4 Integration vom mobilen Internet im operativen CRM

In diesem Abschnitt wird über die veränderte Ausgestaltung des operativen CRM für das mobile Internet gesprochen. Dieser Abschnitt ist damit bereits heute für jene Unternehmen, die sich im mobilen Internet engagieren wollen oder deren Kunden sehr mobil sind, von besonderem Interesse. Die Bewertung des Nutzens und der Kundenkosten einzelner Maßnahmen im mobilen Internet spielt bei der konkreten Ausgestaltung von Marketing, Vertrieb und Service eine große Rolle. Mittel- und langfristig werden die Besonderheiten des mobilen Internets zusammen mit dem Einsatz der Mobilitätsdaten zu einer stärkeren Ausrichtung des unternehmerischen Handels auf Kundenwünsche führen und auch die Leistungserstellung in Teilbereichen grundlegend verändern können. Die Ausrichtung an den Kundennutzen und die Schaffung neuer Werte und Prozesse wird Unternehmen bei der Erreichung der CRM-Ziele unterstützen und stellt den Kern des mCRM dar.

4.4.1 Grundlagen des operativen mobile CRM

Unter operativem mCRM werden alle Handlungen des CRM für Kunden in Marketing, Vertrieb und Service verstanden, die auf einem mobilen Zugang der Kunden über das mobile Internet aufbauen und dieses im

771 Laut Nicholas Knowles im Interview mit Annie Stogdale. Vgl. Stogdale 2000, S. 19.

Rahmen jener Unternehmensbereiche nutzen. Sobald Kunden anfangen, mobile Kommunikations- und Informationsdienste in der Interaktion mit den Unternehmen einzusetzen, werden diese Unternehmen gezwungen sein, sich mit dem Thema des veränderten Zugangs auseinander zu setzen. So muss ein Unternehmen, um sich umfassend mit dem mobilen Internet zu befassen, neben dem Nutzen auch die Nachteile des mobilen Internets, wie die Ängste und Kosten der Kunden oder die Störungen durch die ständige Erreichbarkeit, in den operativen Teil des mCRM mit einbeziehen. Zielstrebiges Handeln ist nötig, da es eine längere Probierphase zur Aufdeckung der mobilen Kundenerwartungen im operativen Umgang mit Kunden durch große Investitionen, wie sie im stationären Internet zu beobachten waren, nicht geben wird. Wertschöpfungsbereiche müssen zügig direkt am mobilen Kunden ausgerichtet werden. Der Wechsel zu mobilen Kundeninteraktionen und Services wird aber keine *Revolution*, sondern eine langsame aber stetige *Evolution* sein.[772] Bei der Verbreitung handelt sich um eine schrittweise zu verwirklichende Integrationsaufgabe von neuen Modulen und Verfahren in bestehende CRM- und Kommunikationssysteme.

Zur Verdeutlichung des Anpassungsbedarfs bei Kommunikations- und Informationsdiensten kann die Situation in einem Call Center herangezogen werden. Das Warten innerhalb einer Warteschleife bei Anrufen von Kunden ist immer ein Ärgernis. Wenn aber ein Kunde, der von seinem Mobiltelefon anruft, lange warten muss, kommen zu jener Zeitverschwendung auch noch hohe Verbindungsentgelte dazu. Ähnlich ist es bei Informationsdiensten, wenn ein Kunde von unterwegs mit seinem PDA versucht, Unternehmenswebseiten aufzurufen, diese aber die nötigen Vorkehrungen für den mobilen Zugriff, wie z.B. eine Textversion, nicht bereithalten. Diese Beispiele zeigen einen notwendigen, aber nicht steuerbaren Anpassungsbedarf, den Unternehmen bei der Bereitstellung von Informationendiensten berücksichtigen müssen.

Bei der Bereitstellung mobiler Transaktionsdienste und Applikationen haben Unternehmen hingegen in hohem Maße selbst die Möglichkeit, den Zeitpunkt eines Angebotes im mobilen Internet zu bestimmen. Dabei ist aber zu beachten, dass auch hier von Kundenseite ein Erwartungsdruck entsteht, der mit dem Begriff der Erwartungslücke beschrieben wurde.[773] Der Einsatz von IT- und Kommunikationstechnologien schafft dabei für Unternehmen die Möglichkeit, auf diese steigenden

772 Vgl. Jackson 2001, S. 1.

773 Siehe dazu auch Abschnitt 4.1.3 Ziele des mobile CRM für Unternehmen, S. 150.

Erwartungen von Kunden innerhalb kurzer Zeit zu reagieren.[774] Grundsätzlich bedeutsam ist die Personalisierung entsprechend den Bedürfnissen eines Kunden, dessen Kommunikationsanforderungen und den über ihn vorliegenden digitalen Daten bei allen Anwendungen in Marketing, Vertrieb und Service. Durch die Besonderheiten des mobilen Internets kann ein Unternehmen an neuen Stellen im operativen mCRM ansetzen und Kundenhandlungen besser betreuen. Dafür werden im nächsten Kapitel vier Konzepte für eine verbesserte Zielerreichung im operativen mCRM vorgestellt.

4.4.2 Veränderte Ansatzpunkte im mobile CRM

Durch die ständige Verfügbarkeit des mobilen Internets können Kunden jetzt unkompliziert und überall einem Unternehmen ihre Wünsche und Probleme mitteilen. „Business Process Reengineering" war die konsequente Ausrichtung von Geschäftsprozessen an Kunden.[775] Im mobilen Internet können nun Geschäfte nicht nur an Kunden, sondern auch an den Kundenprozessen ausgerichtet werden. In diesem Zusammenhang wird auch von „Total Customer Processing" gesprochen.[776] Ziel eines CRM-Systems ist, über mehrere Kaufhandlungen im Total Customer Processing durch einen langfristig gebundenen Kunden für das Unternehmen Profite zu maximieren. Im Gegensatz zum Optimieren der unternehmensinternen Prozesse wird die Ausrichtung an den Kundenprozessen als Herausforderung für die Zukunft dargestellt.[777] Bei der Analyse der Bedürfnisbefriedigung von Kunden kann in Kundenprozesse bei einzelnen Kaufhandlungen einerseits und Kundenprozessketten mit mehreren Kaufhandlungen andererseits unterschieden werden.

4.4.2.1 Unterstützung von Kundenprozessen

Der Ansatz, den Kunden über einen längeren Zeitraum in unterschiedlichen Phasen zu betreuen, wurde im CRM-Cycle dargestellt.[778] Das mobile Internet bietet im operativen mCRM neue Möglichkeiten, die verschiedenen Schritte des CRM-Cycle dichter am Kunden zu gestalten. Unternehmen können durch das mobile Internet Kunden durch den ge-

---

774 Vgl. McKenna 1998, S. 25.

775 Vgl. Scheer, Kraemer 1998, S. 162.

776 Vgl. Schurz 2000, S. 128.

777 Vgl. Rapp, Decker 2000, S. 73ff.

778 Siehe Abbildung 7: CRM-Cycle, S. 46.

samten Kaufprozess führen.[779] Es handelt sich dabei um eine komplexe Gemeinschaftsaufgabe aller drei Bereiche des operativen mCRM. Obwohl es durch die Veränderungen des operativen mCRM zu einer zunehmenden Verbindung einzelner Bereiche der Phasen kommt, werden hier die Kaufphasen einzeln diskutiert. Um die Schritte und Aufgaben im mCRM deutlich zu machen, wurde ein Sechs-Phasen-Modell gewählt. Mögliche Phasen einer Kaufhandlung wurden in Abbildung 26 dargestellt.

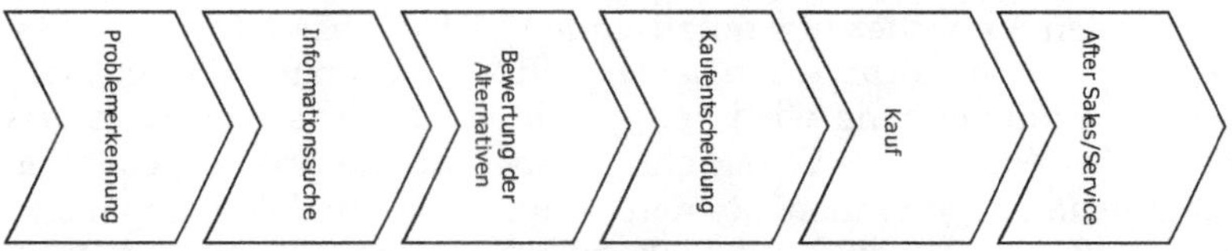

Abbildung 26: Phasen einer Kaufhandlung[780]

Bei einem Kauf kann der Kunde die oben genannten Phasen durchlaufen, die die jeweiligen Handlungen und die Befindlichkeit des Kunden beschreiben. Es kann je nach Situation auch zu einem Überspringen oder Abkürzen einzelner Phasen kommen. Der Kaufprozess beginnt in der Regel mit der Problem- oder Bedarfserkennung beim Kunden. Ein Unternehmen kommuniziert aber häufig erst bei der eigentlichen Kaufhandlung individuell mit dem Kunden.[781] Durch eine derart lose Anbindung können verschiedene Probleme auftreten, die einen für den Kunden erfolgreichen Abschluss des Kaufprozesses verhindern. Es ist denkbar, dass bereits bei der Problemerkennung (Phase 1) viele mögliche Kaufprozesse zu einem vorzeitigen Ende kommen, da dem Kunden in seinen ersten Überlegungen die Durchführung einer Kaufhandlung als zu aufwändig erscheint. Es kommt in diesem Fall zu keinem Kontakt mit einem Unternehmen. Andere Kaufhandlungen enden vorzeitig in anderen Phasen (2 bis 4), was sich z.B. im Internet an den vielen dort messbaren Kaufprozessabbrüchen zeigt.[782]

---

779 Vgl. Nordan, Zohar 2000, S. 1.

780 Quelle: Eigene Darstellung in Anlehnung an Kotler, Bliemel 2001, S. 354-355; Chaffey 2002, S. 345.

781 Vgl. Godin 1999, S. 63.

782 Selbst bei erfahrenen Internet-Einkäufern sind mit über 30% noch hohe Kaufabbruchraten zu beobachten. Vgl. Abend, Tischmann 2001, S. 64.

Unternehmen können zwei Lösungsansätze verfolgen, die jeweils ein kundennahes kommunikatives und operatives mCRM voraussetzen. Durch die mobile Kommunikation ist diese Nähe zeitlich und räumlich realisierbar geworden. Entscheidend ist neben der tatsächlichen, physischen Präsenz eines Unternehmens z.B. mit Werbung vor allem die Geisteshaltung der Kunden, die ein Unternehmen in bestimmten Bereichen als Problemlöser auszuwählen haben. Ein Ziel des Marketings muss demnach sein, Kunden bereits bei der Problemerkennung als Ansprechpartner ins Bewusstsein zu kommen. So wurde zum Beispiel angedacht, mit einer Sturmwarnung gleichzeitig Informationen zu der entsprechenden Versicherung mitzusenden.[783] Denkbar ist auch, dass ein Kunde bereits in Antizipation seiner Bedürfnisse angesprochen wird. In diesem Zusammenhang wird von proaktiver Bedarfsermittlung gesprochen.[784] Das Wissen, das Unternehmen über die Kontextvariablen wie die Mobilitätsdaten gewinnen können, kann auch für Werbemaßnahmen, die offline, zum Beispiel auf Plakatwänden, erfolgen, genutzt werden, um an typischen Orten der Bedarfsentstehung präsent zu sein. Die Zielrichtung ist in Abbildung 27 als erste Problemlösung symbolisiert. Damit wird ein Unternehmen in die Lage versetzt, eher Einfluss auf die Alternativenauswahl und die Kaufentscheidung zu nehmen. Eine ähnlich direkte Behandlung ist auch bei Kundenproblemen möglich. Probleme können besser bedient werden, bevor überhaupt eine Beschwerde entsteht. So ist es denkbar, dass Unternehmen in räumlichen oder zeitlichen Problemzonen aktiv sind und SMS versenden, wenn beispielsweise Gepäck im Flugzeug nicht mitgekommen ist. Für Unternehmen ist es folglich sinnvoll, das mobile Internet und alle seine Möglichkeiten in die gesamte Konzeption des Beschwerdemanagements zu integrieren.[785]

---

783 Vgl. dazu Graf, Schuler 2001, S. 42.

784 Vgl. Reichwald, Schaller 2002, S. 277.

785 Vgl. Reichwald, Meier 2002, S. 224.

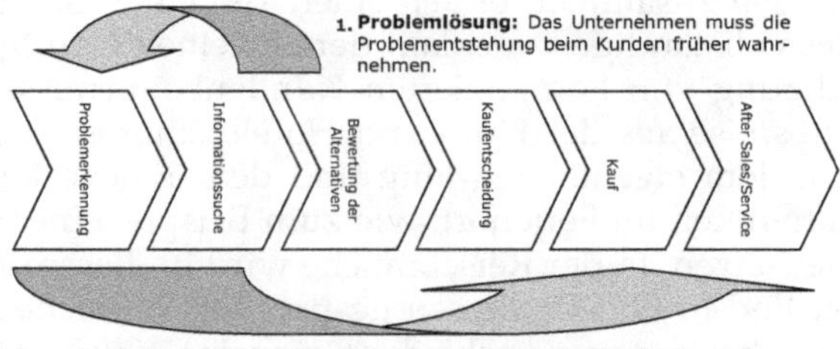

Abbildung 27: Kundenprozesse im mCRM[786]

Der zweite Lösungsansatz für Unternehmen beinhaltet, Kunden über den ganzen Prozess enger zu begleiten, um Abbrüche von Kundenprozessen zu verhindern. Einem solchen Verlust können neu zugeschnittene, am Kunden ausgerichtete Prozesse entgegenwirken.[787] Das bedeutet im Detail, dass die einzelnen Phasenübergänge entsprechend gestaltet werden müssen. Die tatsächliche Gestaltung der Übergänge mit mCRM stellt eine neue Herausforderung speziell für Marketing und Vertrieb dar. Unternehmen müssen in die Gestaltung dieser Schnittstellen investieren und überlegen, wie ihre Kunden diese Schnittstellen in welcher Situation gestaltet haben wollen. Dabei ist nicht unbedingt damit zu rechnen, dass ein Kunde in dem gesamten Prozess über nur einen Kanal oder in nur einem Format interagieren möchte. Es ist denkbar, dass eine Anfrage zwar mobil erfolgt, die Produktauswahl aber im stationären Internet stattfindet, um anschließend die Geschäftsabwicklung offline durchzuführen. Ein mCRM-System muss diese Übergänge steuern, dem Kunden Alternativen anbieten und dabei versuchen, den Kunden nicht zu verlieren. Die Hinleitung zum Kauf sollte beim Kunden nicht das Gefühl einer aufgezwungenen Bindung erwecken, da es sonst zu einer kompletten Ablehnung kommen könnte.

4.4.2.2 Unterstützung von Kundenprozessketten

Neben diesen auf einzelne Bedürfnisbefriedigungen bezogenen Betrachtungen kann das operative mCRM auch bei komplizierten Kundenprozessen unterstützend eingreifen. Bedürfnisse entstehen nicht isoliert,

786 Eigene Darstellung.

787 Vgl. Schurz 2000, S. 128.

sondern normalerweise in Kaufprozessen.[788] So haben Kunden immer häufiger nicht nur einzelne Kaufhandlungen im Sinn, sondern die einzelnen Handlungen zusammen bilden einen Teil einer Gesamtproblemlösung. Erst der vollständige Durchlauf der einzelnen Handlungen führt zu der Befriedigung von komplizierten Kundenbedürfnissen. So kann sich eine Urlaubsreise aus der Flug- und Hotelbuchung, einer Taxifahrt zum Flughafen, dem eigentlichen Flug und dem Einchecken im Hotel sowie allen Aktivitäten im Ferienort, wie zum Beispiel einer Sightseeing Tour, zusammensetzen. In der Reisebranche wird in diesem Zusammenhang auch von End-to-End-Prozessen gesprochen.[789] Solche Prozessketten von Kunden, bei denen verschiedene einzelne Kaufhandlungen ineinander greifen, werden auch Service-Kette genannt.[790] Untersuchungen haben gezeigt, dass die gemessene Zufriedenheit von Kunden auch von weiteren Unternehmen und Personen in der Wertschöpfungskette abhängt.[791] Der eigentliche Kundennutzen einer einzelnen Transaktion entsteht erst innerhalb eines solchen Prozesses auf Kundenseite. Ein Unternehmen allein, isoliert von anderen Vorgängen, kann das Kundenbedürfnis nicht zur Kundenzufriedenheit bedienen oder gar garantieren.

Innerhalb dieser Prozesse bedarf der Kunde einer Reihe von Informationen, Dienstleistungen und Produkten, die er sich bisher selbst zusammensuchte.[792] Verschiedene, innovative Unternehmen sind deswegen dazu übergegangen, solche Kundenprozesse nach Möglichkeit vollständig zu unterstützen.[793] Der einzelne Produkt- oder Dienstleistungskauf wird damit zu einem integralen Bestandteil einer Gesamtproblemlösung.[794] Die genaue Kenntnis der einzelnen Phasen und anderer Kaufphasen rund um die eigene Leistung von Unternehmen ist Voraussetzung zur Schaffung von Kundennutzen mithilfe des mCRM. Bereits durch das stationäre Internet ist die Anzahl der Berührungspunkte sowie die Anzahl der möglichen Kanäle zur Kontaktaufnahme stark angestiegen, was eine neuartige Prozess-Unterstützung ermöglichte.

Unternehmen können versuchen, einen Kunden über einen ganzen Problemlösungsprozess zu begleiten, indem sie beispielsweise Koopera-

---

788 Vgl. Schmid, Bach 2000, S. 50.

789 Vgl. Böker 2002, S. 149.

790 Als Beispiel wird bei Flugreisen die Planung bis hin zum Aufenthalt am Zielort genannt. Vgl. Schmitt 2001, S. 93.

791 Vgl. Stauss 1999, S. 19.

792 Vgl. Schmid et al. 2001, S. 103.

793 Vgl. Schmid et al. 2001, S. 103.

794 Vgl. Ritter 2001, S. 200.

tionspartner für verschiedene Prozessabschnitte für die eigenen Kunden vorselektieren. Das mobile Internet mit mCRM sollte generell die Schnittstellen zu den anderen Vorgängen so gestalten, wie es auch bei den einzelnen Kaufprozessen aufgezeigt wurde. Das wird die Kundenbindung an das helfende Unternehmen erhöhen. Von speziellem Interesse sind solche Schnittstellen bei intermodalen Reisen, bei denen die Verkehrmittel gewechselt werden, da besondere Anforderungen, wie das Erreichen einer Verbindung bestehen. Als Beispiel könnte eine Anbindung von Mietwagen an Flugtickes dienen. Die Abbildung 28 zeigt als erste Problemlösung die Zielrichtung, nachgelagerte Prozesse anzubinden.

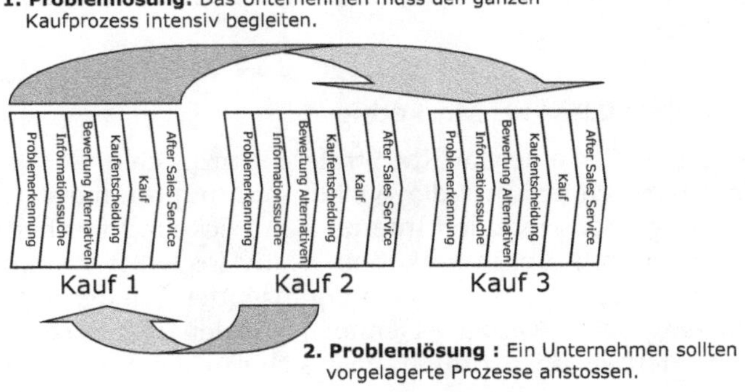

Abbildung 28: Kundenprozessketten im mCRM[795]

Manche Kaufhandlungen benötigen eine vorgelagerte Kundenhandlung, die zu einem nachgelagerten Bedürfnis führt, das ein Unternehmen anschließend bedienen kann. Ohne einen solchen vorgelagerten Prozess entsteht bei einem potenziellen Kunden erst gar nicht die Nachfrage nach eigenen Leistungen. Ähnlich der Nähe zur Problementstehung bei Kaufphasen sollte sich das Unternehmen in der Prozessbetrachtung dicht an die vorgelagerten Prozesse anbinden, wenn diese für die eigene Leistungserstellung von Einfluss sind. Ein Unternehmen könnte auch vorgelagerte Prozesse anstoßen, um damit später selbst im Kaufprozess die Bedürfnisse des Kunden befriedigen zu können. Die Zielerreichung ist in Abbildung 28 anhand der Problemlösung zwei aufgezeigt. Als Beispiel könnte der Verkauf von Wohneigentum durch Banken dienen, der

795 Quelle: Eigene Darstellung.

benutzt wird, um mehr Finanzierungen zu verkaufen.[796] Ein anderes Beispiel ist der Verkauf von Musical Tickets in Hamburg durch einzelne Hotels, um Bedarf an Übernachtungsmöglichkeiten zu schaffen. Eine mögliche Form der Realisierung dieser „Verkettungsgedanken" wäre ein Prozessportal, bei dem ein Unternehmen versucht, möglichst viele der einzelnen Schritte des Kaufprozesses abzudecken. Auf entsprechenden Seiten im stationären Internet bekommt der Kunden alles in einer personalisierten Form über verschiedene Formate weltweit dargeboten.[797]

Mögliche Ausgestaltungen der letzten beiden Problemlösungen, aber auch der Stoßrichtung bei einzelnen Kundenprozessen werden im Anschluss in Bezug auf Marketing, Vertrieb und Service besprochen. Diese strategischen Problemlösungen können durch die bessere Anbindung von Kunden im mobilen Internet die CRM-Zielerreichung besonders unterstützen.

4.4.3 Mobile CRM im Marketing

Marketing als Teil einer mCRM-Strategie wird sich in der nahen Zukunft für Unternehmen zu einer der wichtigsten und am meisten verbreiteten Anwendungen des mobilen Internets entwickeln. Innerhalb des Marketings kann mobile Kommunikation relativ losgelöst von anderen Systemen realisiert und anfangs als ein ergänzender Teil des klassischen Marketings eingesetzt werden. Dennoch werden die Besonderheiten des mobilen Internets dazu führen, dass sich nur ein geringer Teil der Marketingideen aus dem Fernsehen oder stationären Internet direkt übertragen lassen.[798] Zurzeit befindet sich das mobile Marketing und speziell das Werben über mobile Kanäle in einem Anfangsstadium seiner Entwicklung.[799]

4.4.3.1 Mobiles Marketing - Grundlagen

Unter dem mobilen Marketing wird die Übertragung von Marketingmaßnahmen auf mobile Endgeräte über Funknetze vor einem Produkt- oder Leistungskauf verstanden. Die Betrachtung des mobilen Marketings darf nicht auf „mobile Werbung" reduziert werden, da die Mög-

---

796 Unter http://www.hamburgerimmocenter.de/ bietet z.B. die Hamburger Sparkasse Immobilien an, um anschließend die Finanzierung verkaufen zu können.

797 Vgl. Schmid, Bach 2000, S. 51.

798 Vgl. Gilbert, Kendall 2003, S. 8.

799 Vgl. Whitaker 2001, S. 31.

lichkeiten des mobilen Marketings über die rein werbliche Verkaufsförderung hinausgehen. Die Aufgaben des Marketings werden in Zukunft immer vielfältiger und überlagern sich mit anderen Unternehmensprozessen. Als eine Konsequenz daraus wird die Abgrenzung zwischen Marketing- und Service-Abteilungen in Unternehmen immer weiter verschwimmen. Individuelles Marketing wird vom Kunden als Service verstanden und umgekehrt. Die Grundlage hierfür bildet die auf den Identifikationsmöglichkeiten basierende Individualisierung von Leistungen und Kommunikation.

In den vergangenen Jahren sind die Kosten klassischer Marketingkampagnen gestiegen, wobei ihre Wirksamkeit kontinuierlich abnahm, da die Anzahl der vom Kunden empfangenen Werbebotschaften explodierte.[800] Diesen Schwierigkeiten könnte das mobile Internet entgegenwirken. Die Neuartigkeit, der höhere Wirkungsgrad von Maßnahmen und eine genauere Kundenansprache werden Unternehmen helfen, Marketingkosten einzusparen. Die vollständige Integration des mobilen Internets in ein Gesamtkonzept und in die Kampagnenplanung ist dabei wichtig. Es gibt Beispiele, in denen Unternehmen in einem TV-Spot auf ihre Webseite aufmerksam machen, auf der ein kostenloser SMS-Service gebucht werden kann.[801] Dieses Beispiel zeigt, wie die verschiedenen Medien ineinander greifen können. Bereits das in der Anwendung relativ begrenzte Format der SMS findet auf diese Weise einen vielfältigen Einsatz, obwohl der Anteil am Marketing-Spending insgesamt noch relativ gering sein dürfte. Es wird vermutet, dass langfristig bis zu ca. 25% aller Umsätze in mobilen Übertragungsnetzen mit Werbung gemacht werden können.[802] Die Kunden sind zurzeit bereit, Marketingnachrichten auf mobilen Geräten zu empfangen, und diese Bereitschaft wächst derzeit sogar noch.[803] Denkbar zur Förderung des mobilen Marketings wären Preisnachlässe für Kunden, die eine gewisse Anzahl von Meldungen auf ihrem Gerät zulassen.[804]

Speziell im mobilen Marketing spielen die Überlegungen aus dem kommunikativen mCRM eine Rolle. Durch das stationäre Internet hatten Unternehmen zum ersten Mal die Möglichkeit, kostengünstig und auf einer individuellen Basis mit einer großen Menge von bestehenden und potenziellen Kunden zu kommunizieren. In diesem Zusammenhang

---

800 Vgl. Godin 2000, S. 24; Bauer Grether 2002, S. 6.

801 Vgl. Zunke 2003, S. 35-36.

802 Vgl. Büllingen, Wörter 2000, S. 6.

803 Vgl. Adhanda 2001, S. 1.

804 Vgl. Newell, Newell Lemon 2001, S. 61.

wurde von einer operativen Effizienz gesprochen.[805] Dabei stand für die Unternehmen die Kostenreduktion durch die zielgenaue Ansprache der jeweiligen Zielgruppen im Vordergrund. Zur Kostenreduktion dienten fein abgestimmte Kontaktketten, durch die abgegrenzte Kundengruppen individuell erreicht werden sollten. Unter Kontaktketten werden mehrere, zeitlich versetzte Kommunikationsmaßnahmen des Marketings verstanden, die auch über verschiedene Kommunikationskanäle versandt werden können. Solche Kontaktketten können nun auch im mobilen Internet eingesetzt werden.

Ein erhöhter Wirkungsgrad im Marketing wird zukünftig auch durch die vielfältigen, neuen Einsatzmöglichkeiten an bisher nicht erreichbaren Orten, Uhrzeiten oder mit neuen Formaten erreicht. Hinzu kommt, dass durch die Mobilitätsdaten gänzlich neue Leistungen und Anpassungen im Marketing geschaffen werden können, die zum Beispiel einem Unternehmen die schnellere Wahrnehmung der Problementstehung beim Kunden ermöglichen. Die in Echtzeit erhobenen Daten befähigen es beispielsweise, Kundenbedürfnisse noch vor dem Kunden selbst zu identifizieren.[806]

Neben der technischen Ausgestaltung von Maßnahmen sind eine Reihe schwerer zu beeinflussender Faktoren zu beachten. Beispielsweise ist es ausschlaggebend, dass ein Kunde in den neuen Medien einem Unternehmen vertraut. Dieses Vertrauen ist notwendig, um die Unsicherheit beim Kauf über unbekannte oder neue Medien zu reduzieren. [807] Dabei spielen eine starke Marke und hohe technische Sicherheitsstandards neben einer offenen Privacy Policy eine große Rolle, denn eine starke und positive Markenwahrnehmung kann als Sicherheitsnetz oder Vertrauensversprechen für Kunden dienen.[808] Deswegen wird das mobile Internet in absehbarer Zeit kein Ersatz zum klassischen Marketing oder anderen Medien sein, sondern ein weiterer Kanal. Einer der Gründe hierfür ist, dass auf diesem Kanal kaum Branding-Möglichkeiten bestehen, die für den Aufbau einer „Sicherheitsnetz-Wahrnehmung" beim Kunden aber nötig wären.

---

805 Vgl. Eggert 2001, S. 100.

806 Vgl. Newell, Newell Lemon 2001, S. 97.

807 Vgl. Körner, Zimmermann 2002, S. 468.

808 Vgl. Körner, Zimmermann 2002, S. 468-469; Newell, Newell Lemon 2001, S. 267.

4.4.3.2 Aufgaben des mobilen Marketings

Die Aufgaben des Marketings im Rahmen der strategischen Zielvorgaben des CRM bleiben auch im mobilen Internet erhalten. Dennoch kann es durch die Einarbeitung der mobilen Kommunikation zu Veränderungen kommen, die für Unternehmen und Kunden neue Besonderheiten darstellen.

Insgesamt werden Kunden sensibler in Bezug auf die Speicherung und Nutzung personenbezogener Daten durch Unternehmen.[809] Bereits im stationären Internet waren Kunden eher bereit, ihre persönlichen Daten bekannt zu geben, wenn das Unternehmen als seriös wahrgenommen wurde.[810] Erst diese Kundendaten erlauben Unternehmen aber, Dienstleistungen zu personalisieren. Vertrauen ist darüber hinaus eine notwendige Voraussetzung, um neben den persönlichen Daten von Kunden auch die Erlaubnis zur Marketingkommunikation über die mobilen Endgeräte zu erhalten. Es wird so eine besondere Aufgabe sein, das Vertrauen der Kunden gegenüber mobiler Interaktion zu schaffen.[811] Nur so können die beschriebenen Unsicherheiten abgebaut werden, die im Übrigen auch eine Erhebung der oben erläuterten Daten der Mobilitätsdatenklassen eins bis vier verhindern würden. Bei der Kundenakquisition ist dabei ebenfalls die Darstellung des spezifischen Nutzens der Preisgabe von Daten, die Reduzierung des wahrgenommenen Risikos sowie der Aufbau von Vertrauen und positiven Erwartungen eine Aufgabe des mobilen Marketings.[812] Wie und auf welche Art die Zustimmung im Marketing eingeholt wird, ist eine Frage der konkreten Ausgestaltung des mobilen Marketings im Anschluss.

Durch die Vielschichtigkeit, die die Ausgestaltung eines solchen Einverständnisses haben sollte, ist verstärkt auch die Mitarbeit von Kunden am Gestaltungsprozess nötig. Das Marketing sollte es schaffen, beim Kunden ein Interesse an diesem Gestaltungsprozess zu wecken. Dies kann erreicht werden, wenn es dem Marketing gelingt, die Marketingbotschaft so zu kommunizieren, dass die eigentliche Werbebotschaft in den Hintergrund gerückt wird und für den Kunden Nutzen aus dem Informationsgehalt oder der Unterhaltung der Meldung entsteht. Zur Umsetzung auch der gestalterischen Aufgaben muss das Marketing die Kundenprozesse analysieren, um die optimalen Ansatzpunkte von Maßnahmen zu

---

809 Vgl. Schwarz 2002a, S. 291. Siehe dazu auch Abschnitt 3.4.5 Kundenbedenken und Datenschutz im mobilen Internet, S. 132.

810 Vgl. Hoffmann 2000b, S. 37.

811 Vgl. Wiedmann, Buxel, Buckler 2000, S. 688.

812 Vgl. Tomczak, Karg 1999, S. 4.

erkennen. Ein Unternehmen sollte sich dazu wie beschrieben, strategisch in inhaltlicher Nähe zum „Problem" oder „Bedürfnis" positionieren. Eine Marketingabteilung sollte dabei die Möglichkeiten der neuartigen Mobilitätsdaten in allen Facetten analysieren.

4.4.3.3 Ausgestaltung des mobilen Marketings

Im mobilen Marketing ist, wie auch schon im Marketing als Teil des CRM, die Anpassung der Maßnahmen an einzelne Kunden oder Kundensegmente das Ziel unternehmerischen Handelns. Dabei muss das Marketing bei der konkreten Ausgestaltung von Maßnahmen alle vorhandenen Kundeninformationen und Kontextvariablen, wie z.B. die vier Mobilitätsdatenklassen, einbeziehen. Die in

Tabelle 9 aufgeführten Beispiele zeigen, auf welch vielfältige Weise das mobile Internet Marketingaktivitäten unterstützen kann. Um die verschiedenen Beispiele aus unterschiedlichen Branchen für Unternehmen überschaubar darzustellen, wurden die Beispiele in *Push-Maßnahmen* (vom Unternehmen ausgehend), *Pull-Maßnahmen* (vom Kunden nachgefragt) und nach Mobilitätsdaten unterschieden.

Beispiele des mobilen Marketings

Verwendete Daten	Push-Beispiele	Pull-Beispiele
Beachtung der Besonderheiten des mobilen Internets	*Hinweis per SMS auf ein bestimmtes Fernsehprogramm*	*Abfrage von Angeboten über Aktienfonds während einer Wartezeit*
Mobilitätsdatenklasse 1 (Ortwissen)	*Werbung innerhalb eines Stadtteils*	*Kinoprogramm einer Stadt*
Mobilitätsdatenklasse 2 (persönliches Ortwissen)	*Angebot für einen Business Lunch in einem Geschäftsbezirk*	*Abfrage von Besucherangeboten in einer Stadt*
Mobilitätsdatenklasse 3 (Wissen um Fortbewegungsmittel)	*Werbung für ein Zugrestaurant / eine Autobahnraststätte*	*Abfrage von Verkehrsmitteln/Angeboten*
Mobilitätsdatenklasse 4 (Klasse 3 mit Zielwissen)	*Taxiangebot-SMS für den Zielbahnhof*	*Abfrage von Hotels in der Zielstadt*

Tabelle 9: Beispiele des mobilen Marketings

Ein Unternehmen kann anhand einer solchen Tabelle ermitteln, welche mobilen Marketingmaßnahmen in Abhängigkeit von den eigenen Produkte bei Verfügbarkeit der verschiedenen Mobilitätsdatenklassen eingesetzt werden können. Wie aus der Tabelle ersichtlich ist, können die Marketinginhalte bereits mit den Informationen der ersten beiden Mobilitätsdatenklassen nutzenstiftend angepasst werden. Das mobile Marketing muss also nicht warten, bis sämtliche Aufenthalts- oder Bewegungsdaten über den Kunden vorliegen. Erste Personalisierungen ohne Ortsinformationen beziehen neben Profilangaben auch Datums- und Kalenderinformationen mit ein.[813]

Wenn ein Kunde nach dem Pull-Prinzip Informationen abruft, sollte er in der Lage sein, selbst zu entscheiden, ob und welche Aufenthaltsdaten übermittelt werden. Ein Kunde sollte auch bei der Verwendung der Mobilitätsdaten für Push-Maßnahmen die Kontrolle über diese persönlichen Informationen behalten. Zwar kann mobile Werbung zusätzliche Einnahmequellen generieren und bei Mobilfunkanbietern für zusätzlichen Umsatz sorgen, doch sollte man die Aufnahmefähigkeit und die Akzeptanz der Nutzer nicht zu stark strapazieren. Zu viele Maßnahmen würden ein Abwehrverhalten auf Kundenseite auslösen.[814] Die in

Tabelle 9 aufgezeigten Push-Beispiele sind deswegen vorsichtig und nur nach Zustimmung der Empfänger, auf die weiter unten eingegangen wird, einzusetzen. Wenn ohne Zustimmung Nachrichten verschickt werden, können Unternehmen davon ausgehen, dass ein Kunde die Störung nicht nur zurück an das Unternehmen, sondern auch an andere potenzielle sowie vorhandene Kunden kommuniziert.[815] Nicht überraschend kommen daher Studien zu dem Ergebnis, dass Massenmarketing über mobile Endgeräte die Kundschaft eher verprellen würde:[816] Kunden habe zu wenig Zeit und zu viel Macht, als dass sie dies dulden würden.[817] Zusammenfassend wird auch von vier neuen „P's" gesprochen, die besagen, dass das mobile Marketing „Paid (Incentive), Polite, Permitted, Profiled" sein sollte.[818]

Bei jeder Marketingmaßnahme im mobilen Internet bildet deswegen die Zustimmung des Kunden die Grundvoraussetzung. Das Gewinnen der Zustimmung ist eine besondere Herausforderung an die Ausgestaltung des mobilen Marketings und des mCRM im Allgemeinen. Im stationären Internet wurde dabei zwischen einfacher, bestätigter oder mehrfacher

---

813 Vgl. Nelson 2000b, S. 217.

814 Vgl. IZT et al. 2001, S. 22.

815 Vgl. Newell, Newell Lemon 2001, S. 57.

816 Solche Thesen werden unter Anderem von Unternehmensbetratern wie Mummert und Partner oder Heyde AG publiziert. Vgl. Kuhlmann 2001, S. 76; Spierling 2001, S. 26.

817 Vgl. Godin 2000, S. 24.

818 Vgl. dazu auch Granger, Huggins 2000, S. 8; Hinrichs, Lippert 2002, S. 268-270; Lippert 2002, S. 137ff.

Zustimmungsvergabe (engl. Double Opt-in) unterschieden.[819] Auch die mehrfache Zustimmung ist im mobilen Internet nicht ausreichend. Ebenso wenig ist es ausreichend, dass ein Kunde bei einem Bestellvorgang im kleingedruckten Vertragstext mehr oder weniger deutlich darauf hingewiesen wird, dass er mit diesem Kauf auch dem Empfang von Werbung durch das Unternehmen oder angeschlossene dritte Unternehmen zugestimmt hat.[820] Eine solche Zustimmung sollte vielmehr bewusst abgegeben werden müssen und über eine generelle oder allgemeine Form hinausgehen. Unternehmen sollten außerdem nicht davon ausgehen, dass eine Zustimmung zeitlich unbegrenzt gilt. Eine solche Zustimmung sollte nach Erteilung prinzipiell sehr verantwortungsvoll genutzt werden.[821] Eine Missachtung dieser Grundsätze kann bereits eine Kundenbeziehung dauerhaft schädigen und zu einer starken Ablehnung von Kundenseite führen.[822] Insgesamt können sechs Ebenen der Zustimmung unterschieden werden.[823] Ein mCRM-System sollte in der Lage sein, mit diesen unterschiedlichen Ebenen, die Tabelle 10 darstellt, umzugehen.

Arten der Zustimmung	
Art der Zustimmung	**Bedeutung für Kunden**
Opt-In	Prinzipielle Zustimmung, Marketingmaßnahmen auf dem mobilen Endgerät zu empfangen.
Opt-On	Frage, ob auch nach einer Maßnahme weiterhin von einer Zustimmung ausgegangen werden kann.
Opt When	Nennung der Uhrzeiten oder Zeiträume, für die diese Zustimmung gilt.
Opt Where	Nennung der Orte, für die diese Zustimmung gelten.
Opt How	Nennung der Medienformate, über die eine Meldung erfolgen kann.
Opt Now	Die Zustimmung, jetzt Meldungen zu empfangen.

Tabelle 10: Arten der Zustimmung (Permission) im Marketing [824]

819 Vgl. Schwarz 2002a, S. 300.

820 Ein Beispiel der schlechten Art ist auf den Internetseiten der MOBILOCO GmbH (http://www.mobiloco.de/ html/index.jsp) zu finden, wo am Ende der Datenschutzhinweise vermerkt ist, dass der Kunde durch die Nutzung von Diensten auch seine Zustimmung für den Empfang von Werbung auf mobilen Endgeräten durch andere Unternehmen zugestimmt.

821 Vgl. McKim 2001, S. 42.

822 Siehe dazu Godin 1999, S. 40 ff; Schwarz 2001, S. 22.

823 Vgl. Newell, Newell Lemon 2001, S. 66.

824 Quelle: Eigene Darstellung in Anlehnung an Newell, Newell Lemon 2001, S. 66-67.

Neben dem Gewinn der Zustimmung wird die Individualisierung der Maßnahmen als wichtigster Erfolgsfaktor des mobilen Marketings angesehen.[825] Die Basis der Individualisierung von Inhalten im mobilen Marketing bildet, wie im Abschnitt 3.4.3.2 besprochen, die mögliche Identifikation und damit genaue Ansprache eines einzelnen Benutzers des mobilen Internets. Kunden sollten aktiv in den Erstellungsprozess integriert werden und das Marketing kontrollieren und individuell gestalten können.[826] Unternehmen müssen ihre Kunden auch dahingehend befragen, worüber sie informiert werden möchten.[827] Für Unternehmen bedeutet dies, dass der Inhalt von Maßnahmen, die beispielhaft in

Tabelle 9 dargestellt sind, von Kunden mitgeprägt werden.

Neben den Inhalten sind im mobilen Marketing Gestaltungsfragen wichtig. Die Displaygröße wird als *der* einschränkende Faktor gesehen.[828] Die reduzierte Darstellungsmöglichkeit erfordert eine genaue und knappe Formulierung der Marketingmaßnahme.[829] Aus diesem Grunde kann die aus dem stationären Internet bekannte Detailtiefe nicht direkt im mobilen Internet erreicht werden. Durch die Sprach- und Datenkanäle können aber Rückfragen und Rückmeldungen direkt und schnell erfolgen.[830] Im Marketing können z.B. Pull-Verfahren zum Einsatz kommen, wenn bei einer bisher monodirektionalen Marketingkommunikation, wie dem Fernsehen, durch das mobile Internet ein Rückkanal per SMS aufgebaut werden soll.[831] Damit kann versucht werden, intuitive Kaufhandlungen zu fördern.[832] Die Bereitstellung von Rückkanälen kann unter Verwendung der Informationen der verschiedenen Mobilitätsdatenklassen den aktuellen Bedürfnissen des Kunden angepasst werden.

Trotz eines hohen Grades an Zustimmung und Personalisierung im mobilen Marketing sind wegen der höheren Kundenkosten beim Empfang von Meldungen spezielle Maßnahmen zur Nutzenstiftung nötig. Kunden, die Marketingmeldungen erhalten, wünschen zunehmend eine Belohnung für ihre Zeit und Aufmerksamkeit.[833] Dieser Zusatznutzen kann beispielsweise durch Coupons für Preisnachlässe oder allgemeine Son-

825 Vgl. Newell, Newell Lemon 2001, S. 61.

826 Vgl. Wohlfahrt 2002, S. 257.

827 Vgl. Schwarz 2002b, S. 385; Harding, Bewsher 2001, S. 5.

828 Vgl. WSI 2000, S. 20; Bechtolsheim et al. 2001, S. 95.

829 Vgl. Newell, Newell Lemon 2001, S. 38

830 Vgl. Schmitzer, Butterwegge 2000, S. 356.

831 Vgl. Schmich, Juszczyk 2001, S. 5.

832 Vgl. Schmich, Juszczyk 2001, S. 5.

833 Vgl. Chaffey 2002, S. 332.

derangebote realisiert werden. Ähnlichen Nutzen oder vergleichbare Unterhaltung des Kunden kann man etwa durch Gewinnspiele erreichen. Eine andere Methode Nutzen zu stiften ist einem Vielfliegerprogramm nicht unähnlich. So gibt es Unternehmen, die Punkte anbieten, die man erhält, wenn man erlaubt, Marketingmeldungen auf seinem Endgerät zu empfangen. Diese Punkte können gegen Geld oder Produkte eingetauscht werden.[834] Solche Verfahren kommen der Idee nahe, dass Kunden Ihre Werbezeit verkaufen könnten.[835] Eine weitere Form der indirekten Belohnung wäre das Bereitstellen oder Finanzieren von gewünschten Inhalten. Werbebotschaften werden in diesem Fall in einen redaktionellen Inhalt eingebunden. Dies hat den Vorteil, dass vorher keine spezielle Zustimmung (Permission) vom Kunden eingeholt werden muss, wenn dieser werbefinanzierten oder gesponserten Inhalt im Pull-Verfahren abruft.[836] Die Gestaltung sollte aber vorsichtig und unaufdringlich sein, um Kunden nicht zu verärgern. Gestalteten Werbebannern werden aber wegen der kleinen Displays keine Chance eingeräumt.[837] Auch im stationären Internet sind die Klickraten auf unter 0,5% gesunken und Internetanbieter bieten deswegen zum Teil gar keine Banner-Plätze an.[838]

4.4.4 Mobile CRM im Vertrieb

Grundsätzlich bietet das mCRM diverse Möglichkeiten, Vertriebsaktivitäten im mobilen Internet und anderen Medien offline oder online einzuleiten, zu unterstützen oder auch vollständig durchzuführen. Wie aber bereits im stationären Internet zu beobachten war, eignen sich nicht alle Produkte uneingeschränkt für den alleinigen Vertrieb über das Internet. Ähnlich wird auch im mobilen Internet nur bei manchen Produktgruppen der gesamte Bestellvorgang losgelöst von anderen Medien vollständig mobil ablaufen können. Einen bedeutsameren Einsatzbereich des mobilen Internets können aber vertriebsunterstützende Maßnahmen bilden, die dicht dem Vertrieb zugeordnet werden können.

---

834 Vgl. Newell, Newell Lemon 2001, S. 55.

835 Vgl. Lamprecht 2001, S. 43.

836 Vgl. SkyGo 2001, S. 2-3.

837 Vgl. ebenda, S. 2.

838 Vgl. Whitaker 2001, S. 31.

4.4.4.1 Mobiler Vertrieb - Grundlagen

Den Kern des mobilen Vertriebs im engeren Verständnis stellt der Verkauf von Leistungen über das mobile Internet dar, der auch als mCommerce bezeichnet wird.[839] Dieser wurden auch im Abschnitt 3.2.4 als Transaktionsdienst beschrieben. Dem mCommerce werden aber nur reduzierte Einsatzmöglichkeiten eingeräumt.[840] Einschränkungen im Einsatz entstehen beispielsweise durch die beschränkte Bildschirmgröße und Übertragungskapazität, so dass zum Beispiel nur eingeschränkt Fotos zur Produktauswahl des Kunden einsetzbar sind. Gute Entwicklungschancen für den mobilen Vertrieb sind deswegen nur bei einfachen, wiederholten und/oder „mobile-sensitive" Produkten, die auf die Besonderheiten der Kommunikation aufsetzen, vorhanden. Eine besondere Affinität zu der Erreichbarkeit von Kunden haben alle Produkte, die durch Aktualität geprägt sind, wie etwa frische Lebensmittel. Solche Produkte können entweder nur kurzzeitig verfügbar sein oder kurzfristig zu besonderen Preisen angeboten werden.[841]

Auch wenn ein Unternehmen keine solchen Produkte vertreibt oder einen Verkauf über das mobile Internet insgesamt als nicht passend einstuft, kann dieser Kommunikationskanal im Vertrieb eingesetzt werden. Mit Hilfe des operativen mCRM können Bereiche rund um die reine Transaktion betrachtet und mit dem mobilen Internet unterstützt werden. Damit wird die enge Begleitung von Kundenprozessen und Kundenprozessketten möglich. Durch mobile Endgeräte sind neuartige Verknüpfungen der Vertriebskanäle denkbar, die ohne die ständige Erreichbarkeit und Verfügbarkeit des mobilen Internets für Kunden nicht vorstellbar wären. Eine solche Unterstützung, auch von offline erfolgenden Kaufhandlungen, ist den Überlegungen zum mobilen Marketing nicht unähnlich, da auch im mobilen Vertrieb die Kommunikation über verschiedene Kommunikations- und Vertriebskanäle Kundennutzen stiftend möglich ist.

4.4.4.2 Aufgaben des mobilen Vertriebs

Durch die Besonderheiten des mobilen Internets ergeben sich für Unternehmen bei der Betrachtung der Möglichkeiten eines mobilen Vertriebs neue Aufgabenfelder. Eine neue Aufgabe im mobilen Internet ist die

---

839 Für weitere Definitionen des mCommerces siehe auch Koster 2002, S. 129; Wiedmann, Buxel, Buckler et al. 2000, S. 684; Büllingen, Wörter 2000, S. 3; Geer, Gross 2001, 73.

840 Vgl. Ascari et al. 2000, S. 10.

841 Vgl. Wiedmann, Buckler, Buxel 2000, S. 89.

Anbindung des Vertriebs im CRM-Cycle und die Ausgestaltung der Schnittstellen zum Marketing und zum Service, die im Abschnitt 4.4.2 über die neuen Ansatzpunkte des operativen mCRM aufgezeigt wurde. Eine Herausforderung dabei ist die Senkung von Hemmnissen auf Kundenseite, die durch eine personalisierte Ausgestaltung des Vertriebs erreicht werden kann. Der Vertrieb muss mit Hilfe des mobilen Internets versuchen, einen Kunden während der Kaufhandlung an das Unternehmen zu binden, unabhängig davon, ob die eigentliche Kaufhandlung online oder offline erfolgt.

Es wird eine weitere Aufgabe des mobilen Vertriebs sein, die Möglichkeiten des mobilen Internets so einzusetzen, dass durch zusätzliche Wertschöpfung über den reinen Produktnutzen weiterer Nutzen auf Kundenseite entsteht.[842] So kann der reine Produktnutzen durch einen Zusatznutzen und einen Erlebnisnutzen ergänzt werden.[843] Um Unternehmen Beispiele zu geben, wie vielfältig die Einsatzmöglichkeiten des mobilen Internets im Vertrieb zur Schaffung von Zusatznutzen sind, wurden in Tabelle 11 Beispiele der mobilen Vertriebsunterstützung nach dem Ort des Vertragsabschlusses und dem Ort der Leistungsübergabe klassifiziert.

Tabelle 11 zeigt, dass mCRM auch im Vertrieb Leistungen und Lösungen aufzeigen kann, wenn weder der Vertragsabschluss noch die Leistungsübermittlung im mobilen Internet erfolgen. So können beispielsweise die Mobilitätsdaten dazu dienen, einen Kunden in seinem Fahrzeug zur nächsten Verkaufsstätte zu lotsen, um für ihn die Kaufhandlung offline so einfach wie möglich zu gestalten. Es ist Aufgabe des mobilen Vertriebs, solche Möglichkeiten zu erkennen und den eigenen Kunden anzubieten. Wie auch im mobilen Marketing werden bei den Vertriebsunterstützungen die Personalisierung der Leistungen zur Schaffung von Kundenzufriedenheit und Kundenbindung eine zentrale Rolle einnehmen.

842 Vgl. Lasogga 2000, S. 376.

843 Vgl. Lasogga 2000, S. 378.

Beispiele für Vertriebsaufgaben			
Vertragsabschluss erfolgt im:	**Leistungsübermittlung auf das mobile Endgerät**	**Leistungsübermittlung im stationären Internet**	**Leistungsübermittlung offline (z.B. per Post)**
Mobilen Internet (mCommerce)	Herunterladen von Musik auf ein Personal Digital Assistent (PDA).	Mobile Gebotsabgabe bei Ebay wenn es sich um ein Download handelt.	Hotelbuchung über Handy.
Stationären Internet (eCommerce)	Download/Bestellung von Klingeltönen.	SMS-Hinweis auf einen abgeschlossenen Download von Software.	SMS-Hinweise zu höheren Geboten bei Ebay.
Offline (z.B. persönlich)	Schriftliche Bestellung von neuer Software für das Handy.	SMS-Übermittlung eines Passworts zur Freischaltung von Internetseiten.	Shop Finder.

Tabelle 11: Beispiele für Vertriebsaufgaben

Die in Tabelle 11 gezeigten Beispiele erfordern auch von Kunden eine Anfangsinvestition, da sie sich mit den Möglichkeiten und den Verfahren erst vertraut machen müssen. Ähnlich den zusätzlichen Nutzenstiftern im mobilen Marketing sollte der Vertrieb den Kunden die Vorteile deutlich kommunizieren. Die in der Tabelle aufgezeigten vertriebsunterstützenden Anwendungen rund um den Vertrieb reichen auch in den Aufgabenbereich des Service der Unternehmen hinein.[844] Kunden werden diese Anwendungen im mobilen Internet als zusätzliche nutzenstiftende Dienstleistung von Unternehmen wahrnehmen können. All diese Beispiele setzen detaillierte Kundeninformationen und Kommunikationsmöglichkeiten voraus, wie sie nur im mobilen Internet vorhanden sind. Durch die Automatisierung von Vertriebsprozessen mit digitalen Daten kann eine Kostenreduktion erreicht werden. Unternehmen müssen jedoch darauf achten, dass die Aufwendungen der Individualisierung und Leistungserfüllung im Verhältnis zu den zu erwarteten Mehreinnahmen stehen.[845]

4.4.4.3 Ausgestaltung des mobilen Vertriebs

Bei der Ausgestaltung von Leistungen im mobilen Internet spielen verschiedene Aspekte eine Rolle: Manche Faktoren, wie die zurzeit noch reduzierten Darstellungsformate, sind dabei genauso wichtig wie die Beachtung der Sicherheitsbedenken von Kunden. Bereits im stationären Internet konnte beobachtet werden, dass Informationen wie tagesaktu-

844 Vgl. Lasogga 2000, S. 378.

845 Vgl. Eifert, Pippow 2001, S. 13.

elle Preise oder detaillierte Produkt- und Service-Informationen in einer bis dahin weder möglichen noch finanzierbaren Art und Weise veröffentlicht werden konnten.[846] Durch die Ortsungebundenheit des mobilen Internets können nun auch an jedem Verkaufspunkt, wie in einem Shop, zusätzlich Informationen zum Produkt übermittelt werden.[847] Ferner können Preisvergleiche oder die Zahlung mit dem mobilen Endgerät geleistet werden.[848] In Tabelle 12 werden Beispiele aufgezeigt, die wiederum nach den vorhandenen Mobilitätsdatenklassen untergliedert sind. Eine Unterteilung in Push- und Pull-Maßnahmen wird im Vertrieb nicht vorgenommen, da ein Verkauf nicht von einem Unternehmen „gepusht" werden kann. Dennoch können durch die Mobilitätsdaten Vertriebsvorgänge und auch Preise automatisch angepasst werden, wie es beispielsweise beim internationalen Roaming bereits der Fall ist.

Beispiele für mobilen Vertrieb		
Verwendete Daten:	**Automatisch**	**Bewusste Handlung**
Beachtung der Besonderheiten des mobilen Internets	*Abbuchen von Geld für SMS-Empfang.*	*Kaufen von Produkten / Aktien / Spielen / Sport-News-Flash.*
Mobilitätsdatenklasse 1 (Ortwissen)	*Roaming-Tarife.*	*Abfrage von Wetterinformationen / kostenpflichtigen Informationen (Reiseführer).*
Mobilitätsdatenklasse 2 (persönliches Ortwissen)	*O_2 Preissystem („Homezone").*	*Abfragen von stärker personalisierten Informationen / Bezahlen von Leistungen.*
Mobilitätsdatenklasse 3 (Fortbewegungsmittel)	*Automatisches Abbuchen von Mautgebühren.*	*Bezahlen von Mautgebühren.*
Mobilitätsdatenklasse 4 (Klasse 3 mit Zielwissen)	*Automatisches Ausstellen von Bahntickets, inkl. einer Abbuchung.*	*Buchen und Bezahlen von Bahnrechnungen nach Ankunft / Einchecken am Flughafen.*

Tabelle 12: Beispiele für mobilen Vertrieb

Durch Personalisierungen können für Kunden verschiedene Vereinfachungen und Hilfestellungen geschaffen werden. Als Beispiel in diesem Zusammenhang werden u.a. die Online-Abfrage des Bestellstatus' und Auslieferungsstatus' genannt.[849] Auf Basis der vier Mobilitätsdatenklassen kann zusätzlich aus einer ganzen Reihe von Produkten und Leistungen eine Vorauswahl getroffen werden. Kunden wählen aus der Vor-

846 Vgl. Hoffmann, Zilch 2000, S. 119.

847 Vgl. Kannan et al. 2001, S. 3; Zobel 2001, S. 61.

848 Vgl. BCG 2000, S. 24-25.

849 Vgl. Newell, Newell Lemon 2001, S. 16.

auswahl die für sie angenehmste Option aus.[850] Ein gutes System sollte alle verfügbaren Informationen nutzen und kontinuierlich Verbesserungen zulassen.[851] Speziell bei Bewegungen können sich die Daten der Mobilitätsdatenklassen schnell ändern. Solche Systeme sollten deswegen ihre Flexibilität behalten und den Kunden möglichst wenig festlegen.[852]

Spezielles Augenmerk sollte bei der Ausgestaltung auf die Gesamtkosten einer Transaktion für Kunden gelegt werden, die von Unternehmen reduziert werden müssen.[853] Informationen, wie etwa die der Identifikation eines Kunden, können zu einer einfachen Zahlungsabwicklung, zum Beispiel über die Telefonrechnung, genutzt werden. Die Preisgestaltung im mobilen Internet kann von dem bei Kunden zu erwartenden Nutzen abhängig gemacht werden.[854] Erste Ausprägungen der Nutzung der Mobilitätsdatenklassen können schon heute bei den Preismodellen des Mobilfunkanbieters O_2 gefunden werden. Er nutzt beispielsweise Mobilitätsdaten der Klasse eins, um seinen Kunden Ortsgespräche immer preiswerter für den Ort anzubieten, in dem sich dieser gerade aufhält. Mobilitätsdaten der Klasse zwei kommen bei den „Homezone"-Preismodellen zum Einsatz.[855] Denkbar sind auch spezielle Office-Zones oder Roadside-Tarife.[856]

Untersuchungen haben gezeigt, dass Kunden, die über mehrere Interaktionskanäle mit Unternehmen kommunizieren, aber auf eine einheitliche Angebotsgestaltung zurückgreifen können, in der Summe mehr Umsatz pro Kunde für das Unternehmen generieren als Kunden, die nur auf einem Kanal kommunizieren.[857] Kunden könnten durch die Kommunikation über mehrere Kanäle und die zu großen Auswahlmöglichkeiten aber auch so irritiert werden, dass sie die Vorteile der verschiedenen Angebote nicht mehr abschätzen können.[858] Deswegen sollten im mobilen Vertrieb unterschiedliche Kanäle ineinander greifen und eng und plausibel verzahnt werden. Sie müssen letztlich intuitiv bedienbar sein, was bei dem Nebeneinander der Kanäle eine Herausforderung darstellt.

---

850 Vgl. Hanson 2000, S. 86.

851 Vgl. Ansari et al. 2000, S. 364.

852 Vgl. Mehta et al. 2000, S. 5.

853 Vgl. Newell, Newell Lemon 2001, S. 11.

854 Vgl. Müller-Veerse et al. 2001, S. 73.

855 Vgl. Salonen 2000, S. 21.

856 Vgl. MSDW 2000, S. 42.

857 Vgl. OC&C Strategy Consultants 2001, S. 2; Möhlenbruch, Schmieder 2002, S. 73.

858 Vgl. Schögel, Sauer 2002, S. 27.

Neben der Überforderung durch zu große Komplexität von Angeboten muss der Vertrieb des mobilen Internets auch auf das durch Kunden empfundene Risiko eingehen. Risikoempfinden kann durch einfache und klare oder anpassbare Methodik in der Ausgestaltung abgebaut werden. Eine mögliche Kundenunsicherheit in diesem neuen Medium sollte auch durch das Angebot von Versuchskäufen abgebaut werden. Eine Risikoreduktion kann auch durch eine besondere Gestaltung der Interaktion erreicht werden, indem Kunden Alternativen angeboten oder zusätzliche Informationen, wie beispielsweise Bestätigungs-SMS, übermittelt werden. Im stationären Internet wurden zusätzlich Sicherheitssiegel zur Vertrauensbildung eingeführt.[859] Im mobilen Internet könnten solche Siegel ebenfalls zum Einsatz kommen. Die Integration der Angebote in ein mobiles Portal des Mobilfunkanbieters kann ebenfalls ein empfundenes Risiko reduzieren. Zu weiteren Reduktion des empfundenen Risikos könnten Unternehmen die Aufenthaltsorte der Kunden mitschreiben, wenn sie bei Ihnen einkauften. Bei späteren Überlegungen, wann wie wieso und wo welche Entscheidung getroffen wurde, kann eine solche Information helfen, den Disput zu lösen.[860] Zusätzlich könnte ein Missbrauch durch Dritte durch Kunden schneller erkannt werden.

Die Mobilität der Kunden sollte sich auch in anderer Art und Weise in der Ausgestaltung des Vertriebs wiederfinden. Ein sich bewegender oder reisender Kunde hat spezifische Bedürfnisse, die durch die Mobilitätsdatenklassen erklärt werden könnten. Dazu gehört, dass eine Lieferung auch an eine temporäre Adresse oder den Zielort einer Reise möglich sein sollte.[861] Erste Unternehmen ermöglichen bereits die Abfrage der ungefähren Lieferungszeit von Paketen über mobile Endgeräte.[862]

In neuen Medien wie dem stationären Internet wird der Kunde auch in den Design- und Produktionsprozess integriert.[863] Dafür gibt es spezielle Produktkonfiguratoren, die den Kunden bei der Zusammenstellung komplizierter Bestellungen, wie beim Kauf von Autos oder Computern, unterstützen. Gleiche Anpassungen und Konfigurationen sind für Kunden im mobilen Internet nötig. Ein Schwerpunkt bei der Schaffung dieser

---

859 Vgl. Hanson 2000, S. 92.

860 Dies schlägt Schmidt et al. (2000b) für Online-Broker vor. Mobilfunkanbieter machen das bereits jetzt bei jeder Verbindung, um z.B. die City-Tarife abrechnen zu können. Vgl. Schmidt et al. 2000b, S. 14.

861 Als Beispiel wird bei Hess, Rawolle (2001) die Lieferung von Amazon.com an ein Hotel oder eine naheliegende Buchhandlung genannt. Vgl. Hess, Rawolle 2001, S. 662.

862 Vgl. Michelsen, Schaale 2002, S. 107

863 Vgl. Körner, Zimmermann 2002, S. 447.

Unterstützungen von Kaufhandlungen wird in der Eingabehilfestellung liegen.[864] Wegen der reduzierten Bedienbarkeit der mobilen Endgeräte sollten nur wenige Menüschritte für solche Anpassungen nötig sein. Dabei sollte auch auf vertraute Techniken und Formate zurückgegriffen werden. Dafür werden einfache Ja-Nein-Fragen oder eine Menüführung mit Zahlen als Lösung vorgeschlagen.[865] Auch der Sprache wird eine bedeutende Rolle in der Ausgestaltung von Transaktionsdiensten eingeräumt.[866] Zukünftig soll eine kontextspezifische Unterstützung von Kauferlebnissen in allen Phasen des Kaufentscheidungsprozesses zu einer Entlastung der Kunden bei der Nutzung des mobilen Internets führen.[867]

4.4.5 Mobile CRM im Service

Im Bereich Service werden vielfältige Anwendungen des mobilen CRM möglich sein. Besonders in Verbindung mit dem Marketing werden die Anwendungen eine Reihe von Möglichkeiten schaffen, Kundennutzen und damit Kundenzufriedenheit zu schaffen und zu erhöhen. Zu diesen Möglichkeiten gehören die Ausführungen zu der Personalisierung, die Gestaltung des Vertriebs und die Zustimmung zu Maßnahmen im mobilen Internet.

4.4.5.1 Mobiler Service – Grundlagen

Unter mobilem Service werden alle Service-Leistungen um einen Produkt- oder Leistungskauf herum verstanden, die durch mobile Endgeräte übertragen werden. Unter „Service" wird damit nicht das selbstständige Dienstleistungsprodukt verstanden, sondern schwerpunktmäßig jene Bereiche, die der Nachkaufphase zugeordnet werden können. Service ist ein wichtiger Teil der Leistungswahrnehmung von Kunden zur Erhöhung der Kundenbindung und Differenzierung im Wettbewerb.

In der Nachkaufphase können die Informationen über einen Kunden in einem Unternehmen durch die Daten zur Kaufhandlung ergänzt werden. Diese Informationen zusammen mit den mobilen Daten können bei einer Reihe von Service-Anwendungen eingesetzt werden. Klassische Service-Kanäle werden dabei nur ergänzt. Ziel ist die Anreicherung des Services mit den neuen Möglichkeiten, die sich aus dem mobilen Internet

---

864 Vgl. Hoffmann, Zilch 2000, S. 121.

865 Vgl. Akhgar et al. 2002, S. 7.

866 Vgl. Greve 2002, S. 109.

867 Vgl. Möhlenbruch, Schmieder 2002, S. 81.

ergeben, um die Unternehmensleistung in der Kundenwahrnehmung zu verbessern. Unternehmen können beispielsweise im Service speziell auf das Zeitempfinden von Kunden eingehen.[868] Die Geschwindigkeit der Bearbeitung von Kundenanfragen und Lieferungen hat direkten Einfluss auf die Zufriedenheit der Kunden.[869] Bei Amazon.com zum Beispiel wird als Erfolgfaktor unter Anderem die schnelle Abwicklung von Kundenprozessen sowie die zuverlässige Warenlieferung genannt.[870] Der mobile Service kann auch bei Kundenprozessketten die Auswahl von weiteren Partnern für die Kundenproblemlösung vornehmen.

4.4.5.2 Aufgaben des mobilen Services

Die Funktion und die Aufgaben des klassischen Services bleiben auch beim Einsatz des mobilen Internets erhalten. Das mobile Internet ermöglicht es aber, einige Aufgaben besonders kundennah auszuführen. Dazu gehören die Lösung von vorhersehbaren Service-Aufgaben und die Schaffung von Zusatznutzen, ähnlich der zusätzlichen Wertschöpfung im mobilen Vertrieb. Durch eine intelligente Verknüpfung der Kundendaten mit neuen Kontextvariablen können zum Beispiel intelligente Push-Service-Anwendungen geschaffen werden. In Zusammenarbeit mit dem analytischen mCRM sollte der Service ermitteln, wann wo welche Service-Leistungen von Kunden erwünscht werden und wie darauf mobil reagiert werden kann. Dafür müssen sich Unternehmen ausgiebig mit den unterschiedlichen möglichen Anforderungen auseinandersetzen, um proaktiv für einen Kunden durch Zusatzleistungen oder andere Maßnahmen Probleme auszuräumen oder andere Bedürfnisse zu bedienen oder zu wecken. Die Leistungsanreicherung erfolgt durch Nutzung der Besonderheiten des mobilen Internets, der zusätzlichen Mobilitätsdaten und der nicht-mobilspezifischen Daten der zentralen Kundendatenbank des CRM. Es wird damit gerechnet, dass Service in Zukunft auch unbemerkt im Hintergrund abläuft.[871] Dabei handelt es sich um automatische Service-Leistungen, die abgerufen werden, ohne dass ein Kunde aktiv werden muss. Im mobilen Internet kann ein solches System beispielsweise automatisch mit dem Bordcomputer von modernen Fahrzeugen kommunizieren und bei Fehlern direkt mit der nächsten Werkstatt in Verbindung treten.[872]

---

868 Vgl. Stauss 2002b, S. 240.

869 Vgl. Scheer, Kraemer 1998, S. 160.

870 Vgl. Reinecke, Köhler 2002, S. 213.

871 Vgl. Lamprecht 2001, S. 71.

872 Vgl. Michelsen, Schaale 2002, S. 127-128.

Neben den vorhersehbaren Service-Aufgaben kann das mobile Internet auch bei unvorhersehbaren Problemen oder Beschwerden im Kundenalltag eine bessere Betreuung ermöglichen. Der mobile Service muss dafür die Kommunikationsgrundlage schaffen. Das mobile Internet ermöglicht einerseits dem Kunden, Beschwerden jederzeit und direkt bei ihrer Entstehung einem Unternehmen mitzuteilen, andererseits ermöglicht dieser Kanal aber auch dem Unternehmen eine direkte Bearbeitung des Problems. Durch die schnellere Übermittlung von Informationen entsteht das Gefühl der zeitnahen Betreuung.[873] So ist es beispielsweise möglich, die aktuelle Betriebsanleitung mit Lösungshinweisen bei Problemen auf das mobile Endgerät zu übertragen.[874] Dadurch kann die Zufriedenheit von Kunden im Beschwerdemanagement erhöht werden, da die Reaktionsgeschwindigkeit der Beschwerdebearbeitung als ein Bestandteil zur Herstellung von Zufriedenheit im Beschwerdeprozess gilt.[875]

Eine Aufgabe des mobilen Services liegt in der Sammlung und Nutzung von Kundenwissen, das durch die Automatisierung von Service-Leistungen und Customer Self Service, der selbstständigen Lösung von Problemen durch Kunden, zu einer Kostenreduktion führen kann. Customer Self Service ist ein integraler Bestandteil der virtuellen Wertschöpfungskette.[876] Er schafft es, Kosten zu sparen, wobei den Kunden diese Form des Services nicht aufgezwungen werden darf.[877] Das schnelle Reagieren oder sogar proaktive Agieren kann auch zu einer Reduktion der Belastung von Call Centern und so zu einer Kostenreduktion auf Unternehmensseite führen.[878] Beispiele dieser Art sind Hinweise per SMS bei Verspätungen von Flugzeugen oder Veranstaltungen, die helfen können, schon im Vorfeld den absehbaren Ärger von Kunden zu reduzieren.[879]

4.4.5.3 Ausgestaltung des mobilen Services

Analog zur Darstellung bei mobilem Marketing und Vertrieb, sind in Tabelle 13 für den mobilen Service Beispiele angeführt, die nach dem

---

873 Auch offen formulierte Beschwerden über andere Medien sollten generell schnell beantwortet werden. Vgl. Stauss 2000b, S. 250.

874 Vgl. Reischl, Sundt 1999, S. 85.

875 Vgl. Stauss 2003, S. 324.

876 Vgl. Englert, Rosendahl 2000, S. 327.

877 Vgl. Keen 2001, S. 176.

878 Vgl. Whitaker 2001, S. 33

879 Vgl. Michelsen, Schaale 2002, S. 113-114.

Push- und Pull-Prinzip, getrennt in Abhängigkeit von den Mobilitätsdatenklassen, unterschiedliche Ausprägungen annehmen können.

Beispiele für mobilen Service		
Verwendete Daten:	**Push-Beispiele**	**Pull-Beispiele**
Beachtung der Besonderheiten des mobilen Internets	*Hinweis per SMS auf eine Programmänderung im Fernsehen.*	*Abfrage von Börsenkursen während einer Reise.*
Mobilitätsdatenklasse 1 (Ortwissen)	*Unwetterwarnung in einer Region.*	*Abfrage des Wetters einer Region / Ort.*
Mobilitätsdatenklasse 2 (persönliches Ortwissen)	*Lawinenwarnung an Besitzer eines Skipasses per SMS.*	*Abfrage von Wetterinformationen für Sportler.*
Mobilitätsdatenklasse 3 (Fortbewegungsmittel)	*Wartungshinweise im Auto in der Nähe einer Werkstatt oder Hinweise auf Verspätungen im Flugverkehr.*	*Verkehrsinformationen eines Anbieters (Auto, Bahn, Flugzeug).*
Mobilitätsdatenklasse 4 (Klasse 3 mit Zielwissen)	*Parkplatzreservierung am Zielort durch Autovermieter.*	*Anschlusszugreservierung / Hotelreservierung durch die Deutsche Bahn, sofern gewünscht.*

Tabelle 13: Beispiele für mobilen Service

Durch das Wissen über den Kunden und das gekaufte Produkt kann im Service eine genauere Personalisierung erfolgen. Durch die Identifikation von Kunden im mobilen Internet könnten Systeme so ausgestaltet werden, dass die Kunden in Abhängigkeit ihres Profils und der Ausprägungen der Mobilitätsdaten, wie in Tabelle 12 aufgezeigt, bedient werden. Dieses Wissen kann Unternehmen helfen, für Kunden nutzenstiftende Push-Maßnahmen durchzuführen. Bei Push-Maßnahmen spielt das Wissen aus den Mobilitätsdaten eine besondere Rolle, um durch die zielgenaue Auswahl der Maßnahme und situationsgerechte Gestaltung die auf Kundenseite entstehenden Kosten in Abhängigkeit zum Kundennutzen zu minimieren. Prinzipiell ist bei der Ausgestaltung auch im Service darauf zu achten, dass die Verwendung von Daten nur nach Zustimmung des Kunden erfolgt. Nur bei direkt mit einem Produkt verbundenen Leistungen liegt die Aufnahme der Kommunikation mit dem Kunden im Interesse beider Seiten, so dass auf bestehende Kontaktdetails zugegriffen werden sollte. Ein solcher Fall wäre etwa eine Rückrufaktion von Autos, wenn Bremsenausfälle auftreten. Ein ähnliches Beispiel wäre, wenn eine Fluggesellschaft Passagiere nur einchecken ließe, wenn sie in einer bestimmten Entfernung zum Abflug-Gate wären.[880] Die

880 Vgl. Hamblen 2000, S. 50.

Fluggesellschaft könnte, wenn sie erkennt, dass ein Kunde das Abflug-Gate nicht mehr rechtzeitig erreichen wird, den Passagier für einen neuen, späteren Flug vormerken.[881]

Anders ist es bei Service-Maßnahmen, die zwar in direktem Zusammenhang mit einem Produkt stehen und in die Nachkaufphase fallen, aber nicht zeitlich dringend oder inhaltlich nötig sind. Eine Push-Maßnahme über das mobile Internet wäre in diesem Fall stärker von der Zustimmung des Kunden abhängig. In einem solchen Fall gelten die gleichen Ebenen der Zustimmung, wie sie für das mobile Marketing in Tabelle 10 aufgezeigt sind.

In dem Fall, dass ein Kunde nach dem Pull-Prinzip Leistungen nachfragt, sollten die Mobilitätsdaten auch nur nach Zustimmung der Kunden erhoben und in die Service-Gestaltung einbezogen werden. Dabei gelten für die Ausgestaltung die gleichen Designanforderungen wie in Marketing und Vertrieb. Zu diesen gehört die einfache und schnelle Gestaltung. mCRM-Systeme sollten in der Lage sein, die Navigation im mobilen Internet kundenspezifisch und produktspezifisch anzupassen. Gerade bei unvorhersagbaren Anfragen an den Service sollten Systeme offen gestaltet sein und nicht versuchen, einen Kunden nur auf einen Kommunikationskanal oder ein Kommunikationsformat festzulegen. Das mobile Internet sollte dabei einem Kunden mit Hilfe von mCRM-Systemen einen flexiblen und an die Mobilität angepassten Zugriff auf Leistungen von Unternehmen ermöglichen. Erste Systeme, die verschiedene Kommunikationskanäle verbinden, sind bereits vorhanden. Mobile Anrufe werden bevorzugt behandelt, da die mobilen Kunden später vielleicht nicht mehr erreichbar sind. Außerdem können sie auch eine Festnetznummer für einen späteren Rückruf angeben.[882] Welche Services gewünscht werden, ist wegen der Neuartigkeit des Mediums eng in Zusammenarbeit mit dem analytischen mCRM zu ermitteln. Diese enge Anbindung an das analytische mCRM ist auch für das mobile Marketing und den mobilen Vertrieb notwendig.

---

881 Vgl. 1to1 online 2000, S. 1

882 Vgl. Richardson 2001, S. 2.

4.5 Integration des mobilen Internets in das analytische CRM

Das analytische CRM stellt im klassischen CRM einen zentralen Bereich des CRM-Systems dar.[883] Auch im mobilen Internet wird das analytische mCRM eine zentrale Rolle einnehmen. Mit Hilfe des analytischen mCRM sind in einem neuen Medium neue Fragestellungen und Aufgaben zu bearbeiten, ähnlich wie es bei der Verbreitung des stationären Internets der Fall war. Im Mittelpunkt stehen das Schaffen von Verständnis über Kunden, ihre Mobilität und ihre Bedürfnisse sowie die Entwicklung von mobilen Anwendungen in Marketing, Vertrieb und Service. Ein Unternehmen muss entscheiden, welche Leistungen mit welchen Daten im mCRM geschaffen werden können und wie diese Daten gesammelt und interpretiert werden sollten. In der aktuellen Entstehungsphase des mobilen Internets müssen zuerst generelle Fragestellungen entwickelt werden, die sich aus der Mobilität ergeben, beispielsweise wo welcher Informationsbedarf beim Kunden besteht. Manche Fragen wurden bereits wegen ihrer Bedeutung an den jeweiligen Stellen im kommunikativen und operativen mCRM angesprochen. Da das mobile Internet sich noch in der Entstehung befindet, wird sich die Bedeutung des analytischen mCRM in der Zukunft noch verstärken.

4.5.1 Grundlagen des analytischen mobile CRM

Das analytische mCRM fußt auf den vorangestellten Überlegungen zum klassischen analytischen CRM in Abschnitt 2.3.3. Veränderungen entstehen durch neue Fragestellungen, die etwa räumliche Zusammenhänge betrachten, wie sie bisher nicht an das CRM herangetragen wurden. Ebenfalls neu sind jene Daten, die als Kontextvariablen Einfluss auf die Ausgestaltung des mCRM nehmen können. So wurden bisher Kundenprofile mit den nicht-mobilspezifischen Daten erstellt und als relativ statisch betrachtet.[884] Unternehmen betrachteten Kunden beispielsweise im Lebenszyklusmodell.[885] Eine systematische Anwendung dieses Modells auf mobile Kundenbeziehungen ist im Moment noch problematisch, da es zu wenig mobile Kundenbeziehungen gibt, um qualifizierte Aussagen

---

883 Siehe auch Abschnitt 2.3.3 Analytisches Customer Relationship Management, S. 49.

884 Siehe dazu auch das Abschnitt 4.2.1 Nicht-mobilspezifische Daten im mobile CRM, S. 154.

885 Vgl. dazu das z.B. das Modell grundlegendes Lebenszyklus (z.B. Familienzyklus). Vgl. Kroeber-Riel, Weinberg 1999, S. 438-446. Siehe auch die Ausführungen zu Kundenbedarflebenszyklus in Abschnitt 2.2.4 Langfristigkeit, S. 41.

für das mCRM zu treffen.[886] Der Fokus des analytischen mCRM liegt auch deswegen eher auf der Betrachtung kurzzeitiger Bedarfsänderungen.

Eine Anpassung von Leistungen über den Tag war wegen längerer Kommunikationszeiten und Kommunikationskosten bisher nicht möglich. Außerdem gab es keine Informationen über Kunden, auf denen eine angepasste Leistungserstellung basieren konnte. Selbst wenn eine Anpassung über den Tag möglich gewesen wäre, wäre der Kunde nicht erreichbar oder nicht identifizierbar gewesen. Das änderte sich erst im stationären Internet, in dem einzelne Maßnahmen, wie die Internetseitengestaltung, dynamisch angepasst werden konnten. Im mobilen Internet können die Kundendaten noch häufiger aktualisiert werden. Dies ermöglicht ein besseres Verständnis des Kunden und seiner Bedürfnisse und ermöglicht eine ständige Aktualisierung und Anpassung der Angebote. Mit der Verwendung von mobilen Kontextvariablen wie den Mobilitätsdatenklassen kann eine Anpassung von Leistungen für Kunden in Echtzeit erfolgen.[887] Die Ermittlung der tatsächlichen neuen Erwartungen, und damit die Ermittlung der nötigen Schritte zum Schließen der Erwartungslücke von Kunden, bilden somit eine zentrale neue Aufgabe des analytischen mCRM.[888] Durch diese Analysen können Unternehmen Veränderungen in den Bedürfnissen genauer erkennen und adäquat agieren. Entsprechende Fragestellungen und damit zukünftige Einsatzfelder werden im Abschnitt 4.5.3 über die Informationsanalyse besprochen.

Für diese Leistungsanpassung werden im mCRM Analysemethoden, wie zum Beispiel die Verfahren des Data Mining, verwendet werden. Je nach Fragestellung kann im mobilen Internet das Data Mining auch in *Temporal Mining* (zeitlich) und *Spatial Mining* (räumlich) unterteilt werden.[889] Zusätzlich kann ein *Modal Mining* (Formatuntersuchungen) eingeführt werden, das sich mit den Fragen der optimalen Kommunikationsformatwahl auseinandersetzt.

---

886 Vgl. Reichwald, Meier 2002, S. 224.

887 Siehe dazu auch Abschnitt 4.2.2 Mobilitätsdaten im mobile CRM, S. 157.

888 Siehe dazu auch Abbildung 15: Die Erwartungslücke und die Aufgabe des mobile CRM, S. 152.

889 Vgl. Bensberg 2002a, S. 207; Bensberg 2002b, S. 39.

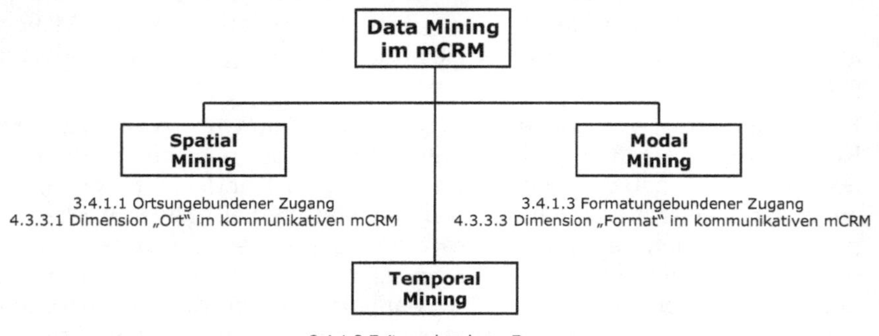

Abbildung 29: Taxonomie des Data Mining im mCRM[890]

Die drei Fragestellungen sind in Abbildung 29 aufgezeigt, in der auch auf die Abschnitte innerhalb dieser Arbeit verwiesen wird, in der die Bereiche ebenfalls besprochen wurden.

Erst durch eine Kombination möglichst vieler Kundendaten und Fragestellungen werden sich offensichtliche und verborgene Informationen aus Kundendaten herauslesen lassen.[891] Unter verborgenen Informationen werden nicht direkt ablesbare Informationen, wie die Ausprägungen der Mobilitätsdatenklassen mit etwa Reisezielen, verstanden. Erst die Gesamtheit der Daten und Fragstellungen schafft eine Grundlage zur Bewertung von Leistungen im mobilen Internet. Die Zielerreichung erfolgt anschließend durch einen konstruktiven Eingriff in das kommunikative und operative mCRM. Zusätzlich können Analysen zum Erhalt und zur Verstärkung der Vorteile und zur Abschwächung der Nachteile der mobilen Interaktion und des mobilen Internets herangezogen werden. Das analytische mCRM stellt für Unternehmen eine Herausforderung dar, da für mobile Anwendungen derzeit keine einheitliche Systemlandschaft vorliegt und die verschiedenen Formate, wie zum Beispiel Sprachkommunikation, sich teilweise einer einfachen Analyse entziehen. Durch die hohe Anzahl der an der Wertschöpfung beteiligten Unternehmen ist es auch nicht sicher, welche Daten wo anfallen und an wen sie übermittelt werden.

890 Quelle: Eigene Darstellung.

891 Vgl. Rotz 2002, S. 485.

Ein Unternehmen sollte in seiner Analyse der Kunden Informationen aus allen Kanälen und Bereichen einbeziehen.[892] So stellt sich das mobile Internet wie bereits das stationäre Internet als ein zusätzlicher, komplementärer Weg zum Kunden dar.[893] Aus diesem Grunde können die Analyseverfahren aus dem ursprünglichen CRM und eCRM weiterhin eingesetzt werden. Durch die genaue Identifikation der Teilnehmer im mobilen Internet sind aber die Schwierigkeiten im mobilen und stationären Internet anders gelagert.

Erste Analysen des Nutzungsverhaltens im mobilen Internet wurden als WAP (Log) Mining bezeichnet.[894] Diese Untersuchungen beruhen auf der Analyse der Logfiles, die mit jenen des stationären Internets nahezu identisch sind. Eine Übersicht über Unterschiede der Analyse im mobilen und stationären Internet ist in Tabelle 14 anhand verschiedener Fragestellungen aufgezeigt. Erfahrungen aus dem eCRM sind, wie aus der Tabelle hervorgeht, im mobilen Internet nur begrenzt direkt übertragbar. Das hier vorgestellte WAP-Format und damit das WAP Mining spielten bisher keine große Rolle und es ist unwahrscheinlich, dass sich dies in naher Zukunft ändern wird. Dennoch sind erste Überlegungen aus dem WAP Mining für das Data Mining im mobilen Internet interessant, da grundsätzliche Unterschiede zwischen der Analysen im stationären und mobilen Internet deutlich werden.

892 Vgl. Kasrel 2000, S. 5.

893 Vgl. Ritter 2001, S. 198.

894 Vgl. Bensberg 2002c, S. 154.

Unterschiede WAP Mining und Web Mining		
Fragestellungen	**Electronic aCRM (Web Mining)**[895]	**Mobiles aCRM (u.v.a WAP Mining)**
Surfverhalten[896]	Lange Klickwege	Keine / kurze Klickwege
Formate	Einheitliche Formate (Wintel)[897]	Keine einheitlichen Formate[898]
Aufgaben des eCRM	Einheitliche Fragestellungen	Unbekannte / neue Fragestellungen
User-Identifikation	Große Probleme / hohe Anonymität[899]	Keine Probleme (automatische Identifikation)[900]
Geldquellen	Keine / kaum Zahlungsbereitschaft	Hohe Zahlungsbereitschaft

Tabelle 14: Unterschiede WAP Mining und Web Mining

Das analytische mCRM ist nicht als selbstständige Einheit zu betrachten. Vielmehr ist für einen erfolgreichen und nutzenbringenden Einsatz des mobilen Internets die Verknüpfung aller Kundendaten auch außerhalb des mobilen Internets bedeutsam. Eine isolierte Betrachtung des Verhaltens eines Kunden kann interessante Hinweise aus dem stationären Internet oder einem Ladengeschäft auslassen, die über mobile Kommunikation eine verbesserte Kundenbindung ermöglichen könnten. Wie im operativen mCRM gezeigt wurde, sind aber gerade im Vertrieb diese Verknüpfungen der verschiedenen Möglichkeiten der Bereich, in dem

895 Zu Web Mining siehe auch Hippner et al. 2002e, S. 3ff.

896 Vgl. Zobel 2001, S. 116.

897 „Wintel" ist eine Bezeichnung, die sich aus der Bezeichnung für das vorherrschende Betriebssystem Microsoft Windows und vorherrschenden Prozesshersteller Intel.

898 Im Jahr 2002 wird von über 300 Typen von mobilen Endgeräten ausgegangen. Vgl. Hartmann 2002, S. V. Zusätzlich liegt kein einheitliches Übertragungsprotokoll vor. Vgl. Siau et al. 2001, S. 10.

899 Vgl. Hippner et al. 2002d, S. 88.

900 Siehe auch Abschnitt 3.4.3.2 Identifikation und Personalisierung S. 125.

das mobile Internet schon in der nahen Zukunft in vielen Bereichen einer Kundenbeziehung einen Kundennutzen schaffen kann.[901]

Da sich das mobile Internet im Entstehen befindet, müssen Maßnahmen immer wieder überprüft werden. Beim analytischen CRM handelt sich es dabei um ein lernendes System (Closed Loop Architecture) zur Zielerreichung, das in Abbildung 30 dargestellt ist.[902]

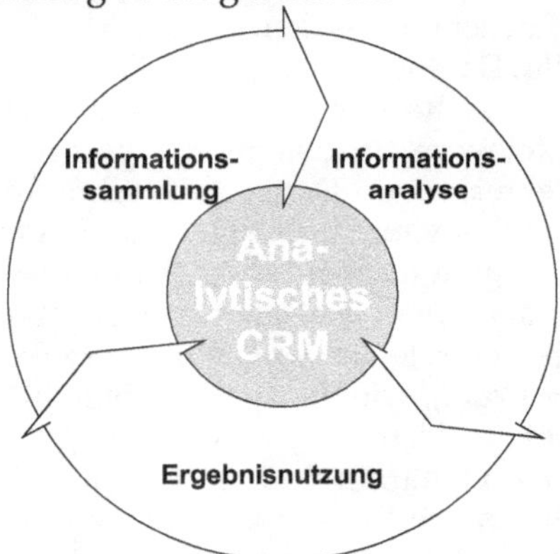

Abbildung 30: Closed Loop Architecture[903]

Dieses System basiert auf der Rückkopplung von Daten über erbrachte Leistungen zur ständigen Optimierung derselben. Nach der Informationssammlung, die in Abschnitt 4.5.2 besprochen wird und die auch auf den Ausführungen zu den Mobilitätsdaten fußt, werden verschiedene neue Fragestellungen in Abschnitt 4.5.3 erörtert.

4.5.2 Informationssammlung im mobile CRM

Im mobilen Internet werden ebenso wie im stationären Internet Daten permanent an unterschiedlichen Stellen in unterschiedlichen Formaten anfallen. Um ein integriertes Bild vom Kunden zu bekommen, ist eine zentrale Datenspeicherung nötig. Das Zusammenführen von Kundendaten aus unterschiedlichen Quellen in eine einheitliche Systemumgebung ist damit eine der ersten Aufgaben im Aufbau eines analytischen

---

901 Siehe auch Tabelle 11: Beispiele für Vertriebsaufgaben, S. 221.

902 Vgl. Hippner et al. 2002a, S. 6.

903 Quelle: Eigene Darstellung in Anlehnung an Frielitz et al. 2002b, S. 692.

mCRM. Die Informationssammlung stellt auch den Ausgangspunkt der Closed Loop Architecture in Abbildung 30 dar.

Da die Daten den Kern der Entwicklungen von Leistungen im kommunikativen und operativen mCRM legen, muss bei Unternehmen ein besonderer Fokus auf dem Generieren von relevanten Kundeninformationen liegen. Gleich bei der Entwicklung von Angeboten für das mobile Internet sollte darauf geachtet werden, dass in der technischen Ausgestaltung eine sinnvolle Datenerhebung für die Informationssammlung möglich ist. Der Fokus sollte dabei nicht auf den Umfang der Daten, sondern auch deren Relevanz für das mCRM gelegt werden, wobei sich die Erkennung der Relevanz von Daten auch schon im CRM als schwierig erwiesen hat.[904] Die Relevanz der Daten im CRM allgemein bedeutet, dass die verwendeten Daten mess- und operationalisierbar sind. Zusätzlich müssen die Kundendaten wirtschaftlich erhoben werden können und für das Kaufverhalten relevant sein.[905] Andere Faktoren, die an gleicher Stelle gefordert wurden, wie die zeitliche Stabilität, sind im mobilen Internet bei den Kontextvariablen nur bedingt gegeben. Diese Daten unterliegen einer hohen Dynamik und sind auch in ihrer Interpretation oft nicht eindeutig. Durch den Einsatz des mobilen Internets können verstärkt solche auch als „weiche" bezeichnete Kundendaten erhoben werden, die durch Unsicherheit und subjektive Einschätzung bestimmt sind.[906] So ist die Zuordnung von Bewegungen zu Verkehrsmitteln in der Mobilitätsdatenklasse vier sowie die Bewertung von Kunden-Ortsverhältnissen der Mobilitätsdatenklassen zwei immer potenziell mit Fehlern belastet.

Für Unternehmen ergeben sich aber bei einer richtigen Bewertung der verschiedenen Mobilitätsdaten umfangreiche Anwendungen, die im operativen mCRM beschrieben wurden. Um den Nutzen aus den Aufenthaltsdaten zu maximieren, können von speziellen Dienstleistern anderen Unternehmen für das mCRM verschiedene Umwandlungen angeboten werden. Einen ersten Schritt zur Schaffung von Verständnis bildet das *Reverse Geocoding*, die Umwandlung von Informationen eines Koordinaten-Systems in lesbare Adressen, die für die ersten beiden Mobilitätsdatenklassen verwendet werden können. Solche Umwandlungen von Daten können ebenso wie die Berechnung von Navigationsangeboten der Mobilitätsdatenklasse drei von externen Unternehmen bezogen werden.

904 Vgl. Lammers 2000, S. 23.

905 Vgl. Homburg, Sieben 2000, S. 10.

906 Eine „Präferenz-Äußerung " eines Kunden wäre solch eine „weiche Zahl", während eine erhobene Umsatzzahl als „harte Zahl" dargestellt wird. Vgl. Aebi 1999, S. 49.

Zu den ausgelagerten Aufgaben können auch die Visualisierung und die Suchfunktionen auf mobilen Endgeräten gehören. Unternehmen, die solche Services anbieten, sind iMap oder Mapinfo.[907]

Für die Ermittlung der Mobilitätsdatenklassen zwei und vier ist dabei das analytische mCRM besonders gefordert. Um diese Daten von Kunden möglichst automatisch generieren zu können, ist wie beschrieben eine Auswertung von vorhandenen Kundeninformationen nötig. So können die Rechnungs- oder Privatadresse zur Definition von Ruheräumen benutzt werden. Um das Verständnis für die Dimension Zeit zu erhöhen, können z.B. zusätzlich Kalenderinformationen mit Feiertagen, Schulferienzeiten oder anderen Reiseinformationen in Staumeldungen eingebaut werden. Je nach Angebot oder Produkt eines Unternehmens können noch weitere Quellen eingesetzt werden. Abhängig von den zu bearbeitenden Fragestellungen können diese Kundendaten mit zusätzlichen Informationen angereichert werden, auch um Fehler oder fehlende Werte zu bereinigen.

Verbunden mit der Informationssammlung ist die Frage der zeitlichen Gültigkeit der Daten. Dafür gibt es theoretisch unterschiedliche Möglichkeiten. So wird vorgeschlagen, dass Daten solange gültig bleiben, bis sie explizit aktualisiert werden.[908] Dieser Ansatz ist bei den Mobilitätsdatenklassen wegen der ständigen Veränderung der Aufenthaltsorte und Bewegungsziele problematisch. Daher sollte das analytische mCRM besonders für die Mobilitätsdatenklassen zwei bis vier andere Annahmen individuell nach einzelnen Kunden entwickeln.

Bei der Datenerhebung spielen die Kunden selbst eine aktive Rolle. Es wäre denkbar, dass die Mitübermittlung von Aufenthaltsdaten, die zurzeit als Zellinformationen bei den Mobilfunkprovidern erhoben werden, nur mit einer expliziten Zustimmung des Kunden erlaubt wird oder mit Kosten für das Unternehmen verbunden ist. Eine der einfachsten Methoden ist deswegen, die benötigten Kundendaten selbst durch eine Registrierung der Kunden vor der Nutzung von Leistungen zu gewinnen. Die vom Kunden selbst bereitgestellten Daten und Interessengebiete müssen von diesem jederzeit flexibel angepasst werden können. Man spricht in diesem Fall auch von einer expliziten Befragung oder Datenerhebung im Gegensatz zu einer impliziten Datenerhebung.[909] Doch

907 Siehe dazu beispielsweise MapInfo Corporation (http://www.mapinfo.com/).

908 Vgl. Madria et al. 2000, S. 144.

909 Vgl. Bange, Veth 2001a, S. 16 und siehe dazu auch 4.2.1 Nicht-mobilspezifische Daten im mobile CRM, S. 154.

auch im stationären Internet war die freiwillige Angabe von Daten nicht verlässlich.[910] Zusätzlich sind solche Verfahren nur begrenzt einsetzbar und würden durch den Zeitaufwand einige der Vorteile des mobilen Internets zunichte machen. Bei der impliziten Methode, bei der die Daten automatisch erhoben werden, ohne dass der Kunden darüber informiert sein muss, gelingt es hingegen, Änderungen von Präferenzen und Interessen über die Zeit richtig zu erfassen.[911] Nach Datenschutzrichtlinien ist das aber nur in einem sehr begrenzten Umfang möglich.[912]

Im analytischen mCRM ist die Schnittstellenprogrammierung zu anderen Unternehmen von besonderer Bedeutung. Auch zwischen einzelnen Kommunikationsformaten (zum Beispiel WAP Logfiles) müssen in der Zukunft Schnittstellen oder Verknüpfungen geschaffen werden, die ein einheitliches Bild der Nutzer eines Angebots zeigen. Das Angebot kann dabei über verschiedene Kanäle vertrieben werden.[913] In Tabelle 15 wird ein solches zusammengeführtes mobil-typisches Datenbild beispielhaft aufgezeigt. Es wird nach Stammdaten, der Kaufhistorie und Interaktionsdaten unterschieden. Diese beinhalten die ab Abschnitt ab 4.2 vorgestellten Mobilitätsdatenklassen, gehen aber auch über jene hinaus und sind den durch Logfiles im stationären Internet erhoben Daten ähnlich.[914]

---

910 Vgl. Prabhaker 2000, S. 163.

911 Vgl. Bange, Veth 2001a, S. 16.

912 Siehe dazu auch Abschnitt 3.4.5.4 Datenschutzrichtlinien, S. 143.

913 Vgl. Bensberg 2002c, S. 171.

914 Siehe dazu auch Abschnitt 4.2.2 Mobilitätsdaten im mobile CRM, S. 157.

Beispiele zusätzlicher Daten im analytischen mCRM	
Stammdaten Generelle / längerfristige Gültigkeit	Mobilfunknummer ICQ-Adresse Emailadresse Mobilfunkprovider/Mobile Internet Anbieter Ort-Beziehungs-Gruppen (...)
Kaufhistorie Bezogen auf jeden einzelnen Kauf	Kaufort Mobilitätsdatenklassen 1 & 2 Mobilitätsdatenklassen 3 & 4 Kaufzeitpunkt (Uhrzeit/Tag) Kommunikationsformat Kommunikationsgerät Gewählte Browser-/Systemsoftware Dauer des Besuches/Interaktion (...)
Interaktionsdaten Bezogen auf jede einzelne Interaktion ohne einen Kauf	Kommunikationsort Mobilitätsdatenklassen 1 & 2 Mobilitätsdatenklassen 3 & 4 Kommunikationszeitpunkt (Uhrzeit/Tag) Kommunikationsformat Kommunikationsgerät Gewählte Browser-/Systemsoftware Dauer des Besuches/Interaktion Ziel des Besuches (...)

Tabelle 15: Mobilspezifische Daten

Tabelle 15 zeigt den Umfang, den diese Daten annehmen können. Eine besondere Herausforderung stellt deswegen das Management der großen Datenmengen von Mobilfunknutzern dar, wenn diese in Echtzeit erhoben werden.[915] Neben anderen Aspekten ist für den Erfolg mobiler Anwendungen, die auf die Geo-Daten zugreifen, die Rechnerkapazität wichtig.[916] Erste Unternehmen, wie Nextel oder Oracle, erarbeiten dafür neue Arten von Datenbanken. Diese neuen Datenbanken werden darauf ausgelegt, Kundenservice und komplizierte räumliche Fragestellungen im Rahmen eines CRM-Systems bearbeiten zu können.[917] Diese spatiotemporalen Datenbanken werden nicht nur die Bewegung von Punkten über die Zeit aufzeigen, sondern auch die sich in der Ausdehnung ver-

915 Vgl. Lowe 2001, S. 41.

916 Vgl. Stojanovic, Djordjevic 2001, S. 459.

917 Vgl. Hoyle 2000, S. 107.

ändernden Flächen.[918] Damit sind sie in der Lage, mit der „passiven Mobilität" umzugehen, die im Abschnitt über die Mobilitätsdaten der Klasse vier vorgestellt wurden.

Die nächste Herausforderung für die Datenbanksysteme ist die Erkennung und Analyse der relevanten Daten in der benötigten Tiefe in einer Geschwindigkeit, wie sie der Markt verlangt.[919] Insgesamt wird von einem Zuwachs des Bedarfs an räumlichen Daten in den nächsten Jahren ausgegangen.[920] So gibt es heute schon GIS-Modelle für Städte, die sogar die Anzahl der Geschosse von Gebäuden darstellen.[921] Solche Daten werden langfristig in das mCRM-System Einzug halten und die Bearbeitung neuer Fragestellung erlauben. Es ist Aufgabe des analytischen mCRM, solche Datenquellen in die Informationssammlung einzubeziehen und für die Informationsanalyse bereitzustellen.

4.5.3 Informationsanalyse im mobile CRM

Die Informationsanalyse schließt sich der Informationssammlung in Abbildung 30 an. Über alle Bereiche des mCRM hinweg müssen psychologische, verhaltensbezogene und ökonomische Fragestellungen analysiert werden.[922] Psychologische Fragestellungen setzen sich z.B. mit der generellen Zufriedenheit von Kunden und der Leistungsqualitätswahrnehmung auseinander. Verhaltensbezogene Fragestellungen behandeln das tatsächliche Kauf-, Interaktions- und Kommunikationsverhalten der Kunden, während ökonomische Fragestellungen einen Kunden nach seinem Deckungsbeitrag und Customer Lifetime Value analysieren.[923] Mit der Informationsanalyse können Leistungen unter diesen Aspekten permanent verbessert und für den einzelnen Kunden personalisiert werden. Solange noch keine Zustimmung von Kunden zu einer umfassenden individuellen Kundendatenanalyse vorliegt, kann das analytische mCRM mit anonymisierten Kundendaten Untersuchungen durchführen und die Ergebnisse zur nicht vollständig individualisierten Leistungserstellung einsetzen.[924]

---

918 Vgl. Erwig et al. 1998, S. 131.

919 Vgl. Hoyle 2000, S. 107.

920 Vgl. Fritsch 1999, S. 3.

921 Vgl. Fritsch 1999, S. 8.

922 Vgl. Bruhn 2001, S. 88-90.

923 Siehe dazu auch Abschnitt 2.2.1 Profitabilität, S. 34.

924 Siehe dazu auch Abschnitt 3.4.5.4 Datenschutzrichtlinien, S. 143.

Analysen im Customer Relationship Management greifen dabei auf eine Reihe unterschiedlicher Methoden, wie etwa die des Data Mining, der multivariablen Statistik oder der deskriptiven Statistik zurück, um Wissen aus Kundendaten zu generieren. Zukünftig werden insbesondere die zu entwickelnden Spatial, Temporal und Modal Mining eine Rolle spielen. Grundsätzlich werden im Data Mining verschiedene Schritte zur Beantwortung von Fragestellungen durchlaufen, wie die Datenauswahl, Datenaufbereitung, Datenintegration, Mustersuche und Ergebnisinterpretation.[925] Der Einsatz dieser Methoden wird im Allgemeinen von einem Großteil der Unternehmen bereits außerhalb des mobilen Internet als lohnend beschrieben.[926]

Im analytischen mCRM sind eine Reihe Fragestellungen vorhanden, die sich erst aus der operativen Nutzung des mobilen Internets für die Unternehmen und deren einzelne Abteilungen verändern werden. Diese Fragestellungen setzen sich beispielsweise mit der Schaffung und dem Erhalt der Vorteile des mobilen Internets auseinander. Bei den zu schaffenden Vorteilen handelt es sich insbesondere um die Bereiche der Lokalisierung und der Personalisierung, die ohne ein angepasstes analytisches mCRM nicht eingesetzt werden können. Nachteile des mobilen Internets für Kunden, die mit genauen Analysen und angepassten operativen Maßnahmen abgefedert werden können, resultieren nicht zuletzt aus der zur Zeit reduzierten technischen Leistungsfähigkeit des mobilen im Vergleich zum stationären Internet. Durch diese Fragestellungen gewinnen die verhaltensbezogenen Analyseaufgaben besondere Bedeutung, die bis hinunter auf die Aktionen für jeden Einzelkunden gehen können.[927]

Solche Anpassungen und Personalisierungen mit Hilfe des analytischen mCRM können unterschiedlich erfolgen. Zum einen wird zwischen statischen, regelbasierten Verfahren und dynamischen Ansätzen unterschieden.[928] Die statischen Verfahren lassen keine Veränderung innerhalb eines Kundenbesuchs im mobilen Internet zu. Die dynamischen Verfahren erlauben hingegen die permanente Anpassung von Verfahren durch den laufenden Systembetrieb.[929] Eine der einfachsten Methoden der Anpassung, die erstaunlich effektiv ist, beruht auf dem Umstand, dass Nutzer

925 Vgl. Hippner et al. 2002d, S. 90.

926 Vgl. Hippner et al. 2002c, S. 88-89.

927 Vgl. Link, Schmidt 2002a, S. 144.

928 Vgl. Bange, Veth 2001a, S. 18.

929 Vgl. Bange, Veth 2001a, S. 18.

sich in ihrem Verhalten häufig wiederholen.[930] Die wahrscheinlichsten Handlungen können in einem Menü weiter oben angesiedelt oder über spezielle Tasten oder Kurzwahlen ansteuerbar sein.[931] Mit dem Einsatz der Mobilitätsdatenklassen wird das Kontext-angepasste Computing eingeführt, das eine permanente, dynamische Leistungsanpassung auch aufgrund der Aufenthalts- und Bewegungsdaten ermöglicht.

Neben den bekannten Aufgaben oder Fragestellungen des CRM ergeben sich für die Zukunft neue Bereiche, in denen sich ein mCRM betätigen kann. Dabei stellt das Entwickeln von Fragestellungen für die spezielle Gestaltung der Kommunikation und der individualisierten Ausgestaltung der operativen Maßnahmen im mobilen Internet einen Ausgangspunkt des analytischen mCRM dar.

4.5.3.1 Fragestellungen des kommunikativen mCRM

Fragestellungen zum kommunikativen mCRM beschäftigen sich mit der konkreten Ausgestaltung desselben. Die Ergebnisse können beispielsweise zur Ermittlung der Kundenkosten eingesetzt werden. Grundsätzlich kann das analytische mCRM das Verständnis auf Unternehmensseite über das Kommunikationsverhalten von Kunden im mobilen Internet erhöhen und so eine positive Wahrnehmung beim Kunden schaffen. Das analytische mCRM befasst sich bei der Untersuchung des Kommunikationsverhaltens eines Nutzers insbesondere mit den Dimensionen Zeit, Ort und Format.

Prinzipiell interessant für Unternehmen ist die Steuerung von kommunikativen Maßnahmen. Durch Messungen kann ermittelt werden, welche Kampagne welche Ergebnisse produziert. Da anders als in klassischen Werbemedien eine einzelne Ansprache von Kunden terminlich planbar ist, können so bei Maßnahmen Spitzenbelastungen z.B. in Call Center oder der Produktion vermieden werden. Es sollte ebenfalls für jeden einzelnen ermittelt werden, in welchen Frequenzen oder zu welchen Zeitpunkten er Nachrichten, wie z.B. Newsletter, erhalten möchte. Erste Tests können helfen, einem Kunden im Profil die Voreinstellungen anzubieten, die seinen Vorlieben am besten entsprechen. So kann der Aufwand für Kunden reduziert und dessen Profil während Warte- und Ruhezeiten kurz angepasst werden.[932]

---

930 Vgl. Hirsh et al. 2000, S. 103.

931 Vgl. Hirsh et al. 2000, S. 103.

932 Vgl. Schwarz 2002b, S. 403.

Bei der Untersuchung des Faktors „Zeit" ist auch die Zeitspanne bedeutsam, in der sich ein Nutzer mit einem bestimmten Angebot beschäftigt hat. Zeit ist das knappste Gut, über das die Konsumenten verfügen.[933] Da das kommunikative mCRM seine Angebote entsprechend entwickeln muss, ist es Aufgabe des analytischen mCRM, die Kommunikationszeitpunkte und die jeweilige Dauer zu untersuchen. Besonders interessant sind dabei die Zusammenhänge zwischen Zeitzonen und Häufungen im Kommunikationsbedarf untergliedert nach Push- und Pull-Maßnahmen. Ebenso muss untersucht werden, wie Kunden auf Maßnahmen von Unternehmensseite zu bestimmten Uhrzeiten reagieren. Diese Ergebnisse des Temporal Mining liefern den Unternehmen erste Ideen, welche Zeiten oder Zeitfenster für Kundenmaßnahmen allgemein am besten geeignet sind. Besonderes Augenmerk sollten Unternehmen dabei auf die Ermittlung von Ruhezonen legen, damit eine Verärgerung von Kunden durch hohe Kundenkosten der Kommunikation vermieden werden kann. Generell kann untersucht werden, wann z.B. ein Produkt oder Service häufiger nachgefragt wird. Andererseits ist es von Interesse, wann ein bestimmter Kunden Unternehmensleistungen nachfragt.

Für Unternehmen gänzlich neu ist die Beschäftigung mit aktuellen Mobilitätsdaten und somit das Spatial Mining. Die Ermittlung von Zusammenhängen ist deswegen von besonderem Interesse. Es gibt eine Reihe von Fragestellungen, die im kommunikativen mCRM beantwortet werden können und die für alle Maßnahmen eines Unternehmens von Bedeutung sind. Dazu gehört die Ermittlung von Orten, an denen Kunden verstärkt selbst auf Leistungen aus dem mobilen Internet zugreifen, und die Korrelation zwischen dem Aufenthaltsort und der Art der angefragten Leistung.

Es müssen aber auch jene Orte identifiziert werden, an denen ein Kunde keine Störung wünscht. Gleiches gilt bei Untersuchungen der Mobilität von Kunden, um festzustellen, welcher Art der Fortbewegung mit welcher Art der Kommunikation optimal entsprochen wird. Dabei ist es auch wieder individuell feststellbar, ob z.B. ein Aufenthalt im Zug als Ruhezone einzuordnen ist oder ob der Kunde sich über Kommunikationsmaßnahmen eher freuen würde. Dafür sind die Daten der Kunden in aussagekräftigen Profilen abzuspeichern, auf die im kommunikativen mCRM zurückgegriffen werden kann.

Wenn ein Unternehmen entschieden hat, zu welcher Zeit und an welchem Ort ein Kunde kontaktiert wird und z.B. ein Dialog aufgebaut werden soll, ist im nächsten Schritt mit dem Modal Mining zu entschei-

---

933 Vgl. Seybold 2001, S. 1.

den, in welchem Format die Kontaktaufnahme erfolgen soll. Dabei sollte ein analytisches mCRM die verschiedenen Formate nach ihren Störungslevels und den resultierenden Kundenkosten betrachten. Außerdem ist zu beachten, dass Kundenprozesse meist über mehrere Kanäle abgewickelt werden.[934] Dies schafft besondere Probleme für das analytische mCRM. Ausgewählte Formate sollten diesen Wechsel, wenn er vom Kunden gewünscht ist, unterstützen. Durch die Beschäftigung mit diesen Fragestellungen können die Unternehmensziele der Integration und speziell der Individualisierung erreicht werden. Dadurch wird auch den CRM-Zielen der Langfristigkeit und schließlich der Profitabilität Rechung getragen.

4.5.3.2 Fragestellungen des operativen mCRM

Fragestellungen des operativen mCRM betrachten das Marketing, den Vertrieb und den Service im mobilen Internet. Mögliche Fragestellungen im operativen mCRM sind deswegen sehr zahlreich und können entsprechend der einzelnen Unternehmensleistung angepasst oder erweitert werden. Eine vollständige Aufzählung der Fragestellungen ist dabei nicht möglich. Allgemein sind aber zwei Arten von Fragestellungen zu unterscheiden. Zum einen setzen sie sich mit der Leistungserstellung im operativen mCRM auseinander und helfen so, diese zu optimieren. Die andere Art von Fragestellungen setzt sich mehr mit dem Kunden und seinem Verhalten im mobilen Internet auseinander.

In der Startphase der mobilen Internet-Angebote werden die Anbieter ihren Kunden viele technische Probleme abnehmen müssen und sich generell mit der Leistungserstellung auseinandersetzen. Dabei wird sich das Zufriedenheitsurteil über operative Maßnahmen im mobilen Internet aus einer Reihe unterschiedlicher Teilzufriedenheiten zusammensetzen, die insgesamt eine kumulative Kundenzufriedenheit ergeben.[935] Das analytische mCRM muss sich mit diesen Einzelbereichen, wie zum Beispiel Übertragungsprobleme, mangelhafte Endgeräte oder unbekannte Angebote, auseinandersetzen müssen. Gerade in der Anfangsphase des mobilen Internets werden viele Kunden mit dem Aufbau von Profilen und der Eingabe ihrer Präferenzen überfordert sein. Eine Aufgabe des analytischen mCRM ist deshalb, voreingestellte Profile zu entwickeln, die dem Kunden dann als erste Idee oder Anregung vorgeschlagen werden können.[936]

---

934 Vgl. Rotz 2002, S. 480.

935 Vgl. Silberer et al. 2002, S. 313.

936 Vgl. Matskin, Tveit 2001, S. 31.

Von Interesse sind die beschriebenen neuen Ansatzpunkte im operativen mCRM. Bei einer Betrachtung von Kundenprozessen bildet die Definition der Schnittstellen zwischen den einzelnen Funktionen eines Unternehmens eine besondere Herausforderung. Dafür muss untersucht werden, wie ein Kunde im Rahmen der Integration optimal bedient werden kann. Gleiches gilt auch für die Betrachtung von Kundenprozessketten, bei denen erst mehrere Kaufhandlungen zu einer vollständigen Bedürfnisbefriedigung führen können.[937] Bei einer genauen Betrachtung der Kontextvariablen können die Bereiche untersucht werden, die einem Kauf im eigenen Unternehmen vorangestellt sind oder häufig nachgelagert erfolgen.

Bei der Ermittlung von Zusammenhängen, die das mobile Marketing betreffen, werden die Ergebnisse des analytischen mCRM von Interesse sein. Im Marketing kann es sich zum Teil ebenfalls um eine unternehmensseitige Kommunikation mit dem Kunden handeln. Um diese zu untersuchen, muss in Zukunft für das mCRM im Allgemeinen sowie für die Marketingmaßnahmen im Speziellen ein völliger neuer Satz von Kontroll- und Messwerten entwickelt werden. Klassische Marktsegmentierungskriterien wie Alter oder Geschlecht griffen schon im stationären Internet in der Regel zu kurz.[938] Die neuen Messwerte des mobilen Internets müssen zum einen die neuen Gegebenheiten und Besonderheiten berücksichtigen sowie zum anderen die neuen Möglichkeiten zur Geltung bringen. Grundsätzlich hat das Marketing das Problem, vorwiegend nur immaterielle Vermögenswerte zu schaffen, was die Aufgabe einer verlässlichen Wertermittlung nach sich zieht.[939] Zusätzlich müssen diese schwer erfassbaren Vermögenswerte auch zu finanziell ermittelbaren Werten für ein Unternehmen führen.[940] Alternative Verfahren, die eine Indikation für den Erfolg einer Marketingkampagne geben können, sind Untersuchungen wie beispielsweise die Bewertung, auf welchem Niveau sich die Zustimmung von Kunden zum Empfang von Marketingmeldungen bewegt (z.B. Low, Middle, High).[941] So wird auch allgemein von der Tiefe der Zustimmung (Permission) gesprochen.[942] Es wird damit außerdem interessant zu erfahren, wie lange eine Einwilligung vorliegt bzw. weswegen ein Kunde die Einwilligung wieder zurückzieht.

937 Siehe dazu auch Abschnitt 4.4.2 Veränderte Ansatzpunkte im mobile CRM, S. 204.

938 Vgl. Homburg, Sieben 2000, S. 10.

939 Vgl. Krafft 1999, S. 513.

940 Vgl. Reichwald, Meier 2002, S. 222.

941 Vgl. Newell, Newell Lemon 2001, S. 284.

942 Vgl. Godin 1999, S. 213.

Damit muss sich das mobile Marketing generell auf die neue Variable der Kundenkosten einstellen und den Zusammenhang zwischen den Kundenkosten und dem Marketingerfolg ermitteln.

Weitere generelle Fragestellungen des mobilen Marketings sind, zu welchen Uhrzeiten sich welche Produkte verkaufen lassen. Zusätzlich sollte eine solche Aufschlüsselung nach einzelnen Kunden erfolgen. Dabei kann untersucht werden, welche Maßnahme an welchem Aufenthaltsort wie zu einer Kaufhandlung führen kann. Dabei sind besonders Analysen von Interesse, die die optimale zeitliche Abfolge von mehreren, mehrstufigen Maßnahmen (Kontaktketten) untersuchen.[943] Wenn einzelne Orte oder Zonen entdeckt wurden, an denen vermehrt auf Leistungen zurückgegriffen wurde oder einfach nicht-störende Maßnahmen besonderen Erfolg gehabt haben, kann eine Marketingabteilung überlegen, wie diese Zusammenhänge in der Zukunft genutzt werden könnten. Dabei sollte die Betrachtung nicht allein im mobilen Internet erfolgen, sondern auch klassische Marketingmaßnahmen beinhalten. So ist an bestimmten Orten, die sich als Erfolg versprechend herausgestellt haben, durch beispielsweise eine Plakatwerbung mit Kontaktdetails für Kundennachfragen eine Verknüpfung möglich. Auf diese Weise kann das Marketing dichter an die Bedarfsentwicklung von Kunden heranrücken.

Neben einzelnen Zeit- und Raumkombinationen, die sich im Marketing als erfolgreich gezeigt haben, können auch bestimmte Bewegungsmuster entdeckt werden, die erfolgreich genutzt werden können. So könnte mit den Mobilitätsdaten der Klasse drei etwa eine Tankstelle an passender Stelle auf der Strecke vorgeschlagen werden. Bei solchen Überlegungen könnte das Marketing grundsätzlich mit der Ermittlung von typischen Bedarfspunkten mit Hilfe von Spatial Mining beginnen. Diese werden anschließend durch angepasste Aktionen abgedeckt. Bei der Wahl der Methode zum Abdecken, sprich dem Kommunikationsformat, werden Kundenkosten und Kundennutzen im Modal Mining gegeneinander abgewogen werden müssen. Dabei ist zu untersuchen, wie ein Kunde nach einer Marketingaktion mit der größten Wahrscheinlichkeit auch zu einem Kauf ermuntert werden kann.

Im mobilen Vertrieb kann das analytische mCRM ähnliche Fragestellungen wie im stationären Internet beantworten. So wurde bereits im Internet eine hohe Anzahl von Bestellabbrüchen beobachtet. Die Ursachen waren vielfältig und reichten von einer komplizierten Benutzerführung bis hin zu technischen Problemen.[944] Wegen der hohen Kosten eines mo-

---

943 Vgl. Hippner, Wilde 1998, S. 9.

944 Vgl. A.T. Kearney 2000, S. 8.

bilen Zugangs zum Internet sollten Data Mining-Aktivitäten im Allgemeinen gleich daraufhin ausgelegt werden, Probleme bei den Zugriffen und Kommunikationsversuche auch aus dem mobilen Internet aufzudecken. Dabei sollten Untersuchungen zu einer optimalen Gestaltung der verwendeten Kommunikations-, Informations- und Transaktionsdienste rund um den Vertrieb durchgeführt werden. Durch die Nutzung der Kontextvariablen kann eine Optimierung ausgesprochen individuell ausfallen, was auch wegen der hohen Anzahl unterschiedlicher mobiler Systeme notwendig ist. Zusätzlich sind die Informationen aus dem Vertrieb auch für die Produktentwicklung von Nutzen. Gerade Dienste rund um die Mobilität des Kunden sind dabei an die tatsächlichen Kundenbedürfnisse anzupassen. Zu den bekannten Fragestellungen gehört ebenso wie das Erkennen von Cross- und Upselling-Potenzialen auch eine Kundenbewertung. Bei einer Kundenrückgewinnung (Churn Analyse) können sehr genaue Unterscheidungen vorgenommen werden, da die Situationen und der Kontext untersucht werden können, die den Kundenverlust begleiteten.

Mit dem umfassenden Wissen, das nach einem Kauf in Zusammenhang mit den Kontextvariablen im mobilen Service vorliegt, kann eine große Anzahl von Fragestellungen analysiert werden. Dabei ist es interessant zu erfahren, ob es zu einer Häufung von Anfragen beispielsweise an ein Help Desk, zu bestimmten Uhrzeiten oder von besonderen Orten kommt. Diese Informationen können, falls Häufungen auftreten, zu einer technischen Optimierung eingesetzt werden. Wenn bestimmte Problemzeitpunkte oder Orte erkannt worden sind, können diese Informationen auch zu einer pro-aktiven Service-Gestaltung genutzt werden. Durch das Bereitstellen von zusätzlichen Informationen kann eventuell einer Beschwerde vorgegriffen und so Kundenzufriedenheit gesichert werden.

Grundsätzliche Fragestellungen des Services, die im Rahmen einer Kundenbindung untersucht werden müssen, sind jene nach dem Level und Aufwand des Services, wie zum Beispiel welcher Service-Level nötig ist, um Kunden zu halten oder sie gar zum Weiterempfehlen der Unternehmensleistungen zu bewegen. Auch müssen die Attribute in der Zukunft ermittelt werden, die zu einer positiven Wahrnehmung auf Kundenseite führen.[945]

Die Untersuchungen des analytischen mCRM werden insgesamt, nicht nur im Service, entscheidend bei der Gestaltung des mobilen Internets mitwirken. Durch eine zunehmende Verbreitung mobiler Anwendungen und des mobilen Internets werden bald mobile Kundendaten zur Verfü-

945 Vgl. Zeithaml et al. 1996, S. 44.

gung stehen, mit denen Antworten auf die vorgestellten Fragestellungen in vielen Unternehmen eine Optimierung konkreter Dienste und Leistungen gefunden werden können.

5 Risiken und Ausblick

Innerhalb der gesamten Arbeit ist bereits ein weitreichender Ausblick auf die zukünftigen Entwicklungen des mobilen Internets und für die verschiedenen Bereiche des mCRM gegeben worden. Die aufgezeigten Entwicklungen im mobilen Internet und die daraus resultierende Anpassung der CRM-Systeme ist jedoch weder frei von Gefahren für Unternehmen noch ist die Entwicklung abgeschlossen. Im folgenden Kapitel werden kurz die zukünftigen Entwicklungen des mobilen Internets vorgestellt, soweit sie Einfluss auf die Weiterentwicklung des mCRM haben werden (Abschnitt 5.1). Anschließend werden Gefahren für Unternehmen vorgestellt, die sich aus der Einführung eines mCRM-Systems ergeben (Abschnitt 5.2). In dieser Betrachtung bleiben jene Bereiche innerhalb eines mCRM-Systems ausgeklammert, die bereits in der Ausgestaltung des kommunikativen, operativen und analytischen mCRM besprochen wurden. Abschließend wird die zukünftige Rolle des mCRM bei der Erreichung der CRM-Ziele angerissen (Abschnitt 5.3). Die erwartete, sich weiterentwickelnde Rolle des mCRM, ergibt sich aus der Weiterentwicklung des mobilen Internets und der Gewöhnung der Kunden an dieses Medium.

5.1 Erwartete Entwicklungen im mobilen Internet

Die weitere Entwicklung des mobilen Internets wird durch eine Reihe unterschiedlicher Innovationen geprägt werden, die immer eine Anpassung der Ausgestaltung des mCRM nach sich ziehen werden. So werden zukünftig die physischen Grenzen des Einsatzes von mobilen Endgeräten in Zukunft weiter aufgehoben und werden damit ebenfalls die Entwicklung des mobilen Internets vorantreiben. So könnten beispielsweise wasserfeste und stoßfeste Endgeräte eine mobile Kommunikation in Bereichen ermöglichen, in denen dies bisher nicht denkbar ist.[946] Eine zukünftige Begrenzung wird nicht mehr die verfügbare Übertragungsleistung auf das Endgerät sein, sondern die geistige Aufnahmekapazität des Kunden.[947]

Ein großer Bereich der zukünftigen Entwicklungen wird mit der technischen Verbesserung der Leistungen des mobilen Internets zusammen-

946 Vgl. Schreiber 2000, S. 21.

947 Vgl. Rantzer 2001, S. 3.

hängen. Dadurch werden die Nachteile langsam abgeschwächt.[948] So können sprachgesteuerte Geräte den Mangel einer vollwertigen Tastatur etwas aufwiegen. Eine modulare Gestaltung der Endgeräte könnte weiterhin helfen, Nachteile des mobilen Internets abzubauen und neue Leistungsmöglichkeiten anzubieten. Durch den modularen Anschluss etwa einer Tastatur, einer Kamera oder eines Bildschirms kann die Mobilität von Endgeräten auch bei einer verbesserten Bedienbarkeit weiterhin erhalten bleiben. Ein Kunde würde nur jene Ergänzungen mit sich führen, die er zu einem bestimmten Zeitpunkt benötigt. So wäre beispielsweise denkbar, dass die Tastatur auf einer Art „externen Folie" untergebracht wird. Hierdurch könnte der Transport vereinfacht und das Gewicht reduziert werden. Denkbar sind auch flexible, biegbare Light-Emitting-Polymer (LEP) Displays, die als Licht emittierende Plastikfolie Bildschirme ersetzen können oder in einer Brille eine größere Darstellung ermöglichen.[949] Damit wird das mobile Internet in der Leistungswahrnehmung weiter an das stationäre Internet angenähert werden. Alle technischen Zubehör-Teile müssen aber eine mobile Nutzung unterstützen und sind deswegen in Größe und Gewicht begrenzt. Die auf LEP oder ähnlicher Technologie basierenden Lösungen sollten deswegen zusammengerollt in eine Jackentasche passen.[950] Doch jede größere Art der Darstellung, vor allem mit Hintergrundbeleuchtung, stellt eine zusätzliche Verwendung von Strom dar, die durch Batterien bereitgestellt werden muss. Eine denkbare Alternative wären daher auch Mini-Projektoren.[951]

Neben den Weiterentwicklungen der Hardware werden neue Software und neue Standards die Interaktion zwischen den Menschen und den Endgeräten verändern. Es wird eine Zunahme von Darstellungsmethoden und -systemen sowie Softwarekomponenten erwartet.[952] Wichtig ist dabei speziell die Konvergenz der Software. Software wird zunehmend mit mehr Standards umgehen können.[953] Ein modernes Mobiltelefon kann bereits jetzt Faxe, SMS, Emails und gewöhnliche Telefonate emp-

---

948 Siehe auch Abschnitt 3.4.4 Nachteile des mobilen Internets, S. 128.

949 Vgl. Mattern 2001, S. 107; Link, Schmidt 2002a, S. 136.

950 Vgl. Casonato 2000, S. 14.

951 Bei diesen wird das Bild auf eine kleine Fläche vor dem Auge oder in die Innenseite einer Brille projiziert. Vgl. Wiedmann, Buckler, Buxel 2000, S. 91.

952 Vgl. Nessett 1999, S. 5-6.

953 Dies wird auch als Poly Device and Poly Modal bezeichnet. In diesem Rahmen wird z.B. auch eine spezielle mobiltaugliche Form der Programmiersprache Java entwickelt, die sich AirJava nennt Vgl. dazu Mills 1999, S. 2.

fangen und senden.[954] Begünstigt wird diese Entwicklung durch die Zunahme an Rechen- und Speicherkapazität, die in dem Endgerät eingebaut wird. Geräte werden deswegen nicht mehr über ihre Formate definiert, wie z.B. ein Faxgerät, das nur zum Faxen genutzt werden kann. Es kann vermutet werden, dass es langfristig zu einer vollständigen Loslösung aller Formate kommen wird.[955] So kann mit der Extensive Markup Language (XML) bereits jetzt die Trennung zwischen Inhalt und Darstellungsweise vollzogen werden.[956] Dies wird sich gerade im mobilen Internet bei der Vielzahl von Endgeräten mit zum Beispiel unterschiedlichen Bildschirmen als ausgesprochen nützlich erweisen. Zurzeit wird in den USA von einer Flut von unterschiedlichen Plattformen gesprochen. So geht man davon aus, dass derzeit mehrere hundert Plattformen und Software-Kombinationen auf dem Markt sind.[957] Deswegen werden trotz aller übergreifenden Standards in naher Zukunft noch Kompatibilitäts-Schwierigkeiten vorherrschen.

Eine immer weiter erhöhte Rechnerleistung kann unbegrenzte Einsatzmöglichkeiten für Programme und Anwendungen mit mobilen Endgeräte schaffen.[958] Eine Erhöhung der Nutzbarkeit wird durch intelligente und integrierte Software erreicht, die zusätzliche Möglichkeiten (advanced capabilities) bieten wird. So kann die Bedienung der Endgeräte mit Spracherkennung (Voice Recognition) erfolgen.[959] Sogar eine erweiterte, konfigurierbare Voice-Mail wird es geben.[960]

Für die Zukunft wird es allerdings als Problem betrachtet, dass mobile Anwendungen und Netzwerke noch stark vom jeweiligen Netzbetreiber kontrolliert werden. Das verhindert, anders als im stationären Internet, eine schnelle Verbreitung von allen Potenzialen des Location Based Service (LBS).[961] Erst Openness und Allgegenwärtigkeit kann das wahre

954 Ein solches Endgerät ist der neue Nokia Communicator Nokia 9110, (http://www.nokia.com).

955 Siehe dazu auch Abschnitt 3.1.4.3 Konvergenz der Medienformate, S. 66.

956 Vgl. Bange, Veth 2001b, S. 45-46.

957 Newell, Newell Lemon sprechen von bis zu 800 Kombinationen auf dem US-Amerikanischen Markt. Vgl. Newell, Newell Lemon 2001, S. 40.

958 Nach einer Voraussage von Moore kommt es zu einer Verdoppelung der Rechenleistung in regelmäßigen Abständen. Diese Abstände wurden von Moore langsam von 12 auf 24 Monate 1975 verlängert. Siehe dazu Kurzweil 1999, S. 45.

959 Vgl. MSDW 2000, S. 39.

960 Vgl. Hitzig 1999, S. 132.

961 Vgl. The Economist Technology Quarterly 2003a, S. 19.

Potenzial von LBS entfalten.[962] Damit werden die Anbieter von Übertragungsleistungen in die Pflicht genommen, ihre Netze und ihre Daten auch anderen Unternehmen im Rahmen vertraglicher Regelungen zur Verfügung zu stellen. Gerade bei den neuen, kapazitätsstarken Übertragungsnetzen, wie der dritten Mobilfunkgeneration, wird sich dann eine nicht überschaubare Vielzahl von Anwendungen entwickeln.

Es wird auch angenommen, dass es mit der Entwicklung des mobilen Internets zu einer Verbindung von verschiedenen Netzwerken kommen wird, zu denen auch, aber nicht ausschließlich, das mobile Internet gehören wird. Durch die Konvergenz der Medien wachsen in der Wahrnehmung der Kunden verschiedene Netze, wie das klassische Telefonnetz oder das Kabelfernsehnetz, zusammen. Es werden so *Multi-Networks-Environments* geschaffen.[963] Dieses Verschmelzen des stationären Internets, des Telefonnetzes, der Radio- und Fernsehnetzwerke wird auch als „Supranetz" bezeichnet.[964] In diese Netze können zukünftig auch bisher nicht vernetze Geräte im Haushalt aufgenommen werden. In der Zukunft kann es somit ein „Home-Zone-Computing" geben. Das bedeutet, dass z.B. ein Mobilfunkanbieter auch im Haushalt noch andere Funktionen übernimmt, die durch die weitere Verbindung von technischen Geräten entstehen.[965] Maschinen werden auf diese Weise in der Lage sein, selbständig über preiswerte Kommunikationsmethoden mit anderen Maschinen zu interagieren. Damit ist weniger der Internet-Kühlschrank gemeint, als vielmehr eine mögliche Steuerung von Funktionen im Haus, wie Heizung, Licht und Warmwasserzubereitung. Als weiteres Beispiel gilt das Auto, das zunehmend über mobile Kommunikationstechnologie angeschlossen wird.[966]

Durch das Zusammenwachsen der Netze kommt es, unterstützt durch die Konvergenz der Kommunikations- und Vertriebsmedienformate, auch zu einem Verschwinden der klassischen Trennung zwischen e- und mCommerce. Vielmehr wird in Zukunft von MC-Commerce (Multi-Channel Commerce) gesprochen.[967] Auf diese Entwicklung wird das mCRM langfristig durch eine vollständige Integration des klassischen CRM und eCRM reagieren müssen.

---

962 Vgl. The Economist Technology Quarterly 2003a, S. 19.

963 Vgl. Müller-Veerse et al. 2001, S. 51.

964 Vgl. Hayward et al. 2000, S. 1.

965 Vgl. Clark 2000, S. 52.

966 Vgl. Gershman 2001, S. 2.

967 Vgl. Müller-Veerse et al. 2001, S. 51.

5.2 Gefahren für Unternehmen im mobile CRM

Innerhalb des CRM im Allgemeinen sowie des mCRM im Besonderen gibt es eine Reihe von Gefahren für Unternehmen und negative Effekte für Kunden, die beispielweise als Belästigungs- oder Indiskretionseffekt, Verletzung der Privatsphäre, hohe Kosten und Diskriminierungseffekt vorgestellt wurden.[968] Zu den Gefahren für langsam agierende Unternehmen gehören auch die gestiegenen Erwartungen der Kunden in diesem technologischen Umfeld.[969] Diese Effekte wurden an den jeweiligen Ausgestaltungspunkten innerhalb dieser Arbeit bereits diskutiert.

In diesem Abschnitt werden Gefahren für Unternehmen betrachtet, die nicht in der Ausgestaltung innerhalb eines mCRM-Systems behoben werden können. Diese Bereiche hängen vielmehr mit der Einführung und der Implementierung der mCRM-Lösungen zusammen. Zu diesen gehören Imageschäden, schlechte Publicity, mangelnde Mitarbeiterunterstützung, Umsatzrückgänge oder auch Kosten der Einführungen.

Der Einsatz von CRM ist durch soziale, gesetzliche und ethische Faktoren beschränkt.[970] Nicht alles, was technisch möglich ist, ist auch erlaubt oder moralisch vertretbar. Diese Faktoren beschreiben den Rahmen, in dem sich eine Kundenmanagementstrategie bewegen muss. Die Entwicklung einer solchen Strategie der Kundenbindung ist meist mit Investitionen verbunden, die wiederum wegen der Wirkungsunsicherheit mit Risiken verbunden sind.[971] Grundsätzlich sind die Kosten für die mCRM-Einführung leicht zu erfassen, Ertragssteigerungen und Erfolgsmessungen aber schwierig und oft auch nur über einen längeren Zeitraum zu realisieren.[972] Im Internet hat beispielsweise Lufthansa zu früh ein Online-Buchungssystem eingeführt. Das hat zu einer großen Frustration auf Kundenseite geführt und die Marktposition gefährdet.[973] Solche Fehler sollten unter keinen Umständen erneut gemacht werden. Bei Störungen oder schlecht durchdachten Push-Aktionen über das mobile Internet laufen Unternehmen speziell in den USA Gefahr, mit Klagen auf

---

968 Vgl. Stauss 2002, S. 27-28.

969 Siehe dazu auch Abschnitt 4.1.3 Ziele des mobile CRM für Unternehmen, S. 150.

970 Vgl. Chaffey 2002, S. 330.

971 Vgl. Diller 1996, S. 92.

972 Vgl. Hippner et al. 2002b, S. 19.

973 Vgl. Bachem 2002, S. 497-498.

Schadensersatzforderungen überzogen zu werden. Erste Klagen sind bereits eingereicht worden.[974]

Zu den grundsätzlichen Problemen, die mit einer CRM-Lösung in Zusammenhang gebracht werden, gehören die hohen Kosten einer vollständigen, mehrdimensionalen Marktabdeckung.[975] Eine Gefahr, die ebenfalls mit den neuen Medien in Zusammenhang gebracht wird, ist die der Kanal-Konflikte.[976] Typisch sind dabei Einpreisungsprobleme, wenn ein Produkt oder eine Leistung in einem bestimmten Kanal billiger angeboten wird.[977] Konflikte, die aus der Bereitstellung einer Reihe von Kanälen resultieren, hängen auch mit der Überschneidung von Zielgruppen zusammen, bzw. wenn Kunden anderer Kanäle über neue Kanäle bedient werden sollen.[978] Es ist aber auch möglich, dass die verschiedenen Kanäle unterschiedliche Kunden bedienen oder für Kunden unterschiedliche Vorteile schaffen.[979] Ebenso kann es innerhalb des Distributionssystems zu einem Konflikt kommen, wenn die Funktionen und Rechte der einzelnen Funktionsträger nicht eindeutig definiert sind.[980] Ein Unternehmen muss, sollte es unterschiedliche Angebote in verschiedenen Kanälen machen, exklusive Bereiche festlegen oder die Nutzung der Kanäle verändern, wenn es zu Konflikten und Kundenüberschneidungen kommt.[981]

Dennoch wird beschrieben, dass die „Channel Conflicts" überbewertet wurden.[982] So wurde bei einem Supermarkt beobachtet, dass ca. 75% der Online-Käufer dort auch offline einkauften.[983] Auch im mobilen Internet kann es ein Nebeneinander der Kanäle geben, so dass es nicht zu Konflikten kommen muss. Das hängt mit der ergänzenden Natur des mobilen Internets zusammen, das Grenzen nicht nur innerhalb von Kaufprozessen, sondern auch über Kontaktkanäle hinweg auflösen kann. In diesem Zusammenhang wird auch von einer „Kanal-Desynchronisation"

---

974 Vgl. Whitaker 2001, S. 33.

975 In diesem Zusammenhang wird auch die „3E Falle" genannt, die den Unternehmenswunsch beschreibt, „Everything to Everyone everywhere" zu verkaufen, was mit zu hohen Kosten verbunden sei. Siehe dazu Yulinsky 2000, S. 1.

976 Vgl. van Camp 2001, S. 3.

977 Vgl. van Camp 2001, S. 4.

978 Vgl. Bucklin et al. 1997, S. 38.

979 Vgl. Bucklin et al. 1997, S. 39.

980 Vgl. Kotler, Bliemel 2001, S. 1121.

981 Vgl. Bucklin et al. 1997, S. 41,

982 Vgl. Porter 2001, S. 73.

983 Vgl. Seybold 2001, S. 86.

gesprochen, die Vorgänge bezeichnet, bei denen z.B. ein Produktumtausch in einem Ladenlokal erfolgen kann, obwohl im stationären Internet geordert wurde.[984]

Ein anderer Gefahrenbereich für Unternehmen hängt mit der Einführung der mCRM-Systeme zusammen. So wird von einem häufigen Scheitern von CRM-Projekten geschrieben.[985] Eine besondere Rolle fällt deswegen der Geschäftsführung zu. Management Commitment wird bei CRM-Projekte als besonders wichtig erachtet. Dabei muss es zwischen der Unternehmensleitung und den Mitarbeitern ein gutes Kommunikationsverhalten geben, was auch bedeutet, dass Mitarbeiter in interne Entscheidungsprozesse einzubeziehen sind.[986] Grundsätzlich kommt es bei der Verwendung einer modernen CRM- und Sales Force-Software zu einer Veränderung der Machtverhältnisse innerhalb eines Unternehmens. Es wird vermutet, dass sich durch die Verfügbarkeit der Daten die Macht mehr zum Management und fort vom Vertrieb verschiebt.[987]

Als Grund eines Scheiterns von CRM-Einführungen und CRM-Denken wird unter anderem genannt, dass der Vertriebsmitarbeiter an langfristigen Kundenbindungen nicht so viel verdient wie am schnellen Verkauf.[988] Mitarbeiter eines Unternehmens müssen aber in die Lage versetzt und motiviert werden, sich in ihre Kunden hineinversetzen zu können und sie müssen versuchen, den CRM-Cycle nachzuvollziehen. Als Beispiel sollten Mitarbeiter Zugang zu neuesten Produkt- und Kundeninformationen haben.[989] Mitarbeiterschulungen fallen ebenfalls in diesen Bereich. Auch sind zum Beispiel den Mitarbeitern mehr Entscheidungsbefugnisse einzuräumen.[990]

Ein CRM-System muss immer bis zu einem gewissen Grad von Hand durch Mitarbeiter gepflegt werden. Tun die Mitarbeiter das nicht, ist die Sinnhaftigkeit und der Erfolg des Systems und der Investition infrage gestellt. Außerdem ist die Berücksichtigung und Einbeziehung von Mitarbeitern wichtig, um ungewollte Motivationsverluste, Unzufriedenheit und schlimmstenfalls Abwanderung von betroffenen Mitarbeitern zu

---

984 Vgl. van Camp 2001, S. 4.

985 Vgl. Schutze 2000, S. 57.

986 Vgl. Lasogga 2000, S. 380.

987 Vgl. Speier, Venkatesh 2002, S. 110.

988 Vgl. Hayes 2001, S. 80.

989 Vgl. Lasogga 2000, S. 381.

990 Vgl. Lasogga 2000, S. 380.

verhindern.[991] Die Akzeptanz der Mitarbeiter stellt so einen Kern dar. Nur der „gläserne Kunde“, nicht aber der „gläserne Mitarbeiter“ ist eine strategische Zielsetzung.[992]

Da die Bewertung von Kunden in der Buchhaltung immer noch ausgesprochen schwierig ist, ist es erst recht schwierig, entsprechend die Kundenorientierung der Mitarbeiter und des Unternehmens zu bewerten.[993] Die schwere Messbarkeit der Kundenbindung führt auch zu Problemen der Zuordnungsmöglichkeit von Mitarbeiterleistungen. Bereits beim Kundenbindungsmanagement ist eine Modellierung der Wirkungszusammenhänge, die zu einer verbesserten Bindung führen, nur schwer möglich.[994] Die adäquate Entlohnung der Einzelleistung ist somit problematisch.[995]

Durch die großen Einsatzmöglichkeiten des mobilen Internets werden sich ganz unterschiedliche Unternehmen mit der Mobilität von Kunden auseinandersetzen und versuchen, Lösungen für ihre Kunden zu entwickeln. So werden die meisten Autos in Zukunft mit Systemen ausgestattet sein, die eine mobile Kommunikation unterstützen.[996] Das führt für die Kunden zu dem Problem, dass, obwohl Unternehmen ihr eigenes mCRM umfassend integriert haben, die Systeme nicht über verschiedene Bereiche hinweg funktionieren. So kann es sein, dass das System eines Autoherstellers zwar die Mobilität eines Kunden abdeckt, solange er im Auto sitzt, nicht aber den Zugang zu Buchungssystemen des Öffentlichen Nahverkehrs bereithalten kann. Für den Erfolg des mobilen Internets ist es aus Kundensicht deswegen unerlässlich, dass mCRM-Systeme nicht in sich geschlossen sind, sondern dem Kunden über den einzelnen Kontakt hinweg hilfreich zur Seite stehen können.

---

991 Vgl. Speier, Venkatesh 2002, S. 110; Hippner et al. 2002b, S. 6; Christ, Waser 2000, S. 225.

992 Vgl. Schomaker 2001, S. 156.

993 Vgl. Baker 2002, S. 307; Hippner et al. 2002b, S. 19.

994 Vgl. Diller 1996, S. 92.

995 Vgl. Diller 1996, S. 92.

996 Vgl. Schiller 2000, S. 20.

5.3 Die zukünftige Rolle des mCRM bei der strategischen Zielerreichung

In dieser Arbeit wurde aufgezeigt, wie mCRM ein Unternehmen in der Zukunft bei der Erreichung der Ziele des ursprünglichen CRM unterstützen kann. Durch die Konvergenz der Medien wird in Zukunft die Bedeutung des mCRM bei der Erreichung der CRM-Ziele Langfristigkeit, Individualisierung, Integration und Profitabilität noch weiter zunehmen. Mehr Unternehmen werden CRM prinzipiell nutzen können, da die finanziellen Einstiegshürden für die notwendige Software gesenkt wurden.[997] Während sich diese Arbeit aufgrund der Neuartigkeit des Mediums noch stark mit der Grundlagenentwicklung beschäftigen musste und neue Denkweisen, wie die zu den Mobilitätsdatenklassen, einführen musste, können in Zukunft konkrete Beispiele und Inhalte entwickelt werden, die dem Kunden die gewünschte Bedürfnisbefriedigung verschaffen.

Zukünftig wird eine Individualisierung nur mit mCRM und über moderne Medien wie das mobile Internet umsetzbar sein, da sich zu viele unterschiedliche Handlungs- und Gestaltungsmöglichkeiten auftun, als dass eine Personalisierung anders möglich wäre. Mobile Endgeräte schieben sich dabei zwischen Unternehmen und Kunden. Veränderungen werden in diesem Zusammenhang bei einer Reihe von Gegebenheiten erwartet. Es wird z.B. befürchtet, dass es zu einer „Anspruchsinflation“ auf Kundenseite kommt.[998]

Es wird mittelfristig eine Zunahme der erreichbaren Kommunikationskanäle zu beobachten sein. Diese unterscheiden sich nicht nur in der technischen Ausgestaltung, sondern auch in der Kostenstruktur und Nutzenwahrnehmung von Kunden.[999] Es gibt bisher lediglich eine mangelhafte strategische Ausrichtung der Maßnahmen und Leistungen über alle Kommunikationskanäle im klassischen CRM, was dazu führt, dass CRM häufig nur zum Push-Marketing eingesetzt wird.[1000] Dieses wird in der Zukunft nicht mehr der Fall sein können. Kunden werden eine solche Kommunikationshaltung ablehnen und anfangen, sich davor zu schützen. Ein Beispiel wäre der zunehmende Einsatz von speziellen Fil-

997 Vgl. Wilde et al. 2004, S. 78.

998 Vgl. Heck 2000, S. 150.

999 Vgl. Nessett 1999, S. 5.

1000 Vgl. Stauss, Seidel 2002, S. 11.

tern, um der erwarteten Zunahme von ungewünschter Informationsübermittlung entgegenzuwirken.[1001]

Das mCRM muss sich verstärkt mit der Entwicklung von Inhalten beschäftigen, da mit zunehmender Verwendung der in dieser Arbeit vorgestellten Ideen die verfügbare Aufmerksamkeit der Kunden das entscheidende Kriterium wird. Durch genauere Anpassungen von individuellen Leistungen wird das mCRM negativen Begleiterscheinungen entgegenwirken können.

Durch die Verwendung des mobilen Internets als weiteren Kommunikations- und Vertriebskanal wird das CRM-Ziel der Integration von Kundenkanälen weiter an Bedeutung gewinnen. Dafür müssen neue Systeme und Methoden auf dem alten System aufsetzen, anderenfalls werden Kunden Probleme bei an der Annahme neuer Verfahren haben.[1002] Dabei ist mit den gewonnenen Kundenprofilen aus unterschiedlichen Unternehmensteilen vorsichtig zu verfahren. Zukünftig können Unternehmen deswegen unterschiedliche Kundenprofile zusammenfügen, nämlich einerseits ein sehr genaues für den internen Einsatz, andererseits kann es aber auch sinnvoll sein, ein zweites Profil oder Informationsbruchstücke bereitzuhalten, die bei Bedarf an partnerschaftlich angebundene Unternehmen übermittelt werden.[1003] So werden zukünftig Profile ebenfalls mobil sein und nicht mehr für jedes Unternehmen angelegt werden.[1004]

In der Zukunft wird es auch zu einer zunehmenden Integration von mobilen Standards in bestehende ERP- und SAP-Produkte kommen.[1005] Damit kann das mCRM einfacher in Unternehmen eingeführt werden. Besonders die Integration von Aufenthaltsdaten in Anwendungen wird Systementwickler aber vor große Herausforderungen stellen.[1006] Einer der treibenden Faktoren von CRM-Lösungen wird die Verfügbarkeit von Funktionen in Softwarelösungen und neuen technischen Möglichkeiten werden.[1007]

Durch die verschiedenen Maßnahmen und die Besonderheiten des mCRM kann es zu einer abnehmenden Preissensibilität beim Kunden kommen, was die Profitabilität von Unternehmen durch mCRM weiter

---

1001 Vgl. Nessett 1999, S. 3.

1002 Vgl. Nessett 1999, S. 6.

1003 Vgl. Schmidt 2001, S. 16.

1004 Siehe dazu Thanh et al. 2000, S. 124-126.

1005 Vgl. Holt 1999, S. 26.

1006 Vgl. Noughton 2001, S. 29.

1007 Vgl. Blessing, Görk 2000, S. 109.

erhöhen kann. Andererseits wurde bereits vermutet, dass die Kunden fordern werden, an ihrem Wert zu partizipieren.[1008] Dabei ist eine Balance zwischen diesen beiden Bereichen zu suchen. Grundsätzlich ist zu bedenken, dass nicht alles technisch Machbare auch sinnvoll ist und dass nicht alles Sinnvolle auch wirtschaftlich lukrativ ist.[1009] Das bedeutet, dass Unternehmen, um das CRM-Ziel der Profitabilität von Kundenbeziehungen nicht aus den Augen zu verlieren, sich genau überlegen müssen, welche Maßnahmen für welchen Kunden sinnvoll sind. Die zukünftige Integration von Kundenkanälen und Kundendaten ist auch deswegen unerlässlich, da nur so der Wert einer Kundenbeziehung ermittelt werden kann. Dieser Kundenwert legt den Spielraum für die Individualisierung von Leistungen, der durch Kosten Grenzen gesetzt sein können, fest.

Um dem Ziel der langfristigen Kundenbindung gerecht zu werden, wird die Vertrauensbildung eine entscheidende Rolle einnehmen. Prinzipiell kann es im Unternehmen durch eine gute Kundenbindung auch zu Inflexibilitäten und Trägheit und damit zu einer verlangsamten Anpassung an Marktentwicklungen von Unternehmen kommen.[1010] Dieser Entwicklung ist wegen der steigenden Erwartungen von Kunden an die Leistungserfüllung durch Unternehmen im mobilen Internet durch das mCRM permanent entgegenzuwirken

1008 Vgl. Zobel 2001, S. 57.

1009 Vgl. Geer, Gross 2001, S. 36.

1010 Vgl. Diller 1996, S. 82.

6 Schlussbetrachtung

Das mobile Internet wird im Kundenbeziehungsmanagement, wie vorgestellt, neue Möglichkeiten eröffnen. Dabei sollten Unternehmen über die aktuellen Begrenzungen des Einsatzes von mCommerce hinausdenken. Der Erfolg des mobilen Internets wird genauso wenig vom mCommerce abhängen, wie der Erfolg und die Verbreitung des stationären Internets von der Entwicklung des eCommerce abhing. Der Einsatz der aufgezeigten Schritte des operativen mCRM ist dabei keine optionale Aufgabe, vielmehr macht der Einsatz einer CRM-Strategie die Einbeziehung des mobilen Internets langfristig zwingend notwendig. In dieser Arbeit wurde aufgezeigt, wie ein solches System auszusehen hat. Nur mit einem solchen mCRM werden Unternehmen erreichen können, dass das mobile Internet auch in Zukunft durch ein „always on" und nicht durch „mostly off" geprägt ist und die Unternehmen mit ihren Kunden für beide Seiten Nutzen stiftend mobil interagieren können.

Die verschiedenen Denkrichtungen, die hier vorgestellt werden, werden die in Abbildung 15 aufgezeigte Erwartungslücke nicht sofort schließen können, doch kann mit mCRM die Anpassungsgeschwindigkeit erhöht werden, mit der Unternehmen auch in Zukunft der Entwicklung von Kundenerwartungen folgen werden, bzw. diese antizipieren können.

Es wird die Aufgabe der Zukunft sein, ein Mehrkanalsystem, das das mobile Internet einschließt, zu entwickeln und „mit Leben zu füllen."[1011] Durch die aufgezeigten Möglichkeiten des mobilen Internets wird eine Leistungserstellung, die sich nahtlos an die Bedürfnisse des Kunden anpasst, möglich sein. Deswegen wird, basierend auf den Erfahrungen des stationären Internets, vermutet, dass über mobile Kanäle eine deutlich erweiterte Möglichkeit zur Kundenbindung aufgebaut werden kann.[1012]

1011 Vgl. Schögel, Sauer 2002, S. 31.

1012 Vgl. Reichwald, Schaller 2002, S. 284.

7 Literaturverzeichnis

7.24 Solutions (2001): Commerce goes mobile - A service provider´s guide to navigating opportunity, hype and reality, Toronto u.a.

A.T. Kearney (2000): Satisfying the Experienced On-Line Customer, Global E-Shopping Survey, http://www.atkearney.com/main.taf?site=1&a=5&b=4&c=1&d=14 (Zugriff: 04. März 2001).

Abend, J. M.; Tischmann, C. (2001): Drei Mega-Trends im E-Tailing - Anfang 2000, in: Ringlstetter, M. J. (Hrsg.): Clicks in E-Business – Perspektiven von Start-Ups und etablierten Konzernen, München u.a., S. 61-74.

Abowd, G. D.; Mynatt, E. D. (2000): Charting Past, Present, and Future Research in Ubiquitous Computing, in: ACM Transactions on Computer-Human Interaction, Vol. 7, No. 1, March 2000, S. 29-58.

Achenbach, A. (1999): Datenschutz und Datensicherheit im Internet – Verantwortung und Kontrolle, Hamburg.

Adelsgruber, E.; Schäfer, N.; Tönnies, T. (2002): Das MVNO-Geschäftsmodell – Ohne UMTS Lizenz erfolgreich im Mobilfunkmarkt der 3. Generation, in: Hartmann, D. (Hrsg.): Geschäftprozesse mit Mobile Computing - Konkrete Projekterfahrung, technische Unterstützung, kalkulierbarer Erfolg des Mobile Business, Braunschweig u.a., S. 60-81.

Adhanda Enterprises (2001): CRM Unplugged, Articles from CRM, in: IT toolbox.com http: //www.crmcommunity.com/news/openarticle.asp ?ID=1427 (Zugriff: 20. Februar 2001).

Aebi, R. (1999): Kundenbeziehungen zwischen Management und IT – Kooperation zwischen Management und IT bestimmt das Kundenbeziehungsmanagement, in: IO Management, Nr. 9/1999, S. 48-55.

Akhgar, B.; Siddiqi, J., Foster, M.; Siddiqi, H.; Akhgar, A. (2002): Applying Customer Relationship Management (CRM) in the Mobile Commerce, in: International conference on Mobile Computing, Sponsor by EU (IST) Greece (2002) http://www.mobiforum.org/proceedings/papers/07/7.4.pdf (Zugriff: 15. Januar 2003).

Albers, S. (1999): Was verkauft sich im Internet? – Produkte und Leistungen, in: Albers, S.; Clement, M.; Peters, K.; Skiera, B. (Hrsg.): Ecommerce – Einstieg, Strategie und Umsetzung im Unternehmen, Frankfurt am Main, S. 21-36.

Albers, S.; Becker, J. U. (2001): Individualmarketing im M-Commerce, in: Nicolai, A. T.; Petersmann, T. (Hrsg.): Strategien im M-Commerce: Grundlagen - Management – Geschäftsmodelle, Stuttgart, S. 71-84.

Allen, J. (2001): There It Goes Again: the Rising Bar of Customer Expectations, in: 1to1 Marketer, Iss. Feb. 2001, Pub. Date 03.02.2001 http: //www.1to1.com/Building/ CustomerRelationships/content/contentDetail.jsp? (Zugriff: 03. März 2001).

Anderson, E. W.; Fornell, C.; Lehmann, D. R. (1994): Customer Satisfaction, Market Share, and Profitability: Findings From Sweden, in: Journal of Marketing, Vol. 58, July 1994, S. 53-66.

Ansari, A.; Essegaier, S.; Kohli, R. (2000): Internet Recommendation Systems, in: Journal of Marketing Research, Vol. XXXVII, August 2000, S. 363-375.

Apicella, M. (2001): The ultimate road warrior productivity tool, in: INFOWORD, April 16, 2001, S. 58-59.

Arnold, U.; Eßig, M.; Kemper, H.-G. (2001): Technologische Entwicklungen im mobilen Internet und ihre Rückwirkungen auf die Unternehmensstrategie, in: Nicolai, A. T.; Petersmann, T. (Hrsg.): Strategien im M-Commerce: Grundlagen - Management - Geschäftsmodelle, Stuttgart, S. 101-128.

Ascari, A.; Bonomo, P.; D`Agnese Luca; Perttunen, R. (2000): Mobile Commerce: The next consumer revolution, in: McKinsey Telecommunications, 2000, S. 4-12.

AvantGo Inc. (2001): Onyx Software and AvantGo form a strategic Alliance to deliver mobile Customer Relationship Management (MCRM) Solution, in: AvantGo Press Releases, April 23, 2001 ONYX SOFTWARE, http://www.avantgo.com/news/press/ press_archive/2001/release04_23_01.html (Zugriff: 25. Mai 2002).

Bachem, C. (2002): Anforderungen an eine erfolgreiches Multi-Channel-Management, in: Schögel, M.; Schmidt, I. (Hrsg.): eCRM – mit Informationstechnologien Kundenpotenziale nutzen, Düsseldorf, S. 491-509.

Badrinath, B. R.; Imielinski, T. (1996): Location Management for Networks with Mobile Users, in: Imielinski, T.; Korth, Henry F. (Hrsg.): Mobile Computing, Boston u.a., S. 129-152.

Bager, J. (2001): Das Handy kennt den Weg – Location Based Services machen das Mobiltelefon zum universellen Wegweiser, in: C´t 2001, H. 22, S. 168-170.

Baker; T. (2002): Customer-focused Organisations: Challenges for managers, workers and HR practitioners, in: The Journal of Management Development, Vol. 21, Iss. 3/4, S. 306-314.

Baldwin, H. (2000): The king of CRM, in: Upside (U.S. ed.), Vol. 12, No. 4, S. 154-158.

Bange, C.; Veth, C. (2001a): Personalisierung – Demaskieren Sie Ihre Kunden, in: eCRM profi, 2. Jg., 6/7, S. 12-20.

Bange, C.; Veth, C. (2001b): Architektur, Überblick, Produkte - eCRM durch Web Personalisierung und Web-Mining, in: eCRM profi, 2. Jg., 8/9, S. 44-49.

Barnett, N.; Hodges, S.; Wilshire, M. J. (2000): M-Commerce - An operator's manual, in: The McKinsey Quarterly 2000, No. 3, S. 162-173.

Bauer, H. H.; Grether, M. (2002): CRM - Mehr als nur Hard- und Software, in: Thexis, Jg. 19, Nr. 1, S. 6-9.

BCG - Boston Consulting Group, Inc. (2000): Mobile Commerce - Winning The On-Air Customer, Boston.

Bechtolsheim, von M.; Müller, P.; Kranz, S.; Loth, B. (2001): Travel and Tourism: M-Commerce for the Mobility Business, in: Arthur D. Little View of M-Commerce, Arthur D. Little's publication, S. 93-100, http://www.arthurdlittle.com/services/management_consulting/e-business/articles_list.asp (Zugriff: 31. Juli 2001).

Bensberg, F. (2002a): CRM und Data Mining, in: Ahlert, D.; Becker, J. Knackstedt, R.; Wunderlich, M. (Hrsg.): Customer Relationship im Handel - Strategien, Konzepte, Erfahrungen, Berlin u.a., S. 201-226.

Bensberg, F. (2002b): Informations- und Kommunikationssysteme - Data Mining/Knowledge Discovery in Databases (KDD), http://www.wi.uni-muenster.de/aw/lehre/archiv/iks-13012002p.pdf (Zugriff: 05. April 2003).

Bensberg, F. (2002c): WAP Log Mining als Instrument der Marketingforschung für den Mobile Commerce, in: Silberer, G.; Wohlfahrt, J.; Wilhelm, T. (Hrsg.): Mobile Commerce - Grundlagen, Geschäftsmodelle, Erfolgsfaktoren, Wiesbaden, S. 153-171.

Bensberg, F.; Weiß, T. (1999): Web Log Mining als Marktforschungsinstrument für das World Wide Web, in: Wirtschaftsinformatik, H. 41 (1999), S. 426-432.

Bergqvist, J.; Dahlberg, P.; Fagrell, H.; Redström, J. (1999): Local Awareness and Local Mobility - Exploring Proximity Awareness, http://civ.idc.cs.chalmers.se/publications/1999/proximityawareness.pdf (Zugriff: 21. Juli 2003).

Berry, M; Lindoff, G. (1997): Data mining techniques for marketing, sales and customer support, New York.

Berry, M; Lindoff, G. (2000): Mastering Data Mining, New York.

Bing, J. (2000): Regulation and Self - Regulation in Data Networks: The Role or Rule of Law in the Information Society, in: Wiebe, A. (Hrsg), Regulierung in Datennetzen, Beiträge zu juristischen Informatik, Band 23, Darmstadt, S. 75-85.

Blessing, D.; Görk, M. (2000): Wissen über Kunden und Projekte bei SAP - Ein Kernelement des CRM-Verständnisses, in: Bach, V.; Österle, H. (Hrsg.): Customer Relationship Management in der Praxis: Wege zu kundenzentrierten Lösungen, Berlin u.a., S. 109-134.

Bliemel, F.; Eggert, A. (1998): Kundenbindung aus Kundensicht - Grundlegende Konzeptualisierung und explorative Befunde, in: Kaiserslauterer Schriftenreihe Marketing, H. 4/98, Kaiserslautern.

Bliemel, F.; Fassott, G. (2002): Kundenfokus im Mobile Commerce: Anforderungen der Kunden und Anforderungen an die Kunden, in: Silberer, G.; Wohlfahrt, J.; Wilhelm, T. (Hrsg.): Mobile Commerce - Grundlagen, Geschäftsmodelle, Erfolgsfaktoren, Wiesbaden, S. 3-23.

Böker, D. (2002): Travel- und Expense-Systeme - Mobile Technologien im Geschäftsreisenalltag, in: Hartmann, D. (Hrsg.): Geschäftprozesse mit Mobile Computing - Konkrete Projekterfahrung, technische Unterstützung, kalkulierbarer Erfolg des Mobile Business, Braunschweig u.a., S. 145-153.

Bonato, R. (2000): Was bringt Customer Relationship Management? in: Groupware Magazin, Nr. 1, 2000, S. 44-46.

Bötzow, H.; Brommundt, H. (2000): Vom Massenmarketing zum umfassenden personalisierten Kundenmanagement - CRM-Projekte zeigen beachtliche Erfolgsquoten bei kurzen Amortisationszeiten, in: IO Management, Nr. 5, 2000, S. 68-71.

Brockelmann, K. (2000): Integration der E-Communication in den Customer Relationship Management Prozess am Beispiel des persönlichen Verkaufs, in: Thexis, Jg. 17, Nr. 3, S. 41-45.

Brown, L.; Pritchard, A.; Szczech, B. (2000): eCRM*Live* - Making your customers love you best. PriceWaterhouseCoopers Publications, http://www.pwcglobal.com/fr/ pwc_pdf/pwc_ecrm_live.pdf (Zugriff: 01. März 2001).

Bruhn, M. (1999): Kundenorientierung - Bausteine eines exzellenten Unternehmens, München.

Bruhn, M. (2001): Relationship Marketing - Das Management von Kundenbeziehungen, München.

Buchholz, R. A.; Rosenthal, S. B. (2002): Internet privacy: Individual rights and the common good, in: S.A.M. Advanced Management Journal, Vol. 67, Iss. 1, S. 34-40.

Buckler, F.; Buxel, H. (2000): Mobile Commerce Report. Metafacts Research, März 2000, http: //www.profit-station.de/metafacts/presse/M-Commerce.htm (Zugriff: 14. Januar 2001).

Buck-Emden, R., Saddei, D. (2003): Informationstechnologische Perspektiven von CRM, in: Bruhn, M.; Homburg, C. (Hrsg.): Handbuch Kundenbindungsmanagement - Strategien und Instrumente für ein erfolgreiches CRM, 4. überarb. und erw. Aufl., Wiesbaden, S. 482-504.

Bucklin, C. B.; Thomas-Graham, P. A.; Webster, E. A. (1997): Channel conflict: When is it dangerous? in: The McKinsey Quarterly 1997, No. 3, S. 36-43.

Büllingen, F.; Wörter, M. (2000): Entwicklungsperspektiven, Unternehmensstrategien und Anwendungsfelder im Mobile Commerce. Wissenschaftliches Institut für Kommunikationsdienste, Diskussionsbeitrag Nr. 208, Nov. 2000, Bad Honnef.

Burkhard, J.; Henn, H.; Hepper, S.; Rindtorff, K.; Schöck, T. (2001): Pervasive Computing, München u.a.

Casonato, R.; Dulaney, K. Egan, R.; Jones, N. et al. (2000): Gartner´s 2000 Glossary of Mobile and Wireless Terms, in: Strategic Analysis Report, R-11-7319, Stamford u.a.

Ceyp, M. H. (2002): Potenziale des Web Mining für das Dialog Marketing, in: Schögel, M.; Schmidt, I. (Hrsg.): eCRM - mit Informationstechnologien Kundenpotenziale nutzen, Düsseldorf, S. 105-125.

Chaffey, D. (2002): E-business and e-commerce management: Strategy, management, and applications, Harlow.

Charters, D. (2002): Electronic monitoring and privacy issues in business-marketing: The ethics of the DoubleClick experience, in: Journal of Business Ethics, Vol. 35, Iss. 4, S. 243-254.

Chiem, P. X. (2001): Wireless CRM starting to support sales forces, in: B to B, Feb. 19 2001. Vol. 86, Iss. 4, S. 29.

Chlond, B.; Manz, W. (2001): INVERMO - Datengrundlagen zur Simulation, in: Zumkeller, D. (Hrsg.): Arbeitsberichte des Instituts für Verkehrswesen, Universität Karlsruhe (TH), IfV - Report Nr. 01-1 2001, Karlsruhe.

Christ, O.; Juschkus, M. (2001): Content-Management eines Multikanal-Kundenportals, in: IO Management Nr. 7/8 2001, S. 66-71.

Christ, O.; Waser, P. (2000): Realisierung einer Customer Interaction Centers bei der Swisscom AG, in: Bach, V.; Österle, H. (Hrsg.): Customer Relationship Management in der Praxis: Wege zu kundenzentrierten Lösungen. Berlin u.a., S. 213-226.

Clark, G. (2000): Home is where the heart is, in: Telephony, Vol. 238, Iss. 7, S. 52-56.

Clark, K. (2001): The Future of Marketing in a Wireless World, in: Newell, F.; Newell Lemon, K. (Hrsg.): Wireless rules - New Marketing strategies for customer relationship management anytime, anywhere. New York u.a., S. 176-184.

Cohen, S. (2001): Chief privacy officers, in: Risk Management, Vol. 48, Iss. 7, S. 9.

Cooley, R.; Mobasher, B.; Srivastava, J. (1997): Web Mining: Information and Pattern Discovery on the World Wide Web, in: Proceedings, 9th IEEE International Conference on Tools with Artificial Intelligence, Newport Beach, S. 558-567.

Couderc, P.; Kermarrec, A.-M. (1999): Enabling context-awareness from network-level location tracking, in: Proceedings of First International Symposium on Handheld and Ubiquitous Computing, HUC'99, Karlsruhe, Germany, September 1999, Berlin u.a., S. 67-73.

Coursey, D. L.; Mason, C. F. (1987): Investigations Concerning The Dynamics Of Consumer Behavior, in: Economic Inquiry, Oct. 1987, Vol. 25, Iss. 4, S. 549-564.

Court, D. C.; Forsyth, J. E.; Kelly, G. C.; Loch, M. A. (1999): The New Rules of Branding - Building Strong Brands Faster, in: McKinsey Marketing Practice, McKinsey, White Paper, Fall 1999, S. 13-22.

Court, D. C.; McLaughlin, K.; Halsall, C. (2000): Marketing Spending Effectiveness, in: McKinsey Marketing Practice, S. 1-24.

Cox, D. C. (1999): Wireless Personal Communications: A Perspective, in: Gibson, J. D. (Hrsg.): Mobile Communications Handbook, 2. Aufl., Boca Raton u.a., Kapitel 15, S. 1-49.

Curasi, C. F.; Kennedy, K. N. (2002): From prisoners to spostles: a typology of repeat buyers and loyal customers in the service business, in: The Journal of Services Marketing, Vol. 16, Iss. 4, S. 322-341.

Curry, J.; Curry, A. (2000): The Customer marketing method: How to implement and profit from customer relationship management, New York.

Dalton, G. (1998): Privacy law worries U.S. businesses, in: Informationweek, Oct. 26, 1998, Iss. 706, S. 26.

Darrow, R.; Harding, A. R. (2000): The wireless Web: Does the emperor have no clothes? in: Telecommunications, Vol. 34, Iss. 9, S. 39-40.

Davis, W. (2001): Touchdown for public access WLANs, in: Telecommunications Magazine, July, 2001, S. 20-24.

Day, R.; Daly, J.; Sheedy, T.; Christiansen, C. (2000): Widening Your Secure eBusiness to Wireless, IDC White Paper, Framingham.

Dey, A. K. (2001): Understanding and Using Context, in: Personal and Ubiquitous Computing, Special issue on Situated Interaction and Ubiquitous Computing, 5 (1), 2001, S. 4-7, http: //www.cc.gatech.edu/fce/ctk/pubs/PeTe5-1.pdf (Zugriff: 15. April 2003).

Dey, A. K.; Abowd, G. D. (2000): Towards a Better Understanding of Context and Context-Awareness, in: Proceedings of the CHI 2000 Workshop on The What, Who, Where, When, and How of Context-Awareness, The Hague, Netherlands, April 1-6, 2000, ftp: //ftp.cc.gatech.edu/pub/gvu/tr/1999/99-22.pdf (Zugriff: 15. April 2003).

Dichtl, E.; Schneider, W. (1994): Kundenzufriedenheit im Zeitalter des Beziehungsmanagement, in: Thexis, Jg. 11, S. 6-13.

Diller, H. (1991): Entwicklungstrends und Forschungsfelder der Marketingorganisation, in: Marketing, H. 3, 1991, Vol. 13, S. 156-163.

Diller, H. (1996): Kundenbindung als Marketingziel, in: Marketing ZFP, 18. Jg., 1996, Nr. 2, 2. Quartal, S. 81-94.

Diller, H. (2001): Die Erfolgsaussichten des Beziehungsmarketing im Internet, in: Eggert, A.; Fassott, G. (Hrsg.): Electronic Customer Relationship Management - Management der Kundenbeziehungen im Internet-Zeitalter, Stuttgart, S. 65-85.

Dornan, A. (2001): The Essential Guide to Wireless Communications Applications - From Cellular Systems to WAP and M-Commerce, Upper Saddle River.

Eckhardt, J. (2001): Mehr Service und mehr Überwachung - Datenschutz bei Location Based Services, in: c't 22-01, S. 178-180.

Eggert, A. (2001): Konzeptionelle Grundlagen des Kundenbeziehungsmanagements, in: Eggert, A.; Fassott, G. (Hrsg.): Electronic Customer Relationship Management - Management der Kundenbeziehungen im Internet-Zeitalter, Stuttgart, S. 87-106.

Ehrhardt, J. (2002): Intelligente Beweglichkeit - Über den richtigen Umgang mit der Tripel-Mobilität beim Aufbau einer dynamischen Unternehmenskultur, in: Gora, W.; Röttger-Gerigk, S. (Hrsg.): Handbuch Mobile-Commerce, Berlin u.a., S. 115-124.

Eifert, D.; Pippow, I. (2001): Erfolgswirkungen von One-to-One Marketing - Eine empirische Analyse, in: Buhl, H. U.; Huther, A.; Reitwiesner, B. (Hrsg): Information Age Economy, 5te Internationale Tagung Wirtschaftsinformatik 2001, Heidelberg, S. 265-278. http: //www.iig.uni-freiburg.de/~pippow/Download/EiPi2001.pdf (Zugriff: 10. April 2003).

Elliott, R. (2002): Wireless Information Management, in: Information Management Journal, Sep./Oct. 2002. Vol. 36, Iss. 5, S. 62-68.

Englbrecht, A.; Hippner, H; Wilde, K. D. (2002): Personalisierung im Internet: Weiterer Weg zur Best Practice, in: absatzwirtschaft, Nr. 10/2002, 45. Jg., S. 116-120.

Englert, R.; Rosendahl, T. (2000): Customer Self Service, in: Weiber, R. (Hrsg.): Handbuch Electronic Business - Informationstechnologien - Electronic Commerce- Geschäftsprozesse, Wiesbaden, S. 317-329.

Ennigrou, E. (2002): mySAP mobile Business - Strategie, Applikationen und Technologie, in: Hartmann, D. (Hrsg.): Geschäftprozesse mit Mobile Computing - Konkrete Projekterfahrung, technische Unterstützung, kalkulierbarer Erfolg des Mobile Business, Braunschweig u.a., S. 229-250.

Ericsson Consulting (2000): Market Study UMTS - Perspectives and Potentials, Network Operators and Service Providers, Düsseldorf.

Erwig, M.; Güting, R. H.; Schneider, M.; Vazirgiannis, M. (1999): Spatio-Temporal Data Types: An Approach to Modeling and Querying Moving Objects in Databases, in: GeoInformatica 3: 3 (1999), S. 269-296.

Erwig, M.; Güting, R. H.; Schneider, M; Vazirgiannis, M. (1998): Abstract and Discrete Modeling of Spatio-Temporal Data Types, in: Laurini, R.; Makki, K.; Pissinou, N. (Hrsg.): ACM-GIS '98, Proceedings of the 6th international symposium on Advances in Geographic Information Systems, November 6-7, 1998, Washington, DC, USA, ACM 1998, S. 131-136.

Espinoza, F.; Persson, P.; Sandin, A.; Nyström, H.; Cacciatore, E.; Byland, M. (2001): GeoNotes: Social and Navigational Aspects of Location-Based Information Systems, in: Abowd, G. D.; Brumitt, B.; Shafer, S. (Hrsg.): Ubicomp 2001: Ubiquitous Computing, Proceedings International Conference Atlanta, Georgia, Sep. 2001, Berlin u.a., S. 2-17.

Europäische Kommission (1997): Ein Schritt in Richtung Informationsgesellschaft, in: Grünbuch zur Konvergenz der Branchen Telekommunikation, Medien und Informationstechnologie und ihren Ordnungspolitischen Auswirkungen, KOM-(97) 623, 3. Dez., Brüssel.

Faber, J. M. (1999): Mobile Entertainment: Best Bet for Future Profits? in: Arthur D. Little View of M-Commerce, Arthur D. Little's publication, S. 45-50 http://www.arthurdlittle.com/services/management_consulting/e-business/articles_ list.asp (Zugriff: 31. Juli 2001).

Fahlman, S. E. (2002): Technical forum, in: IBM Systems Journal, Armonk: 2002. Vol. 41, Iss. 4, S. 759-766.

Fassott, G. (2001): eCRM - Instrumente: Ein beziehungsorientierter Überblick, in: Eggert, A.; Fassott, G. (Hrsg.): Electronic Customer Relationship Management - Management der Kundenbeziehungen im Internet-Zeitalter, Stuttgart, S. 131-157.

Ferguson, K. G. (2001): Caller ID - Whose Privacy Is It, Anyway? in: Journal of Business Ethics, 2001, Vol. 29, S. 227-237.

Ferscha, A.; Vogl, S.; Beer, W. (2000): Ubiquitous Context Sensing in Wireless Environments, in: Papers at the 4th DAPSYS (Austrian-Hungarian Workshop on Distributed and Parallel Systems), 2002, http: //www.ssw.uni-linz.ac.at/Research/Papers/ DapSys2002/dapsys.pdf (Zugriff: 18. Juni 2003).

Fischer, M.; Herrmann, A.; Huber, F. (2001): Return on Customer Satisfaction - Wie rentabel sind Maßnahmen zur Steigerung der Zufriedenheit, in: ZfB, 71. Jg., 2001, H. 10, S. 1161-1190.

Flinton, M. (2002): A Heavenly View of the Customer with Technology, CRM guru, Real CRM. Real Gurus. Real Answers, in: http://www.crmguru.com/features/2002b/ 0829mf.html (Zugriff: 09. September 2003).

Forman, G. H.; Zahorjan, J. (1994): The Challenges of Mobile Computing. Ursprünglich in: Computer 27 (4), April 1994 S. 38-47. Abgedruckt in: Milojicic, D.; Douglis, F.; Wheeler, R. (1999): Mobility - Process, Computers and Agents 1999, Reading, S. 271-285.

Fournier, S.;, Dobsha, S.; Mick, G. (1998): Preventing the Premature Death of Relationship Marketing, in: Harvard Business Review, Vol. 76, Jan./Feb. 1998, Boston, S. 42-51.

Franzak, F.; Pitta, D.; Frische, S. (2001): Online relationship and the consumer´s right to privacy, in: Journal of Consumer Marketing, Vol. 18, No. 7, 2001, S. 631-641.

Frey, P. (2000): Mit dem Handy auf der Jagd nach Schnäppchen, in: Welt 1.12.2000,http://www.welt.de/daten/2000/12/01/1201 (Zugriff: 3. März 2001).

Frielitz, C.; Hippner, H.; M.; Wilde, K. D. (2002b): Aufbau und Funktionalitäten von E-CRM-Systemen, in: Schögel, M.; Schmidt, I. (Hrsg.): eCRM – mit Informationstechnologien Kundenpotenziale nutzen, Düsseldorf, S. 685-714.

Frielitz, C.; Hippner, H.; Wilde, K. D. (2002a): eCRM als Erfolgsbasis für Kundenbindung im Internet, in: Bruhn, M.; Stauss, B. (Hrsg.): Electronic Services - Dienstleistungsmanagement Jahrbuch 2002, Wiesbaden, S. 537-562.

Fritsch D. (1999): Virtual cities and landscape models - what has photogrammetry to offer? in: Photogrammetric Week '99, Wichmann, 1999, S. 3-14, http: //www.ifp.uni-stuttgart.de/publications/phowo99/fritsch.pdf (Zugriff: 1. August 2002).

Gaedke, M.; Beigl, M.; Gellersen, H.-W.; Segor, C. (1999): Web Content Delivery to Heterogeneous Mobile Platforms, in: Kambayashi, Y., Lee, D. L.; Lim, E.-P.; Mohania, M. K.; Masunaga, Y. (Hrsg.): Advances in Database Technologies, Proceedings ER´98, Singapore Nov. 19-20, 1998, Berlin u.a., S. 205-217.

Galinowski, J. (2003): Kampfansage an Spam-Versender, in: Die Welt, 2. April 2003, S. 16.

Gantz, J. (2000): Mobile commerce: A mirage? Or a megatrend? in: Computerworld, Vol. 34, Iss. 43, S. 33.

Gasenzer, R. (2001): Mobile Commerce and Location Based Services: Positionsbasierte Leistungsangebote für den mobilen Handel, in: HTA Biel - Competence Center E-Commerce (CCEC), Abdruck aus HMD – Praxis der Wirtschaftsinformatik Nr. 8/2001, H. 220, http: //enigma.hta-bi.bfh.ch (Zugriff: 12. Januar 2003).

Geer, R.; Gross, R. (2001): M-Commerce: Geschäftsmodelle für das mobile Internet, Landsberg/Lech.

Gentsch, P. (2002): Kundengewinnung und – bindung im Internet: Möglichkeiten und Grenzen des analytischen E-CRM, in: Schögel, M.; Schmidt, I. (Hrsg.): eCRM – mit Informationstechnologien Kundenpotenziale nutzen, Düsseldorf, S. 151-180.

Gershman, A. (2001): Emerging Customer Relationship – From the Woodwork and Elsewhere, in: CRM Project, http://www.crmproject.com/login.asp?s_id=221&d_ID=781 (Zugriff: 21. November 2001).

Giddens, A. (1993): Sociology, 2nd Ed., Cambridge.

Gieske, R. (2000): CRM –Die Kunst, den Kunden nicht zu Tode zu lieben, in: Database Marketing, Januar - März, 1/2000, S. 5-8.

Gilbert, A. L.; Kendall, J. D. (2003): A Marketing Model for Mobile Wireless Services, in: Conference Papers, 36th Annual Hawaii International Conference on System Sciences (HICSS'03) - January 06 - 09, 2003 http://www.quino.net/PID7279.pdf (Zugriff: 23. Mai 2003).

Glückstein, A.; Schuster, M. (2001): Jfax – Unified Messaging als integrierte Kommunikationsplattform, in: Ringlstetter, M. J. (Hrsg.): Clicks in E-Business – Perspektiven von Start-Ups und etablierten Konzernen, München u.a., S. 151-169.

Gneiting, S. (2000): I-mode – das Pendant zu WAP, in: Funkschau, Nr. 16, Jg. 72, S. 48-49.

Godin, S. (1999): Permission Marketing: Turning Strangers into Friends, and Friends in to Customers, New York.

Godin, S. (2000): Unleashing the Ideavirus, New York, http: //www.ideavirus.com (Zugriff: 12. April 2002).

Gold, S. (1999): Transparenter Schutz der Aufenthaltsinformationen in Mobilfunknetzen, Hamburg.

Goodman, D. J. (1997): Wireless Personal Communications Systems, Reading u.a.

Goriss, R. (2001): Bei Anruf PIN - M-Payment ist eine der zentralen Funktionen innerhalb des M-Commerce, in: e-commerce magazin, H. 4, 2001, S. 90-92.

Göttgens, O.; Zweigle, T. (2001): Studie: mCommerce mit UMTS - UMTS und seine Bedeutung für Brand Management und CRM, in: BBDO Consulting Studien, http://www.bbdo-interone.de/de/home/studien.Par.0013.Link1Download.tmp/umts.pdf (Zugriff: 12. August 2002).

Graf, T.; Schuler, C. F. (2001): Mobile Commerce - Bei WAP-Projekten zählt nicht dabei sein, sondern der Inhalt, in: VB Versicherungsbetriebe H. 2, 31. Jg. April 2001, S. 40-42.

Granger, V.; Huggins, K. (2000): Wireless Internet - More than Voice: The Opportunity and the Issues, Merrill Lynch & Co, In-depth Report, London.

Gregory, S. S. (2000): Alliance Advances Mobile CRM Apps, in: CRM Daily.com, ECT News Network, Dec. 04.2000, http://www.crmdaily.com/perl/printer/5662/ (Zugriff: 4. Juli 2001).

Greisiger, M. (2001): Securing privacy, in: Risk Management, Vol. 48, Iss. 10, S. 14-19.

Greve, S. R. (2002): M-Commerce - Wir werden das Sprechn nicht verlernen, in: Hartmann, D. (Hrsg.): Geschäftprozesse mit Mobile Computing - Konkrete Projekterfahrung, technische Unterstützung, kalkulierbarer Erfolg des Mobile Business, Braunschweig u.a., S. 106-125.

Grygo, E. (2000): Giving voice to far-flung transactions, in: InfoWorld, Vol. 22, Iss. 47, S. 34.

Güc, A. (2001): Völlig losgelöst - drahtlose Kundenpflege - Mobiles CRM, in: CallCenter - das Magazin für Call Center, E-Marketing und CRM, H. 6/2001, S. 48-51.

Hamano, T.; Takakura, H.; Kambayashi, Y. (1999): A Dynamic Navigation System Based on User's Geographical Situation, in: Kambayashi, Y., Lee, D. L.; Lim, E.-P.; Mohania, M. K.; Masunaga, Y. (Hrsg.): Advances in Database Technologies, Proceedings ER´98, Singapore, Nov. 19-20, 1998, Berlin u.a., S. 368-380.

Hamblen, M. (2000): Ensuring Portable Privacy - Banks, retailers and airlines face the `opt-in´ issue and other challenges, in: Computerworld, Dec. 11/2000, S. 46-50.

Hamilton, E. (2000): Value Chain in the Wireless Portals Area, in: Cellular Telecommunications & Internet Association, Value Chain in Wireless Portals: Session B1, http://www.wow-com.com/ (Zugriff: 14. Mai 2002).

Hanson, W. A. (2000): Principles of Internet Marketing, Cincinnati.

Harding, D.; Bewsher, D. (2001): Harnessing the Power of E-Mail - How to Get Real Impact from Online Communications, in: McKinsey, Marketing Practice, McKinsey Marketing Solutions 02/2001, Service Line: Multichannel. http: //www.mckinsey.com/ practices/retail/knowledge/articles/powerofemail.pdf (Zugriff: 4. Juli 2002).

Hartmann, D. (2002) (Hrsg.): Geschäftprozesse mit Mobile Computing - Konkrete Projekterfahrung, technische Unterstützung, kalkulierbarer Erfolg des Mobile Business, Braunschweig u.a.

Hayes, F. (2001): Know the Territory, in: Computerworld, http: //www. computerworld.com/industrytopics/retail/story/0,10801,58922,00.html (Zugriff: 8. März 2002).

Hayward, S.; Dulany, K.; Egan, R.; Plummer, D.; Deighton, N.; Reynolds, M. (2000): Beyond the Internet: The "Supranet", in: GartnerGroup, Research Note COM-11-4753, 11. Sep. 2000.

Heck, K. (2000): Ganzheitliches Customer Relationship bei der Direkt Anlage Bank AG, in: Bach, V.; Österle, H. (Hrsg.): Customer Relationship Management in der Praxis: Wege zu kundenzentrierten Lösungen, Berlin u.a., S. 135-152.

Henning, T. (1996): Beziehungsqualität: Kundenzufriedenheit und mehr im Zentrum des Beziehungsmarketing, in: Marktforschung & Marketing, 40. Jg, Nr. 4, S. 142-148.

Herrmann, A.; Huber, F.; Braunstein, C. (2000): Kundenzufriedenheit garantiert nicht immer mehr Gewinn, in: Harvard Business Manager, 1/2000, 22. Jg., S. 45-55.

Herrmann, A.; Johnson, M. D. (1999): Die Kundenzufriedenheit als Bestimmungsfaktor der Kundenbindung, in: zfbf 51, 6/1999, S. 579-598.

Hess, T.; Rawolle, J. (2001): Mobile Commerce in der Medienindustrie - eine erste Bestandsaufnahme, in: Eggers, B.; Hoppen, G. (Hrsg.): Strategisches E-Commerce Management, Wiesbaden, S. 643-670.

Hinrichs, C.; Lippert, I. (2002): Kosten und Wirkungen mobiler Werbung, in: Silberer, G.; Wohlfahrt, J.; Wilhelm, T. (Hrsg.): Mobile Commerce - Grundlagen, Geschäftsmodelle, Erfolgsfaktoren, Wiesbaden, S. 265-278.

Hippner, H.; Leber, M.; Wilde, K. D. (2002a): Kundendatenbanken als strategischer Erfolgsfaktor im Kundenbeziehungsmanagement, in: Positionspapier 3/2002, Lehrstuhl für ABWL und Wirtschaftsinformatik, Katholische Universität Eichstätt-Ingolstadt.

Hippner, H.; Martin, S.; Wilde, K. D. (2002b): Customer Relationship Management - Stratgie und Realisierung, in: Positionspapier 1/2002, Lehrstuhl für ABWL und Wirtschaftsinformatik, Katholische Universität Eichstätt-Ingolstadt.

Hippner, H.; Merzenich, M.; Wilde, K. D. (2002c): Die Zeit der Datengräber, in: absatzwirtschaft, Nr. 7/2002, 45. Jg., S. 88-89.

Hippner, H.; Merzenich, M.; Wilde, K. D. (2002d): Web Mining im E-CRM, in: Schögel, M.; Schmidt, I. (Hrsg.): eCRM - mit Informationstechnologien Kundenpotenziale nutzen, Düsseldorf, S. 87-104.

Hippner, H.; Merzenich, M.; Wilde, K. D. (2002e): Grundlagen des Web Mining - Prozess, Methoden und praktischer Einsatz, in: Hippner, H.; Merzenich, M.; Wilde, K. D. (Hrsg.): Handbuch Web Mining im Marketing - Konzepte, Systeme, Fallstudien, Wiesbaden, S. 3-31.

Hippner, H.; Wilde, K. D. (1998): Database Marketing - Von Ad-Hoc-Direktmarketing zum kundenindividuellen Marketing-Mix, in: Marktforschung und Management, Nr. 1/1998, S. 6-10.

Hippner, H.; Wilde, K. D. (2001a): CRM - Ein Überblick, in: Helmke, S.; Dangelmaier, W. (Hrsg.): Effektives Customer Relationship Management: Instrumente - Einführungskonzepte - Organisation. Wiesbaden, S. 3-37.

Hippner, H.; Wilde, K. D. (2001b): Data Mining im CRM, in: Helmke, S.; Dangelmaier, W. (Hrsg.): Effektives Customer Relationship Management: Instrumente - Einführungskonzepte - Organisation. Wiesbaden, S. 212-231.

Hippner, H.; Wilde, K. D. (2003): Informationstechnologische Grundlagen der Kundenbindung, in: Bruhn, M.; Homburg, C. (Hrsg.): Handbuch Kundenbindungsmanagement - Strategien und Instrumente für ein erfolgreiches CRM, 4. überarb. und erw. Aufl., Wiesbaden, S. 451-480.

Hirsh, H.; Basu, C.; Davison, B. D. (2000): Learning to Personalize, in: Communications of the ACM, Aug. 2000, No. 8, Vol 43, S. 102-106.

Hitzig, A. (1999): Wireless Application Protocol - Drahtlos surfen mit Volldampf, in: IX Magazin für professionelle Informationstechnik, H. 10 Oktober 1999, S. 128-132.

Hoffmann, A.; Zilch, A. (2000): Unternehmensstrategie nach dem E-Business-Hype - Geschäftsziele, Wertschöpfung, Return on Investment, Bonn.

Hoffmann, D. (2000a): Kommunikationstechniken wie UMTS verändern Geschäftsprozesse - Der Kunde macht mobil, in: eCRM profi, 1. Jg., 10/2000, S. 40-43.

Hoffmann, D. (2000b): So optimieren Sie Ihre Kundenkontakte - Gezielt kleckern, statt klotzen, in: eCRM profi, 1. Jg., 12/2000, S. 36-39.

Hohl, F.; Kubach, U.; Leonhardi, A.; Rothermel, K.; Schwehm, M. (1999): Nexus - An Open Global Infrastructure for Spatial-Aware Applications, http://elib.uni-stuttgart.de/opus/volltexte/1999/428/pdf/428_1.pdf (Zugriff: 15. April 2003).

Holt, S (1999): SAP redraws front-office product plans, in: InfoWorld, Jul. 5, Vol 21, Iss 27, S. 26.

Homann, K.; Blome-Drees, F. (1992): Wirtschafts- und Unternehmensethik, Göttingen.

Homburg, C.; Fassnacht, M. (1997): Kundennähe, Kundenzufriedenheit und Kundenbindung bei Dienstleistungsunternehmen, in: Bruhn, M.; Meffert, H. (Hrsg.): Handbuch Dienstleistungsmanagement - Von der strategischen Konzeption zur praktischen Umsetzung, S. 405- 428.

Homburg, C.; Krohner, H. (2003): Marketingmanagement - Strategie - Instrumente, Umsetzung, Unternehmensführung, Wiesbaden.

Homburg, C.; Schenkel, B. (2003): Industrielle Dienstleistungen - nur durch systematisches Management ein Erfolg, in: Service Today, H. 5/03, 17. Jg., S. 11-13.

Homburg, C.; Sieben, F. G. (2000): Customer Relationship Management - Strategische Ausrichtung statt IT-getriebenem Aktivismus, in: Institut für Marktorientierte Unternehmensführung, Reihe: Management Know-How, Nr. M 52, Mannheim.

Horstmann, R. (1998): Führt Kundenzufriedenheit zur Kundenbindung? in: Absatzwirtschaft, 41. Jg., Nr. 9/98, S. 90-94.

Horx, M. (2001): Arbeit, Freizeit und Leben in der mobilen Kommunikationsgesellschaft des 21. Jahrhunderts, in: Lamprecht, R. (Hrsg.): Mobile Kommunikation - Wirklich und Vision einer technischen Revolution, Frankfurt am Main, S. 101-151.

Howard, M.; Sontag, C. S. (1999): Bringing the Internet to all Electronic Devices, in: Proceedings of the Embedded Systems Workshop, Cambridge, Massachusetts, USA, March 29-31, 1999, http: //www.usenix.org/events/es99/full_papers/howard/howard.pdf (Zugriff: 27. Juni 2002).

Hoyle de la, S. (2000): Targeting the customer, in: Telecommunications, Vol. 24, Iss. 4, S. 107-108.

Hubschneider, M. (2001): Location Based Services: Eine Killerapplication für UMTS? in: Rossbach, G. (Hrsg.): Mobile Internet - Deutscher Internet Kongress Karlsruhe 2001, Heidelberg, S. 43-57.

IDC (2001): Worldwide CRM Services Market Forecast and Analysis. 1999 - 2004 - Excerpt from the executive summary, http: //www.idc.com/store/free/forms/OK/SVcrm00-11-20_ok.htm (Zugriff: 02. April 2001).

IZT (Institut für Zukunftsstudien und Technologiebewertung), SFZ (Sekretariat für Zukunftsforschung), IAT (Institut Arbeit und Technik) (2001): Entwicklung und zukünftige Bedeutung mobiler Multimediadienste, Werkstatt Bericht Nr. 49, IZT, Berlin.

Jackson, C. (2001): Capitalizing on mCRM Today, in: http://www.digitrends.net/ scripts/print_page.asp (Zugriff: 26. Mai 2002).

Janetzko, D. (1999): Statistische Anwendungen im Internet - Daten in Netzumgebungen erheben, auswerten und präsentieren, München.

Johnson, D. G. (1997): Ethics online, in: Association for Computing Machinery - Communications of the ACM, Vol. 40, Iss. 1, S. 60-65.

Jost, A. (1999): Kundenmanagementsteuerung - Erweiterung der Vertriebssteuerung im Rahmen umfassender Systeme, in: Bliemel, F.; Fassott, G.; Theobald, A. (Hrsg.): Electronic Commerce: Herausforderungen - Anwendungen - Perspektiven, 2. überarb. und erw. Aufl. Wiesbaden, S. 403-420.

Kannan, P. K.; Chang, A.-M.; Whinston, A. B. (2001): Wireless Commerce: Marketing Issues and Possibilities, in: Proc. of the 34th Hawaii International Conference on System Sciences - 2001, HICSS34, Jan. 2001, http: //www.computer.org/ Proceedings/hicss/0981/volume%209/09819012.pdf (Zugriff: 8. August 2001).

Karcher, H. B. (2001): E-Geld für Hotels und Flughäfen, in: e-commerce magazin, H. 3/2001, S. 64-66.

Karnani, F.; Nachtmann, M.; Gregor, B. (2002): Mobile Strategien im M-Commerce - Wettbewerbsvorteile erzielen, Einstiegsfehler vermeiden, in: Gora, W.; Röttger-Gerigk, S. (Hrsg.): Handbuch Mobile-Commerce, Berlin u.a., S. 1-6.

Kasrel, B.; Bernoff, J.; Dash, A.; Dorsey, M. (2000): Many Devices, One Customer, in: The Forrester Report, June 2000, Cambridge.

Keen, P. G. W. (2001): Relationships - The Electronic Commerce Imperative, in: Dickson, G. W.; DeSanctis, G. (Hrsg.): Information Technology and the Future Enterprise - New Models for Managers, Upper Saddle River, S. 163-185.

Kehoe, C. F. (2000): M-commerce: Advantage, Europe, in: McKinsey Quarterly Europe, 2000, Number 2, S. 43-45.

Kennedy, G. (1986): Electronic Communication Systems, 3rd ed. New York, Atlanta, Dallas.

Klang, M.; Lindström, M. (2000): Alone in the Crowd: The Ethics of Mobile Marketing, in: Proceedings Seventh Annual International Conference Promoting Business Ethics, New York, September 2000, http: //www.viktoria.se/ %7Eklang/text/klang_lindstrom.pdf (Zugriff: 17. Juni 2003).

Klein, S.; Güler, S.; Lederbogen, K. (2000): Personalisierung im elektronischen Handel, in: WISU, 1/00, S. 88-94.

Klussmann, N. (2002): Die Frage nach der Killer-Applikation im Mobile Business – Wie positionieren sich die Netzbetreiber, in: Hartmann, D. (Hrsg.): Geschäftprozesse mit Mobile Computing - Konkrete Projekterfahrung, technische Unterstützung, kalkulierbarer Erfolg des Mobile Business. Braunschweig u.a., S. 81-90.

Knackstedt, R. (1999): Customer Relationship Management und Data Warehouse Konzept, in: Vortrag Düsseldorf 18.08.1999 http: //www-wi.uni-muenster.de/is/ mitarbeiter/israkn/CRM&DWH.pdf (Zugriff: 5. März 2001).

Kölmel, B.; Alexakis, S. (2002): Location Based Advertising. Proceedings of the First International Conference on Mobile Business: "Evolution Scenarios for Emerging Mobile Commerce Services", Athen, 8.-9.7.2002, http: //www.yellowmap.com/presse/ images/YellowMap_Location%20Based%20Advertising%20mBusiness%20 Conference%202002.pdf (Zugriff: 11. April 2003).

Konish, N. (2002): Full Internet goes mobile, in: Wireless Systems Design, Nov. 2002, Vol. 7, Iss. 10, S. 9.

Körner, V.; Zimmermann, H.-D. (2002): Management der Kundenbeziehung in neuen Geschäftsmedien, in: Schögel, M.; Schmidt, I. (Hrsg.): eCRM mit Informationstechnologien Kundenpotenziale nutzen, Düsseldorf, S. 443-476.

Koster, K. (2002): Die Gestaltung von Geschäftsprozessen im Mobile Business, in: Hartmann, D. (Hrsg.): Geschäftprozesse mit Mobile Computing - Konkrete Projekterfahrung, technische Unterstützung, kalkulierbarer Erfolg des Mobile Business, Braunschweig u.a., S. 127-145.

Kotler, P.; Bliemel, F. (2001): Marketing Management – Analysen, Planung und Verwirklichung, 10. Aufl., Stuttgart.

KPMG Germany (2001): e- GOES m- Starting the mobile Future 2001, München, http: //www.ifi.uni-klu.ac.at/IWAS/HM/eBusiness/doc/studie.pdf (Zugriff: 15. Juni 2003).

Krafft, M. (1999): Der Kunde im Fokus: Kundennähe, Kundenzufriedenheit, Kundenbindung – und Kundenwert? in: DBW – Die Betriebswirtschaft, 59, 4/99, Juli/August, S. 511-530.

Kramer, J.; Noronha, S.; Vergo, J. (2000): A User-Centered Design Approach to Personalization, in: Communications of the ACM, Aug. 2000, No. 8, Vol. 43, S. 45-48.

Kroeber-Riel, W.; Weinberg, P. (1999): Konsumentenverhalten, 7. erg. und verb. Aufl., München.

Kuhlmann, U. (2001): Angebot ohne Nachfrage – Mobilen Datendiensten wird eine grandiose Zukunft prognostiziert, in: e-commerce magazin, H. 5, 2001, S. 74-76.

Kunze, K. (2000): Kundenbindungsmanagement in verschiedenen Marktphasen, Wiesbaden.

Kurzweil, R. (1999): Homo S@piens - Leben im 21. Jahrhundert - Was bleibt vom Menschen? Köln.

Kussel, S. (2002): Literaturauswertung Schwerpunkt Datenschutz, http://rsw.beck.de7rsw7downloads/DatenschutzR06_02.pdf (Zugriff: 12. Dezember 2003).

Lai, J.; Mohan, A.; Gustafson, G. (2001): Understanding the Emerging Mobile Commerce Market Place, in: Arthur D. Little View of M-Commerce, Arthur D. Little's publication, S. 9-20, http://www.arthurdlittle.com/services/management_consulting/e-business/articles_list.asp (Zugriff: 31. Juli 2001).

Lammers, S. (2000): Kundenbindung als Wettbewerbsvorteil - Chancen und Grenzen des Direktmarketing, in: Thexis, Jg. 17, Nr.1, S. 23-28.

Lamprecht, R. (2001): Einfach mobil, in: Lamprecht, R. (Hrsg.): Zukunft mobile Kommunikation - Wirklich und Vision einer technischen Revolution. Frankfurt am Main, S. 11-99.

Lang, E.; Carstensen, K.-U.; Simmons, G. (1991): Modelling Spatial Knowledge on a Linguistic Basis: Theory - Prototype - Integration, Lecture Notes in Computer Science, Vol. 481, Berlin u.a.

Langheinrich, M. (2001): Privacy by Design - Principles of Privacy-Aware Ubiquitous Systems, in: Abowd, G. D.; Brumitt, B.; Shafer, S. (Hrsg.): Ubicomp 2001: Ubiquitous Computing, Proceedings International Conference Atlanta, Georgia, Sep. 2001, Berlin u.a., S. 273-291.

Lankhorst, M.; van Kranenburg, H.; van den Eijkel, G. (2001): Context-Awareness of Mobile Services, in: Wireless World Research Forum, Book of Visions 2001, Version 0.7, S. 120-122.

Lasogga, F. (2000): Optimierung der Wertschöpfungskette mit Hilfe des Customer Relationship Management, in: GfK (Hrsg.): Jahrbuch der Absatz- und Verbrauchsforschung 4/2000, S. 371-385.

Lawrenz, A.; Legler, S. (2000): Information, Transaktion, Applikation - Mobile Geschäftskonzepte im UMTS-Umfeld, in: FAZ 31.10.00, Beilage Telekommunikation, Frankfurt am Main, S. B21.

Lee, Jonathan; Lee, Janghyuk; Feick, L. (2001): The impact of switching costs on the customer satisfaction-loyalty link: mobile phone service in France, in: The Journal of Services Marketing, Vol. 15, Iss. 1, S. 35-48.

Leet, P.(2000): Mobile Gaming: Everything to Play For, in: Gartner, Research Brief, Oct. 30, 2000, Stamford u.a.

Leitzmann, C.-J. (2000): Schluss mit dem Werbemüll, in: acquisa, Sonderheft Customer Relationship Management 2000, S. 44-45.

Lemon, K. N.; White, T. B.; Winer, R. S. (2002): Dynamic Customer Relationship Management: Incorporating Future Considerations into the Service Retention Decision, in: Journal of Marketing, Vol. 66, Jan. 2002, S. 1-14.

Levijoki, S. (2000): Privacy vs Location Awareness, in: TML / Studies / Tik-110.501 http: //www.hut.fi/~slevijok/privacy_vs_locationawareness.pdf (Zugriff: 20. Mai 2002).

Lewis, S. (2000): M-Commerce: Relationships on the move, in: Asian Business, Dec. 2000, Vol. 36, Iss. 12, S. 55.

Lingenfelder, M.; Schneider, W. (1991): Die Kundenzufriedenheit - Bedeutung, Meßkonzept und empirische Befunde, in: Marketing ZFP, Vol. 13, S. 109-119.

Link, J.; Schmidt, S. (2002a): Erfolgsplanung und -kontrolle im Mobile Commerce, in: Silberer, G.; Wohlfahrt, J.; Wilhelm, T. (Hrsg.): Mobile Commerce - Grundlagen, Geschäftsmodelle, Erfolgsfaktoren, Wiesbaden, S. 131-152.

Link, J.; Schmidt, S. (2002b): Individualisierung der Kundenbeziehung, in: Schögel, M.; Schmidt, I. (Hrsg.): eCRM - mit Informationstechnologien Kundenpotenziale nutzen, Düsseldorf, S. 357-381.

Lippert, I. (2002): Mobile Marketing, in: Gora, W.; Röttger-Gerigk, S. (Hrsg.): Handbuch Mobile-Commerce, Berlin u.a., S. 135-146.

Liu, T.; Bahl, P.; Chlamtac, I. (1998): Mobility Modeling, Location Tracking, and Trajectory Prediction in Wireless ATM Networks, in: The IEEE Journal on Special Areas in Communications, Special Issue on Wireless Access Broadband Networks, Aug. 1998, Vol. 16, No. 6, S. 922-936.

Llana, A. (1999): Way beyond dial tone, in: Communications News, Apr. 1999, Vol. 36, Iss. 4, S. 58-59.

Lopez, M.; Zohar, M.; Lee, S. (2000): Mobile Finance Needs Advise, in: The Forrester Report, May 2000, Cambridge.

Lorenz, B. (2001): WAP geht die Post, in: e-commerce magazin, H. 5, 2001, S. 68-70.

Losquadro, G.; Sheriff, R. E. (1998): Requirements of Multiregional Mobile Broadband Satellite Networks, in: IEEE Personal Communication Magazine, Apr. 1998, Vol. 5, S. 26-30,.

Lowe, J. W. (2001): The Real-Time Continuum, in: Geospatial Solutions, Vol. 11, Iss. 11, S. 40-43.

Löwenthal, T.; Mertiens, M. (2000): Erfolgreiches Kundenbeziehungsmanagement und seine Elemente, in: Hofmann, M.; Mertiens, M. (Hrsg.): Customer-Lifetime-Value-Management, Wiesbaden, S. 105-114.

Lumio, M.; Sinigaglia, L. C. (2003): Statistik kurz gefasst, in: Eurostat (Hrsg.): Telecommunications in Europe - Statistics in focus, Industry, trade and services, Thema 4 12-2003, http://www.eu-datashop.de/download/DE/sta_kurz/thema4/np_03_12.pdf (Zugriff: 07. Dezember 2003), S. 1.

Luna, L. (2001): Browser Wars, in: Telephony, Jan. 29, Vol. 240, Iss. 5, S. 74-76.

Lunde, T.; Larsen, A. (2001): KISS the Tram: Exploring the PDA as Support for Everyday Activities, in: Abowd, G. D.; Brumitt, B.; Shafer, S. (Hrsg.): Ubicomp 2001: Ubiquitous Computing, Proceedings International Conference Atlanta, Georgia, Sep. 2001, Berlin u.a., S. 232-239.

MacAndrew, A. (1998): Third-generation rivals seek compromise ahead of ITU deadline, in: Mobile Communications, May 14, Iss. 240, S. 1-2.

MacMillan, M. (2001): Location Intelligence, in: Computing Canada, June 29, 2001, S. 16.

Madria, S. K.; Bhargava, B.; Pitoura, E.; Kumar, V. (2000): Data Organization Issues for Location-Dependent Queries in Mobile Computing, in: Stuller, J.; Pokorny, J.; Thalheim, B.; Masunaga, Y (Hrsg.): ADBIS-DASFAA Symposium on Advances in Databases and Information Systems, Proceedings, September 2000, S. 142-156.

Martin, K. M.; Preneel, B.; Mitchell, C. J.; Hitz, H. J.; Horn G.; Poliakova, A.; Howard, P. (1998): Secure Billing for Mobile Information Services in UMTS, in: Trigila, S.; Mullery, A.; Campolargo, M.; Vanderstraeten, H. (Hrsg.): Intelligence in Services and Networks - Technology for Ubiquitous Telecom Services. Proc. 5th International Conference on Intelligence In Service and Networks, IS&N ´98, Antwerp, Belgium, May 25-28, 1998, S. 535-548.

Matskin, M.; Tveit, A. (2001): Mobile commerce agents in WAP-based services, in: Journal of Database Management, Jul./Sep. 2001, Vol. 12, Iss. 3, S. 27-35.

Mattern, F. (2001): Ubiquitous Computing: Der Trend zur Informatisierung und Vernetzung aller Dinge, in: Rossbach, G. (Hrsg.): Mobile Internet - Deutscher Internet Kongress Karlsruhe 2001, Heidelberg, S. 107-119.

McCarthy, A.; Zohar, M.; Dolan, T. (2000): Mobile Internet Realities, in: The Forrester Report, May 2000, Cambridge.

McClure, B. (1999): Payment up front, in: Telecommunications, Vol. 33, Iss. 2, S. 41-42.

McGinity, M. (1999): Flying wireless, with a net, in: Association for Computing Machinery, Communications of the ACM, Dec. 1999. Vol. 42, Iss. 12, S. 19-21.

McKenna, R. (1998): Real Time Marketing - Der Schnellere gewinnt, St. Gallen u.a.

McKim, B. (2001): Data driven, in: Target Marketing, Vol. 24, No. 7, S. 42-48.

Medianka, E. (2000a): M-Commerce: What Service Will Sell? in: Gartner Research Brief, Sep. 18, 2000, Stamford u.a.

Medianka, E. (2000b): Location-Based Services: The Impact of accuracy? in: Gartner Research Brief, Sep. 18, 2000, Stamford u.a.

Meffert, H. (2000): Neue Herausforderungen für das Marketing durch interaktive elektronische Meiden - auf dem Weg zur Internet-Ökonomie, in: Reihe BWL aktuell, Nr. 6, Feb. 2000, Klagenfurt.

Mehta, V.; Parekh, M.; Jones, J,; Kaplan, B.; Molina, D. (2000): Technology: Mobile Internet United States - Mobile Internet Primer (Part I) - an explosion of opportunities, in: Goldman Sachs Global Equity Research, July 14, 2000, New York.

Meier, R. (2001): Die Mobile Ökonomie und ihre Wirtschaftsgüter, White Paper, Nov. 2001, http: //www.homobilis.de/docs/mobile_oekonomie.pdf (Zugriff: 12. April, 2003).

Mena, J. (1999): Data Mining Your Website, Boston.

Merz, M. (2002): Electronic Commerce and E-Business: Marktmodelle, Anwendungen und Techniken, 2. Aufl., Heidelberg.

Meyer, M.; Hippner, H. (1998): Ermittlung und Evaluation von Kundenbewertungsmodellen im Database Marketing, in: Hippner, H.; Meyer, M.; Wilde, K. D. (Hrsg.): Computer Based Marketing - Das Handbuch zur Marketinginformatik, Braunschweig u.a., S. 177-185.

Michel, T. (2002): T-Mobile für UMTS-Start in 2003 gerüstet - Telekom-Tochter will UMTS-Anforderungen der RegTP übererfüllen, DPA, 16.12.2002, http://www.teltarif.de/ arch/2002/kw51/s9500.html (Zugriff: 26. September 2003).

Michelsen, D.; Schaale, A. (2002): Handy Business - M-Commerce als Massenmarkt, München.

Mills, K. L. (1999): AirJava: Networking for Smart Spaces, in: Proceedings of the Embedded Systems Workshop, Cambridge, Massachusetts, USA, March 29-31, 1999, http: //www.usenix.org/events/es99/full_papers/mills/mills.pdf (Zugriff: 27. Juni 2002).

Miyazaki, A.; Fernandez, A. (2001): Consumer perceptions of privacy and security risks for online shopping, in: The Journal of Consumer Affairs, Vol. 353, Iss. 1, S. 27-44.

Möhlenbruch, D.; Schmieder, U.-M. (2002): Mobile Marketing als Schlüsselgröße für Multichannel-Commerce, in: Silberer, G.; Wohlfahrt, J.; Wilhelm, T. (Hrsg.): Mobile Commerce - Grundlagen, Geschäftsmodelle, Erfolgsfaktoren, Wiesbaden, S. 67-89.

Monnoyer-Longe, M. C. (1999): Servuction and mobile telephony, in: The Service Industries Journal, Jan. 1999. Vol. 19, Iss. 1, S. 117-132.

Moorman, C., Deshpande, R., Zaltman, G. (1992): Relationships Between Providers and Users of Market Research: The Dynamics of Trust Within and Between Organizations, In: Journal of Marketing Research, Vol. 29, Iss. 3, S. 314-329.

Morgan, R. M.; Hunt, S. D. (1994): The commitment-trust theory of relationship marketing, in: Journal of Marketing, July 1994, Vol. 58, Iss. 3, S. 20-38.

MSDW - Morgan Stanley Dean Witter (2000): Wireless Internet Report: Boxing Clever, Equity Research, Sept. 2000, London.

Müller, C. D.; Aschmoneit, P.; Zimmermann, H.-D. (2002): Der Einfluss von „Mobile" auf das Management von Kundenbeziehungen und Personalisierung von Produkten und Dienstleistungen, in: Reichwald, R. (Hrsg.): Mobile Kommunikation - Wertschöpfung, Technologien, neue Dienste, Wiesbaden, S. 353-377.

Müller-Veerse, F. (1999): Mobile Commerce - Report, Durlacher, Bonn u.a.

Müller-Veerse, F.; Kohlenbach, B.; Bout, D.; Singh, S.; Golub, G.; Hüyrynen, J.; Laitinen, S., Autiom E. (2001): UMTS Report - An Investment Perspective, Durlacher, Eqvitec, Bonn u.a.

Muther, A. (2002): Customer Relationship Management - Electronic Customer Care in the New Economy, Berlin u.a.

Nachtmann, M.; Trinkel, M. (2002): Geschäftsmodelle im M-Commerce, in: Gora, W.; Röttger-Gerigk, S. (Hrsg.): Handbuch Mobile-Commerce, Berlin u.a., S. 7-18.

Naguib, H.; Coulouris, G. (2001): Location Information Management, in: Abowd, G. D.; Brumitt, B.; Shafer, S. (Hrsg.): Ubicomp 2001: Ubiquitous Computing, Proceedings International Conference Atlanta, Georgia, Sep. 2001, Berlin u.a., S. 35-41.

Naisbitt, J. (2001): Im Wendekreis der Wirklichkeiten über die Co-Evolution von Kultur und Technik im Urknall der globalen Kommunikation, in: Lamprecht, R. (Hrsg.): Mobile Kommunikation - Wirklich und Vision einer technischen Revolution, Frankfurt am Main, S. 153-192.

Nakra, P. (2001): Consumer privacy rights: CPR and the age of the Internet, in: Management Decision, Vol. 39, Iss. 4, S. 272-278.

Neeb, H.-P. (2001): M-Portal - Persönlicher Assistant auf dem Handy, in: Handelblatt, Diesntag, 30. Oktober 2001, http:/www.handelsblatt.com/hbiwwwangebot/fn/ (...) html (Zugriff: 06. Dezember 2001).

Nelson, M. G. (2000a): CDNow takes a leading role in Mobile Commerce, in: Information Week, Iss. 811, Nov. 6., 2000, http: //www.informationweek.com/807/tsola.htm (Zugriff: 12. März 2001), S. 206.

Nelson, M. G. (2000b): Untethered Information At The Right Time and Place, in: Information Week, Iss. 807, Oct. 9., 2000, S. 217.

Nessett, D. (1999): Massively Distributed Systems: Design Issues and Challenges, in: Proceedings of the Embedded Systems Workshop, Cambridge, Massachusetts, USA, March 29-31 1999, http: //www.usenix.org/events/es99/full_papers/nessett/nessett.pdf (Zugriff: 27. Juni 2002).

Newell, F.; Newell Lemon, K. (2001): Wireless rules - New Marketing strategies for customer relationship management anytime, anywhere, New York u.a.

Nicolai, A. T.; Petersmann, T. (2001): Fakten und Fiktionen im M-Commerce, in: Nicolai, A. T.; Petersmann, T. (Hrsg.): Strategien im M-Commerce: Grundlagen - Management - Geschäftsmodelle, Stuttgart, S. 1-9.

Nikolai, R. (2000): Metadaten über räumliche Daten, in: geoinformatik_online, Integration räumlicher Daten in einem Geodata-Warehouse, Ausgabe 07/2000, BAW – Kolloquium, 20. Juni 2000, http://gio.uni-muenster.de/beitraege/ausg00_1/download/ metadaten.zip (Zugriff: 21. Mai 2001).

Nilsson, M.; Linskog, H.; Fischer-Hübner, S. (2001): Privacy Enhancements in the Mobile Internet", Proceedings of the IFIP WG 9.6/11.7 working conference on Security and Control of IT in Society, Bratislava, 15-16 June 2001, http: //www.cs.kau.se/ ~simone/privacy-mobile-internet.pdf (Zugriff: 09 November 2003).

Nordan, M. M.; Zohar, M. (2000): Mobile eCommerce: Time for a Reality Check, in: The Forrester Brief, April 27, 2000, Cambridge u.a.

o. V. (AOL 2001): Mobiles Internet – immer und überall im Netz zu Hause, http: //www.aolpresse/de/aol/downloads/studien/mobil/Grafik_Mobiles_Internet_72dpi.jpg (Zugriff: 20. September 2001).

o. V. (IW 2001): Mobile Commerce – nur ein Marketingschlagwort? in: Informationweek IT-Lösungen für innovative Unternehmen, Nr.1 /2, 25. Jan., 2001, S. 28-33.

o. V.(MapInfo 2001): Plattformübergreifende MapInfo-Lösung für mobile Endgeräte, in: CRM Forum, 24.01.2001, http://www.crmforum.com/news-archiv/archiv805.html (Zugriff 23.04.2001)

o. V. (Regisoft 2000): The role of mobile applications in developing mCRM, in: Industry News, Regisoft November 2000 Newsletter: http://www.regisoft.com/newsletter/ newsletter11.00-3.html (Zugriff: 21. Juni 2001).

o. V. (Welt 2003): System (fast) ohne Konkurrenz, in: Die Welt, Samstag, 30. Aug. 2003, S. 14.

O_2 (2002): BlackBerry - mobile Email-Lösungen - mehr Effizienz für Ihr Unternehmen. Kundeninformationen, Stand 3/2002, Nürnberg.

OC&C Strategy Consultants (2000): Die mCommerce Strategien deutscher Großunternehmen – Eine empirische Studie, Düsseldorf u.a.

OC&C Strategy Consultants (2001): Multichannel Retailing: Der deutsche Einzelhandel steht noch am Anfang, Düsseldorf u.a.

Olson, E. (2001): CRM: Go deep, in: Sales and Marketing Management, Vol. 153, No. 7, S. 23.

Panis, S.; Morphis, N.; Felt, E.; Reufenheuser, B.; Böhm, A.; Nitz, J.; Saarlo, P. (2002): Mobile Commerce Service Scenarios and Related Business Models, Eurescom project, http://www.mobiforum.org/proceedings/papers/01/1.2.pdf (Zugriff: 15. Januar 2003).

Parker, T. (1997): Put on your 3G glasses, in: Telephony, Aug. 18, S. 26-29.

Pascoe, J.; Ryan, N.; Morse, D. (1999): Issues in Developing Context-Aware Computing, in: Gellersen, H.-W. (Hrsg.): HUC´99, LNCS 1707, Berlin u.a., S. 208-221.

Pastore, M. (2001): mCRM's Future Lies in B2E, July 18, 2001, http: //cyberatlas.internet.com/markets/wireless/article/0,1323,10094_803831,00.html (Zugriff: 15. Januar 2003).

Peeples, D. K. (2002): Instilling consumer confidence in e-commerce, in: S.A.M. Advanced Management Journal, Vol. 67, Iss. 4, S. 26-31.

Peet, R. (1998): Modern Geographical Thoughts, Oxford u.a.

Pepels, W. (2001): Darstellung und Bedeutung des Kundenlebenszeitwerts im Business to Business-Marketing, in: Helmke, S.; Dangelmaier, W. (Hrsg.): Effektives Customer Relationship Management: Instrumente – Einführungskonzepte – Organisation, Wiesbaden, S. 49-84.

Petersen, G. S. (1998): Customer Relationship Management – ROI and Result Measurement, Grove.

Petersmann, T.; Nicolai, A. T. (2001): Der Möglichkeitsraum des Mobile Business – eine qualitative Betrachtung, in: Nicolai, A. T.; Petersmann, T. (Hrsg.): Strategien im M-Commerce: Grundlagen - Management - Geschäftsmodelle, Stuttgart, S. 11-26.

Pfoser, D.; Jensen, C. S. (1999): Capturing the Uncertainty of Moving-Object Representations, in: Güting, R. H.; Papadias, D.; Lochovsky, F. (Hrsg.): Advances in Spatial Databases, Proceedings, 6th International Symposium, SSD, Hong Kong, Juli 20-23, 1999, Berlin u.a., S. 111-131.

Pham, T.L. (2002): Mobile Kommunikationstechnologien für Mobile Business, in: Hartmann, D. (Hrsg.): Geschäftprozesse mit Mobile Computing - Konkrete Projekterfahrung, technische Unterstützung, kalkulierbarer Erfolg des Mobile Business, Braunschweig u.a., S. 2-24.

Piller, F. (2000): Mass Customization – ein wettbewerbsstrategisches Konzept im Informationszeitalter, Wiesbaden.

Pine II, B. J., Peppers, D., Rogers, M. (1995): Do you want to keep your customers forever? in: Harvard Business Review, Mar 1995, Vol. 73, Iss. 2, S. 103-114.

Pippow, I.; Strüker, J. (2002): Economic Implications of Mobile Commerce - An Exploratory Assessment of Information Seeking Behavior, in: Proceedings of the First International Conference on Mobile Business: "Evolution Scenarios for Emerging Mobile Commerce Services", Athen, 8.-9.7.2002, http://www.iig.uni-freiburg.de/~pippow/ Download/PiEiSt2002.pdf (Zugriff: 15. Januar 2003).

Pleil, T. (2001): Mobile Commerce – aber sicher! in: Net, H. 5/2001, S. 27-31.

Porter, M. E. (1985): Competitive Advantage – Creating and Sustaining Superior Performance, New York.

Porter, M. E. (2001): Strategy and the Internet, in: Harvard Business Review, March 2001, Vol. 79, Iss. 3, S. 63-78.

Pott, O.; Groth, T. (2001): Wireless – Strategien, Methoden und Konzepte für das mobile Internet, Kilchberg.

Prabhaker, P. R. (2000): Who owns the online consumer? in: Journal of Consumer Marketing, Vol. 17, Iss. 2, S. 158-171.

Puchler, S.; Dolberg, S.; Ritter, T.; Boehm, E. W. (1998): Commerce site Customer Service, in: The Forrester Report, Aug. 1998, Cambridge u.a.

Rantzer, M. (2001): All Senses Communication. Wireless World Research Forum (WWRF), Paper, http://www.wireless-world-research.org/WWRF3/ doc/WG1/ WG1_Martin_Rantzer.doc (Zugriff: 27. Mai 2002).

Rao, S. (2000): IPv6: The Solution for Future Universal Networks, in: Omidyar, C. G. (Hrsg.): Mobile and Wireless Communications Networks, European networking 2000, International Workshop Proceedings, Paris, France May 16-17.2000, S. 82-91.

Rapp, R. (2000): Customer Relationship Management – Das neue Konzept zur Revolutionierung der Kundenbeziehungen, Frankfurt u.a.

Rapp, R.; Decker, A. (2000): Herausforderungen und Trends im Customer Relationship Management, in: Wilde, K. D.; Hippner, H.-J. (Hrsg.): CRM 2000 - Customer Relationship Management - So binden Sie Ihre Kunden, Düsseldorf, S. 73-77.

Ratsimor O., Korolev K., Joshi A., and Finin T (2001): Agents2Go: An Infrastructure for Location-Dependent Service Discovery, in: The Mobile Electronic Commerce Environment, First ACM Mobile Commerce Workshop, July 21, 2001, Rome, http: //www.cs.umbc.edu/~finin/p11.pdf (Zugriff: 07. Juni 2002).

Reichheld, F. F.; Sasser, W. E. (1990): Zero defections: Quality comes to services, in: Harvard Business Review, 5/1990, Vol. 68, S. 105-111.

Reichheld, F. F.; Schefter, P. (2000): E-loyalty: Your secret weapon on the Web, in: Harvard Business Review, Jul./Aug. 2000, Vol. 78, Iss. 4, S. 105-113.

Reichwald, R.; Meier (2002): Generierung von Kundenwert mit mobilen Diensten, in: Reichwald, R. (Hrsg.): Mobile Kommunikation - Wertschöpfung, Technologien, neue Dienste, Wiesbaden, S. 207-230.

Reichwald, R.; Piller, F. T. (2000): Mass Customization-Konzepte im Electronic Business, in: Weiber, R. (Hrsg.): Handbuch Electronic Business, Wiesbaden, S. 358-382.

Reichwald, R.; Schaller, C. (2002): M-Loyalty - Kundenbindung durch personalisierte mobile Dienste, in: Reichwald, R. (Hrsg.): Mobile Kommunikation - Wertschöpfung, Technologien, neue Dienste, Wiesbaden, S. 263-288.

Reinecke, S.; Köhler, S. (2002): Performance Measurement des Customer Relationship Management im Internet, in: Schögel, M.; Schmidt, I. (Hrsg.): eCRM - mit Informationstechnologien Kundenpotenziale nutzen, Düsseldorf, S. 203-242.

Reips, U.-D. (1999): Theorie und Techniken des Web-Experimentierens, in: Batinic, B.; Werner, A.; Gräf, L.; Bandilla, W. (Hrsg.): Online Research - Methoden, Anwendungen und Ergebnisse, Göttingen, S. 277-295.

Reischl, G.; Sundt, H. (1999): Die mobile Revolution - Das Handy der Zukunft und die drahtlose Informationsgesellschaft, Wien u.a.

Reischl, G.; Sundt, H. (2000): Das vierte W - wwww - wireless world wide web, Wien u.a.

Rensmann, F. - J. (2000): Direct- und Relationship-Marketing im Handel, in: Thexis, Jg. 17, Nr. 1, S. 13-18.

Richardson, R. (2001): CRM In The Streets, in: Comunications Convergence Magazine, 01/05/2001, http: //www.computertelephony.com/article/CTM20001221S0015 (Zugriff: 20. Februar 2001).

Riedl, J. (1998): "Push- und Pullmarketing" in Online-Medien, in: Hippner, H.; Meyer, M.; Wilde, K. D. (Hrsg.): Computer Based Marketing - Das Handbuch zur Marketinginformatik, Braunschweig u.a., S. 85-96.

Riedl, J. (2000): Personal Opinion - Personalization in the pocket, in: 1to1 Personalization Guide, Iss. Oct./Nov. 2000, Pub. Date 1/10/2000 http: //www.1to1.com/ Building/CustomerRelationships/content/contentDetail.jsp? [...] (Zugriff: 01. Juli 2002).

Rigaux, P.; Scholl, M.; Voisard, A. (2002): Spatial Databases - With Application to GIS, San Diego u.a.

Riihimäki, R. (2001): Landscape of Mobile e-services, in: Opening of the Mobile e-services, Bazaar Satellite, Niederlande, 16. März 2001.

Ringlstetter, M. J.; Oelert, J. (2001): Perspektiven des E-Business, in: Ringlstetter, M. J. (Hrsg.): Clicks in E-Business - Perspektiven von Start-Ups und etablierten Konzernen, München u.a., S. 3-44.

Ritter, U. (2001): Multi-Channel-Management als Differenziator am Markt, in: Helmke, S.; Dangelmaier, W. (Hrsg.): Effektives Customer Relationship Management: Instrumente - Einführungskonzepte - Organisation, Wiesbaden, S. 195-210.

Rombel, A. (2001): Booming Customer Relationship Management Digs Deeper, in: Global Finance http: //www.1to1.com/Building/CustomerRelationships/content/ contentDetail.jsp? [...] (Zugriff: 01. Juli 2002).

Rosemann, M.; Rochefort, M.; Behnck, W. (1999): Customer Relationship Management, in: Praxis der Wirtschaftsinformatik (HMD), H. 208/1999, S. 105-116.

Roth, S. (2003): Sieger ohne Software, in: acquisa - Die Zeitschrift für erfolgreiches Absatzmanagement, Jan. 2003, Nr. 1, S. 16-21.

Röttger-Gerigk, S. (2002): Lokalisierungsmethoden, in: Gora, W.; Röttger-Gerigk, S. (Hrsg.): Handbuch Mobile-Commerce, Berlin u.a., S. 419-426.

Rotz von, B. (2002): Kundenzufriedenheit - den Kunden via den effektivsten Kanal ansprechen, in: Schögel, M.; Schmidt, I. (Hrsg.): eCRM - mit Informationstechnologien Kundenpotenziale nutzen, Düsseldorf, S. 477-490.

Sadeh, N. (2002): M-Commerce -Technologies, Services and Business Models, New York.

Sadeh, N.; Chan, E.; Van, L. (2001): "My Campus - An Agent-based Environment for Context- Aware Mobile Services, Wireless World Research Forum Conference, Stockholm, September 2001. http: //autonomousagents.org/ubiquitousagents/papers/papers/29.pdf (Zugriff: 25. April 2003).

Sakarya, T. (2002): Intelligent Mobile Navigator. http://www.mobiforum.org/ proceedings/papers/13/13.4.pdf (Zugriff: 15. Januar 2003).

Salber, D.; Dey, A. K.; Abowd, G. D. (1998): Ubiquitous Computing: Defining an HCI Research Agenda for an Emerging Interaction Paradigm, in: GVU Technical Report Number: GIT-GVU-98-01, GVU Center, Georgia Institute of Technology, February 1998, ftp: //ftp.cc.gatech.edu/pub/gvu/tr/1998/98-01.pdf (Zugriff: 18. April 2003).

Salmelin, B. (2000): mEurope - setting the context for m-commerce in Europe, European Commission, Electronic Commerce http: //europa.eu.int/ISPO/ecommerce/ events/salm.pdf (Zugriff: 19. September 2002).

Salonen, J. (2000): UMTS Services and Applications, in: Holma, H.; Toskala, A. (Hrsg.): WCDMA For UMTS - Radio Access for Third Generation Mobile Communication, Chichester u.a., S. 9-23.

Samsioe, J.; Samsioe, A. (2002): Competitor Analysis in the Location Based Service Industry, http://www.mobiforum.org/proceedings/papers/13/13.3.pdf (Zugriff: 15. Januar 2003).

Schallaböck, K., O.; Petersen, R. (1999): Countdown für den Klimaschutz - wohin steuert der Verkehr? Wuppertal Institut für Klima, Umwelt, Energie Wuppertal, Juli 1999, Wuppertal.

Scheer, A.-W.; Feld, T.; Göbl, M.; Hoffmann, M. (2001): Mobile Business und die Auswirkungen auf Geschäftsmodelle in Unternehmen, in: Nicolai, A. T.; Petersmann, T. (Hrsg.): Strategien im M-Commerce: Grundlagen - Management - Geschäftsmodelle, Stuttgart, S. 27-43.

Scheer, A.-W.; Feld, T.; Göbl, M.; Hoffmann, M. (2002): Das mobile Unternehmen, in: Silberer, G.; Wohlfahrt, J.; Wilhelm, T. (Hrsg.): Mobile Commerce - Grundlagen, Geschäftsmodelle, Erfolgsfaktoren, Wiesbaden, S. 91-109.

Scheer, A.-W.; Kraemer, W. (1998): Kundenorientierte Geschäftsprozeßgestaltung, in: Hippner, H.; Meyer, M.; Wilde, K. D. (Hrsg.): Computer Based Marketing - Das Handbuch zur Marketinginformatik, Braunschweig u.a., S. 159-166.

Scherenberg, V. (2000): CRM - Software oder Unternehmensphilosophie, in: Database Marketing, 4/2000, S. 18-19.

Schiller, J. (2000): Mobilkommunikation - Techniken für das allgegenwärtige Internet, München u.a.

Schmich, P.; Juszczyk, L. (2001): Mobile Marketing - Verlust der Privatsphäre oder Gewinn für Verbraucher? in: Kahmann, M. (Hrsg.): Report Mobile Business, Düsseldorf.

Schmid, R. E; Bach, V. (2000): Prozessportale im Banking - Kundenzentrierung durch CRM, in: Information Management & Consulting, Nr. 1, 2000, 15. Jg., S. 49-55.

Schmid, R. E; Bach, V.; Österle, H. (2001): CRM bei Banken: Vom Produkt zum Prozessportal, in: Helmke, S.; Dangelmaier, W. (Hrsg.): Effektives Customer Relationship Management: Instrumente - Einführungskonzepte - Organisation, Wiesbaden, S. 101-115.

Schmidt, C.; Green, E. N.; Condon, C.; Torris, T.; Zarrow, L. (2000): Dynamic Content For Europe, in: The Forrester Report, May 2000, Cambridge u.a.

Schmidt, C.; Nordan, M. M.; Ackers, G. (2001): Driving Mobile Site Traffic, in: The Forrester Report, Feb. 2001, Amsterdam u.a.

Schmitt, C. (2001): Chancen für Loyalitätsprogramme durch das Internet: das Beispiel Lufthansa Miles & More, in: Helmke, S.; Dangelmaier, W. (Hrsg.): Effektives Customer Relationship Management: Instrumente - Einführungskonzepte - Organisation, Wiesbaden, S. 85-99.

Schmitzer, B.; Butterwegge, G. (2000): M-Commerce, in: Wirtschaftsinformatik, Jg. 42, H. 4, August 2000, S. 355-358.

Schneider, D. (2001): Marketing 2.0 - Absatzstrategien für turbulente Zeiten, Wiesbaden.

Schnicke, S. (2002) The Problem of Personalization in Location Based Services, in: Working paper, Fisher Center for the Strategic Use of Information Technology, Haas School of Business, Berkeley, http: //groups.haas.berkeley.edu/fcsuit/Pdf-papers/Schnicke.pdf (Zugriff: 10. Juli 2003).

Schögel, M.; Sauer, A. (2002): Multi-Channel Marketing - Die Königsdisziplin im CRM, in: Thexis, Jg. 19, Nr. 1, S. 26-31.

Schögel, M.; Schmidt, I. (2002): E-CRM - Management von Kundenbeziehungen im Umfeld neuer Informations- und Kommunikationstechnologien, in: Schögel, M.; Schmidt, I. (Hrsg.): eCRM - mit Informationstechnologien Kundenpotenziale nutzen, Düsseldorf, S. 29-83.

Schomaker, J. (2001): Customer Relationship Management stellt den Kunden in den Mittelpunkt des Handelns, in: Frischmuth, J.; Karrlein, W.; Knop, J. (Hrsg.): Strategien und Prozesse für neue Geschäftsmodelle - Leitfaden für E- und Mobile Business, Berlin u.a., S. 145-157.

Schreiber, G. A. (2000): Schlüsseltechnologie Mobilkommunikation: mCommerce - das Handy öffnet neue Märkte, Köln.

Schulze, J. (2000): Methodische Einführung des Customer Relationship Managements, in: Bach, V.; Österle, H. (Hrsg.): Customer Relationship Management in der Praxis: Wege zu kundenzentrierten Lösungen, Berlin u.a., S. 57-84.

Schurz, H. (2000): CRM von Anfang an: Total Customer Processing, in: Tele-Talk 11/2000, S. 126-129.

Schwartz, E. (2003): Das wahre Gesicht von Spam, in: Technology Review, Nr. 9 Sep., 2003, S. 50-55.

Schwarz, T. (2001): Permission Marketing - macht Kunden süchtig, 2. Aufl., Würzburg.

Schwarz, T. (2002a): Permission Marketing im Mobile Commerce, in: Silberer, G.; Wohlfahrt, J.; Wilhelm, T. (Hrsg.): Mobile Commerce - Grundlagen, Geschäftsmodelle, Erfolgsfaktoren, Wiesbaden, S. 289-308.

Schwarz, T. (2002b): Permission Marketing - Voraussetzung für ein erfolgreiches E-CRM, in: Schögel, M.; Schmidt, I. (Hrsg.): eCRM mit Informationstechnologien Kundenpotenziale nutzen, Düsseldorf, S. 383-414.

Scourias, J.; Kunz, T. (1999): An activity-based mobility model and location management simulation framework, in: International Workshop on Modeling Analysis and Simulation of Wireless and Mobile Systems, Proceedings of the 2nd ACM international workshop on Modeling, analysis and simulation of wireless and mobile systems, Seattle u.a., S. 61-68.

Seidel, U. (1998): Das neue Datenschutzrecht der Teledienstanbieter - Das Teledienstdatenschutzgesetz (TDDSG), in: WiSt - Wirtschaftswissenschaftliches Studium, H. 12 1998, 27. Jg., S. 635-642.

Seybold, P. (2001): CRM from the Outside In - Empower your customer to manage their relationships with you, in: Business 2.0, http: //www.business2.com/content/channels/marketing/2001/02/14/26342 (Zugriff: 20. Februar 2001).

Seybold, P. B. (2001): Get inside the lives of your customers, in: Harvard Business Review, Boston, May 2001, Vol. 79, Iss. 5, S. 80-89.

Shankar, B. (1998): 3rd generation, 4th dimension, in: Telecommunications, (Americas edition), June 1998, Vol. 32, Iss. 6, S. 34-36.

Shek, E. C.; Giuffrida, G; Joshi, S; Dao, S. K. (1999): Dynamic Spatial Clustering for Intelligent Mobile Information Sharing and Dissemination, in: Güting, R. H.; Papadias, D.; Lochovsky, F. (Hrsg.): Advances in Spatial Databases, Proceedings, 6th International Symposium, SSD, Hong Kong, Juli 20-23 1999, Berlin u.a., S. 132-146.

Sherman, L. (2000): CRM goes Mobile, in: CRM Magazine Oct. 2000 http: //www.destinationcrm.com/cr/dcrm_cr_article.asp?id=425&ed=10%2F1%2F00 (Zugriff: 4. April 2001).

Shipman, A. (1992): Talking the Same Languages. in: International Management, June 1992, Vol. 47, Iss. 6, S. 68-71.

Shneiderman, B. (2000): The limits of speech recognition, in: Association for Computing Machinery, Communications of the ACM, Sep. 2000, Vol. 43, Iss. 9, S. 63-65.

Siau, K.; Lim, E.-P.; Shen, Z. (2001): Mobile commerce: Promises, challenges, and research agenda, in: Journal of Database Management, Jul./Sep. 2001, Vol. 12, Iss. 3, S. 4-13.

Siemens AG/Brokat AG (2000): Money goes mobile, in: Business White Paper - Mobile Payment, München.

Silberer, G.; Magerhans, A.; Wohlfahrt, J. (2002): Kundenzufriedenheit und Kundenbindung im Mobile Commerce, in: Silberer, G.; Wohlfahrt, J.; Wilhelm, T. (Hrsg.): Mobile Commerce - Grundlagen, Geschäftsmodelle, Erfolgsfaktoren, Wiesbaden, S. 309-324.

Silberer, G.; Wohlfahrt, J. (2001): Kundenbindung im M-Commerce, in: Nicolai, A. T.; Petersmann, T. (Hrsg.): Strategien im M-Commerce: Grundlagen - Management - Geschäftsmodelle, Stuttgart, S. 85-100.

Silberer, G.; Wohlfahrt, J. (2002): Kundenbindung mit Mobile Services, in: Bruhn, M.; Stauss, B. (Hrsg.): Electronic Services - Dienstleistungsmanagement Jahrbuch 2002, Wiesbaden, S. 563-581.

Skiera, B. (1998): TACO: Eine neue Möglichkeit zum Vergleich von Mobilfunktarifen, in: Zeitschrift für betriebswirtschaftliche Forschung, 50, S. 1029-1047.

SkyGo Inc. (2001): Ideas and Strategies for Implementing Mobile Marketing, White Paper Sept. 2001, http://www.wirelessdevnet.com/library/SkyGo_White_Paper.pdf (Zugriff: 16.Juli 2003).

Smiljanic, A. (2002a): Mobile Devices - Ein Streifzug durch die Welt der mobilen Endgeräte, in: Hartmann, D. (Hrsg.): Geschäftprozesse mit Mobile Computing - Konkrete Projekterfahrung, technische Unterstützung, kalkulierbarer Erfolg des Mobile Business, Braunschweig u.a., S. 24-41.

Smiljanic, A. (2002b): Mobile Data Service - Technische Aspekte mobiler Dienste der dritten Mobilfunkgeneration, in: Hartmann, D. (Hrsg.): Geschäftprozesse mit Mobile Computing - Konkrete Projekterfahrung, technische Unterstützung, kalkulierbarer Erfolg des Mobile Business, Braunschweig u.a., S. 41-58.

Smith, H. J. (2002): Ethics and Information Systems: Resolving the Quandaries, in: The Database for Advances in Information Systems, Vol. 33, Iss. 3, S. 3-20.

Softbow Systems (2000): Mobile CRM - CRM Product (Customer Relationship Management), http: //www.softbow.com/mcrm.html (Zugriff: 5. Mai 2001).

Sonderegger, P.; Butt, J. L; Leyne, L.; Aber, A.; Ritter, T. (1999): Killer Apps On Non-PC Devices, in: The Forrester Report, July 1999, Cambridge u.a.

Songini, M. L. (2001): Wireless Technology Changes the Face of CRM, in: Computerworld, Feb. 12. 2001, http: //www.computerworld.com/mobiletopics/ mobile/story/0,10801,57602,00.html (Zugriff: 23. November 2002), S. 20.

Speier, C.; Venkatesh, V. (2002): The hidden minefields in the adoption of sales force automation technologies, in: Journal of Marketing, July 2002, Vol. 66, Iss. 3, S. 98-111.

Spierling, D. (2001): Marketing macht mobil, in: CYbiz 07/2001, S. 24-26.

Spreitzer, M.; Theimer, M. (1996): Providing Location Information in a ubiquitous Computing environment, in: Imielinski, T.; Korth H. F. (Hrsg.): Mobile Computing, Boston u.a., S. 397-422.

Srivastava, J.; Cooley, R.; Deshpande, M.; Tan, P.-N. (2000): Web Usage Mining: Discovery and Applications of Usage Patterns from Web Data, in: SIGKDD Explorations ACM SIGKDD 2000, Vol. 1, Iss. 2, S. 12-23.

Stauss, B. (1999): Kundenzufriedenheit, in: Marketing ZFP, H. 1, 1. Quartal 1999, S. 5-24.

Stauss, B. (2000a): Rückgewinnungsmanagement. Verlorene Kunden als Zielgruppe, in: Bruhn, M.; Stauss, B. (Hrsg.): Dienstleistungsmanagement Jahrbuch 2000 – Kundenbeziehungen im Dienstleistungsbereich, Wiesbaden, 2000, S. 449-471.

Stauss, B. (2000b): Using New Media for Customer Interaction: A Challenge for Relationship Marketing, in: Hennig-Thurau, T.; Hansen, U. (Hrsg.): Relationship marketing: gaining competitive advantage through customer satisfaction and customer retention, Berlin u.a., S. 233-253.

Stauss, B. (2002): Kundenbeziehungen ausbauen statt zerstören, in: Call Cener profi, Nr. 9/2002, S. 26-28.

Stauss, B. (2003): Kundenbindung durch Beschwerdemanagement, in: Bruhn, M.; Homburg, C. (Hrsg.): Handbuch Kundenbindungsmanagement – Strategien und Instrumente für ein erfolgreiches CRM, 4. überarb. und erw. Aufl., Wiesbaden, S. 309-336.

Stauss, B.; Bruhn, M. (2003): Dienstleistungsnetzwerke – Eine Einführung in den Sammelband, in: Bruhn, M.; Stauss, B. (Hrsg.): Dienstleistungsmanagement Jahrbuch 2000 – Dienstleistungsnetzwerke, Wiesbaden, 2003, S. 3-30.

Stauss, B.; Seidel, W. (2002): Customer Relationship Management (CRM) als Herausforderung für das Marketing, in: Thexis, Jg. 19, Nr. 1, S. 10-13.

Steimer, F. (2000): CRM im Aufwind, in: absatzwirtschaft, Nr. 5/2000, 43. Jg., S. 124-129.

Stengl, B.; Sommer, R.; Ematinger, R. (2001): CRM mit Methode – Intelligente Kundenbindung in Projekt und Praxis mit iCRM, Bonn.

Sterling, D. (2002): Mobile portal strategy: When did business partnerships become so critical to customer value? IBM Institute for Business Value, http://www-1.ibm.com/services/files/ibv_mobileportal.pdf (Zugriff: 30. August 2003).

Stiel, H. (2000): M-Commerce im Visier – Bei Web- und WAP-Kommunikation eine Architektur für zwei Welten, in: Computerwoche, H. 33, 2000, S. 45.

Stogdale, A. (2000): A small matter of programming – An Interview with Nicholas Knowles, in: McKinsey Telecommunication, Opportunities in wireless e-Commerce, S. 17-24.

Stojanovic, D. H; Djordjevic-Kajan, S. (2001): Developing Location-based Services from a GIS Perspective, in: IEEE TELSIKS 2001, Nies, Y19-21, September 2001, S. 459-462.

Stolpmann, M. (2000): Kundenbindung im E-Business – Loyale Kunden – nachhaltiger Erfolg, Bonn.

Stüber, G. L.; Caffery, J. J. (1999): Radiolocation Techniques, in: Gibson, J. D. (Hrsg.): Mobile Communications Handbook, 2. Aufl., Boca Raton u.a., S. 1-12.

Sundararajan, P. (2002): Emerging Mobile Customer Relationship Management Applications in the Financial Services, in: eAI Journal, May 2002, S. 44-47.

Swartz, N. (2003): One number for phone, fax, and net? in: Information Management Journal, May/June 2003, Vol. 37, Iss. 3, S. 9.

Thanh, D. V.; Steensen, S.; Audestad, J. A. (2000): Mobility Management and Roaming with Mobile Agents, in: Omidyar, C. G. (Ed.): Mobile and Wireless Communications Networks. European networking 2000, International Workshop Proceedings, Paris, France May 16-17, 2000, S. 123-137.

The Economist (1996): The coming global tongue, in: The Economist, Dec. 21, 1996, Vol. 341, Iss. 7997, S. 75-77.

The Economist (2000): The great convergence gamble, in: The Economist, Dez. 7 2000, Dec. 9, 2000, Vol. 357, Iss. 8200, S. 67-68.

The Economist Technology Quarterly (2002): A quart into a pint pot, in: The Economist Technology Quarterly, Dec. 14, 2002, Vol. 365, Iss. 8303, S. 16-17.

The Economist Technology Quarterly (2003a): The revenge of geography, in: The Economist Technology Quarterly, Mar 15, 2003, Vol. 366, Iss. 8315, S. 17-22.

The Economist Technology Quarterly (2003b): The sentient office is coming, In: The Economist Technology Quarterly, June 21, 2003, Vol. 367, Iss. 8329, S. 29-31.

Thurston, C. W. (2001): CRM deployment - or bust? in: Public Utilities Fortnightly - Energy Customer Management Supplement Summer 2001, Arlington, S. 60-64.

Tillett, L. S. (2000): Wireless And CRM Converge - Strides in content delivery and customer support systems are sparking marketers´imaginations, in: Internetweek, Nov. 27, 2000, Iss. 839, S. 10.

T-Mobile (o.D.) : T-D1 NaviGate Bedienungsanleistung - Version 3.5. http://www.t-mobile.de/downloads/bedienungsanleitungen/bedienungsanleitung_version_3_5.pdf (Zugriff: 21. August 2003).

Tomczak, T.; Karg, M. (1999): Grundstrategien der Kundenakquisition, in: Thexis, Jg. 16, Nr. 2, S. 4-8.

Tretjakov, S. (2002): Self Location Services and their Successors in GSM Networks for Small and New Companies, http://www.mobiforum.org/proceedings/papers/13/13.1.pdf (Zugriff: 15. Januar 2003).

Tsoukatos, I.; Gunopulos, D. (2001): Efficient Mining of Spatiotemporal Patterns, in: Jensen, C. S.; Schneider, M.; Seeger, B.; Tsotras, V. J. (Hrsg.): Advances in Spatial and Temporal Databases. Proceedings, 7th International Symposium SSTD 2001, Redondo Beach, July 12-15 2001, Berlin u.a., S. 425-442.

UMTS-Forum (1997): A Regulatory Framework for UMTS, Report No. 1, UMTS-Forum, London.

UMTS-Forum (2000): Shaping the Mobile Multimedia Future - An Extended Vision from UMTS Forum, Report No. 10, UMTS-Forum, London.

Urban, J. (2000): The IST Project BRAIN und its contributions to form systems beyond 3G, in: Wireless Strategic Initiative - WSI: The Book of Visions 2000 - Visions of the Wireless World, an Invitation to participate in the making of the future of wireless communications, Version 1.0 Nov. 2000, http://www.ist-wsi.org (Zugriff: 16. Januar 2002)

van Ackeren, R. (2002): Mit dem Handy auf Kundenfang - Potentiale und Erfolgsfaktoren einer mobilen Kundenkommunikation im Einzelhandel, in: Ahlert, D.; Becker, J. Knackstedt, R.; Wunderlich, M. (Hrsg.): Customer Relationship im Handel - Strategien, Konzepte, Erfahrungen, Berlin u.a., S. 343-360.

van Camp, F. (2001): Online and Onland? - Channel Conflicts and How to Avoid Them, in: Arthur D. Little's publication, http://www.adlittle.com/management/services/e-business/articles/online.pdf (Zugriff: 31. März 2002).

van der Kamp, J.; Velthuis, C. (2001): Will the World Become a Mobile Village? in: Arthur D. Little View of M-Commerce, Arthur D. Little's publication, S. 1-7 http://www.arthurdlittle.com/services/management_consulting/e-business/articles_list.asp (Zugriff: 31. August 2001).

VanStean, J. (2002): Jabber and jabbering, in: Inside NetWare, Apr. 2002, Vol. 11, Iss. 4, S. 18-19.

Versleijen-Pradhan, R.; Menzigian, K. (2001): Capturing the Wireless CRM Services Opportunity: A View from Western Europe, http://www.gii.co.jp/english/ id6612_capturing_the_wireless_crm.html (Zugriff: 06. März 2001).

Ververidis, C.; Polyzos, G. C. (2002): Mobile Marketing using a Location Based Service, in: Proceedings of the Mobile-Business 2002 Workshop, Athens, 2002, http://www.mobiforum.org/proceedings/papers/13/13.2.pdf (Zugriff: 15. Januar 2003).

Vittore, V. (2001): Killer be Killed – From unified messaging to Doom - Applications Target Customers with new Precision, in: Telephony, Aug. 20 S. 30-32.

Walke, B. (2000): Mobilfunknetze und ihre Protokolle 2 – Bündelfunk, schnurlose Telefonsysteme, W.ATM, HIPERLAN, Satellitenfunk, UPT, 2. Aufl., Stuttgart u.a.

Walke, B. (2001): Mobilfunknetze und ihre Protokolle 1 – Grundlagen, GSM, UMTS und andere zellulare Mobilfunknetze, 3. Aufl., Stuttgart u.a.

WAPForum (2001): Wireless Application Protocol - WAP 2.0 Technical White Paper, August 2001, www.wapfroum.org, http://cnscenter.future.co.kr/resource/hot-topic/wap/ WAP20TechWhitePaper1.pdf (Zugriff: 06. Dezember 2002).

Weitzel, T.; König, W. (2001): Coopetition im Mobile Business. Working Papers des Instituts für Wirtschaftsinformatik, Frankfurt am Main, http://www.wiwi.uni-frankfurt.de/~tweitzel/m-business/m-petition.pdf (Zugriff: 04 Mai 2002).

Welfens, P. J. J.; Jungmittag, A. (2002): Internet, Telekomliberalisierung und Wirtschaftswachstum – 10 Gebote für ein Wirtschaftswachstum, Berlin u.a.

Whitaker, L. (2001): Ads unplugged, in: American Demographics, June 2001, Vol. 23, Iss. 6, S. 30-34.

Wiedmann, K.-P.; Buckler, F. (2001): Neuronale Netze im Management, in: Wiedmann, K.-P.; Buckler, F. (Hrsg.): Neuronale Netze im Marketing Management: Praxisorientierte Einführung in modernes Data Mining, Wiesbaden.

Wiedmann, K.-P.; Buckler, F.; Buxel, H. (2000): Chancenpotentiale und Gestaltungsperspektiven des M-Commerce, in: Der Markt - Zeitschrift für Absatzwirtschaft und Marketing, 39. Jg., Nr. 153, 2000/2, S. 84-96.

Wiedmann, K.-P.; Buxel, H.; Buckler, F. (2000): Mobile Commerce, in: WiSt - Wirtschaftswissenschaftliches Studium, 12/2000, 29. Jg, H. 12, Dez. 2000, S. 684-691.

Wilde, K. D. (1998): Marketing-Decision-Supprt-Systeme im Mikromarketing am Beispiel der Pharmaindustrie in: Hippner, H.; Meyer, M.; Wilde, K. D. (Hrsg.): Computer Based Marketing - Das Handbuch zur Marketinginformatik, Braunschweig u.a., S. 485-497.

Wilde, K. D. (2002): Customer Relationship Management - Prozess, Informationstechnologie und Trends, in: Tagungsunterlagen FWI - Symposium 2002, 01. März 2002, Ingolstadt.

Wilde, K. D.; Hippner, H.; Rentzmann, R. (2004): CRM-Software-Markt 2004 - Die finanzielle Einstiegshürde sinkt, in: absatzwirtschaft, Nr. 1/2004, 47. Jg., S. 78-79.

Wilent, S. (2001): The m-Paradigm Shift, in: 1to1 Personalization Guide, Iss. March_April 2001, Pup. 01. März 2001, http: //www.1to1.com/Building/ CustomerRelationships/content/contentDetail.jsp? (Zugriff: 26. April 2003).

Winer, R. S. (2001): A framework for customer relationship management, in: California Management Review, Summer 2001, Vol. 43, Iss. 4, S. 89-105.

Witt, M. (2000): GPRS - Start in die mobile Zukunft, Bonn.

Wittmann, H. (2002): Erfolgreiches Customer Relationship Management im M-Commerce Umfeld, in: Gora, W.; Röttger-Gerigk, S. (Hrsg.): Handbuch Mobile-Commerce, Berlin u.a., S. 147-162.

Wohlfahrt, J. (2002): Wireless Advertising, in: Silberer, G.; Wohlfahrt, J.; Wilhelm, T. (Hrsg.): Mobile Commerce - Grundlagen, Geschäftsmodelle, Erfolgsfaktoren, Wiesbaden, S. 3-23.

Wolf, T. (2002): Entwicklung der Kommunikation im M-Commerce, in: Gora, W.; Röttger-Gerigk, S. (Hrsg.): Handbuch Mobile-Commerce, Berlin u.a., S. 231-236.

Wrona, K.; Schuba, M.; Zavagli, G. (2001): Mobile Payments - State of the Art and Open Problems, in: Fliege, L.; Mühl, G.; Wilhelm, U. (Hrsg.): Electronic Commerce. Proced. to the second international Workshop WELCOM, Nov. 16.-17.2001, Heidelberg, S. 88-100.

WSI - Wireless Strategic Initiative (2000): The Book of Visions 2000 - Visions of the Wireless World, an Invitation to participate in the making of the future of wireless communications, Version 1.0 Nov., 2000, http://www.ist-wsi.org (Zugriff: 16. August 2002).

Yanker, R.; John, R.; Laxver, T.; Randery, T. (2000): E-Sales: The Web is Not Enough - How to Realize Profitable Growth from Your Multi-Channel Go-To-Market Approach, in: McKinsey, Marketing Practice, McKinsey Marketing Solutions 10/2000, http://www.marketing.mckinsey.com/solutions/e_sales.pdf (Zugriff: 17. Dezember 2001).

Young, J. S. (1988): Steve Jobs - The journey is the reward, Glenview.

Yulinsky, C. (2000): Multi-Channel Marketing – Making "Bricks and Clicks Stick", in: McKinsey Marketing Practice, http://www.marketing.mckinsey.com/solutions/McK-Multi-Channel.pdf (Zugriff: 17. Dezember 2001).

Zastrow, J. (2001): Psst! – Anybody Listening – Handheld Audio May be the Next Big Thing, in: Econtent, July 2001, http://www.findarticles.com/cf_0/m0BLB/5_24/ 76664974/print.jhtml (Zugriff: 30. September 2002), S. 23-29.

Zeithaml, V. A.; Berry, L. L.; Parasuraman, A. (1996): The behavioral consequences of service quality, in: Journal of Marketing, Apr. 1996, Vol. 60, Iss. 2, S. 31-46.

Zobel, J. (2001): Mobile Business und M-Commerce – Die Märkte der Zukunft erobern, München u.a.

Zografos, K.; Madas, M. (2002): A Travel & Tourism Information System Providing Real-Time, Value Added Logistical Services on the Move, http://www.mobiforum.org/proceedings/papers/11/11.5.pdf (Zugriff: 15. Januar 2003).

Zunke, K. (2003): Konvergenz treibt Onlinewerbung voran, in: acquisa – Die Zeitschrift für erfolgreiches Absatzmanagement, Jan. 2003, Nr. 1, S. 34-36.

Zwick, V. (2001): Service hart am Kunden, in: e-commerce magazin, H. 6, 2001, S. 62-64.

7 Internetquellen-Verzeichnis

12Snap Germany AG: http://www.12snap.de

Amazon.com Inc.: http://www.amazon.com

Benefon Oyj Salo, Finland: http://www.benefon.com/eng/

Research In Motion Limited (Blackberry): http://www.blackberry.net

Ebay GmbH Berlin: http://www.ebay.de

eTrust: http://www.etrust.com

hamburgerimmocenter GmbH & Co KG: http://www.hamburgerimmocenter.de

Verlag Heinz Heise GmbH & Co. KG: http://www.heise.de

Microsoft Corporation (Hotmail): http://www.hotmail.com

Jabber Software Foundation: http://www.jabber.org

Lufthansa AG: http://www.lufthansa.com

MapInfo Corporation: http://www.mapinfo.com/

MobileIN.com Wireless and Mobile Communications: http://www.mobilein.com/MIM.htm

MOBILOCO GmbH: http://www.mobiloco.de/html/index.jsp

Microsoft Corporation (Hotmail): http://www.hotmail.com

Napster, LLC: http://www.napster.com

Nokia Corporation: http://www.nokia.com

One GmbH: http://www.one.at/geizhals_mobil

palmOne, Inc. (Palm, Inc.): http://www.palmone.com/us/products/accessories/peripherals

PAYBACK Rabattverein e.V.: http://www.payback.de

PC Funk GmbH Ortungssysteme: http://www.phonetracker.de

Stocktronics: http://www.stocktronics.de/faqs.htm

FriendZone Swisscom: http://www.swisscom-mobile.ch/sp/84TAAAAA-de.html

Swisscom Mobile: http://business.swisscom-mobile.ch/

Symbian Ltd: http://www.symbian.com/about/about.html

Tegic Communications T9® Text Input (AOL.COM) : http://www.t9.com/t9_help.html

Thuraya Satellite Telecommunication Company: http://www.thuraya.com

web-me.de Internet Service e.K.: http://www.teammessage.de/sms/

World Wide Web Consortium (W3C): http://www.w3c.org

Yahoo! Inc: http://www.yahoo.com

Zum Autor:

Claas Morlang, geboren am 9. Oktober 1974 in Hamburg, studierte nach seinem Abitur Betriebswirtschaftslehre und Management Science an der London School of Economics und der Katholischen Universität Eichstätt-Ingolstadt. Nach dem Diplom 2000 promovierte er am Lehrstuhl für ABWL und der Wirtschaftinformatik von Prof. Dr. Klaus D. Wilde an der Katholischen Universität und führte zeitgleich Projekte für verschiedene Organisationen und Unternehmen, wie z.B. UNICEF, der Deutschen Gesellschaft für Technische Zusammenarbeit und die m brandconsultinggroup durch. Seit 2003 arbeitet er für den United Nations High Commissioner for Refugees (UNHCR) in Genf.

www.ingramcontent.com/pod-product-compliance
Lightning Source LLC
Chambersburg PA
CBHW020830210326
41598CB00019B/1855

* 9 7 8 3 8 2 8 8 8 7 9 0 9 *